陆上油田地面工程
工艺安全设计手册

中国石油工程建设有限公司北京设计分公司 编

石油工业出版社

内容提要

本书对国内外石油工业界制定的油气安全生产操作手册、设计标准及先进做法进行了系统化的总结,以期为陆上油田地面工程工艺安全设计提供指导。如果将本书的内容应用于海上油田地面工程设计,需要工程技术人员对具体工况进行具体分析。

本书可供从事陆上油田地面工程设计的工程师使用,也可供相关专业领域的人员参考。

图书在版编目(CIP)数据

陆上油田地面工程工艺安全设计手册 / 中国石油工程建设有限公司北京设计分公司编 . —北京:石油工业出版社,2024.7

ISBN 978-7-5183-4905-0

Ⅰ.①陆… Ⅱ.①中… Ⅲ.①油田开发 – 地面工程 – 安全设计 – 手册 Ⅳ.① TE4-62

中国版本图书馆 CIP 数据核字(2021)第 196977 号

出版发行:石油工业出版社
（北京安定门外安华里 2 区 1 号　100011）
网　　址:www.petropub.com
编辑部:(010)64523548　图书营销中心:(010)64523620
经　　销:全国新华书店
印　　刷:北京中石油彩色印刷有限责任公司

2024 年 7 月第 1 版　2024 年 7 月第 1 次印刷
787×1092 毫米　开本:1/16　印张:17.25
字数:414 千字

定价:98.00 元
（如出现印装质量问题,我社图书营销中心负责调换）
版权所有,翻印必究

《陆上油田地面工程工艺安全设计手册》

编 写 组

主 编：房 昆

编写人员：宋维妮 杨 蒙 王汝军 汤俊杰 张国栋
　　　　　徐 屹

审定人员：张吉明 王元春 惠晓荣

PREFACE 前言

  石油和天然气是易燃易爆的危险品，油田地面工程涉及的各种处理设施生产作业频繁，发生事故的可能性很大。因此，在对油田地面工程进行设计时，要遵循通用的设计原则，采用科学合理的分析方法，对各种可能的危险因素及这些危险因素可能导致的后果进行综合分析，采取充分合理的保护措施，在实际生产中保证操作人员的安全、生产设备的正常运行并满足环境保护的要求。

  为了实现上述目标，多年来石油工业界制定了许多油气安全生产操作手册和设计标准，通过不断总结经验并借鉴国外的先进做法，油田地面工程工艺安全设计越来越规范化和精细化。本书对上述成果进行了系统化的总结，以期为陆上油田地面工程工艺安全设计提供指导。海上油田地面工程的工艺原理与陆上油田没有明显区别，但是海上特殊的环境对海上油田生产设备、自动化水平及环境保护提出了不同的要求，这些要求会对工艺安全设计产生影响。因此如果将本书的内容应用于海上油田需要工程技术人员对具体工况进行具体分析。

  本书的第一章对油田地面工程的工艺流程、油田地面工程面临的一些安全风险，以及为避免和应对这些安全风险应该开展哪些工艺安全设计做了简单介绍；第二章详细介绍油田地面工程工艺设计安全原则；第三章介绍一种针对油田地面工程的工艺安全分析方法；第四章和第五章分别介绍油田地面工程集输系统和集中处理站的安全保护方案；第六章和第七章分别介绍安全阀和紧急放空阀的设计与计算；第八章介绍放空系统应该如何分析与计算；第九章介绍火炬系统；第十章对低温效应的成因、危害及分析方法进行了详细介绍。

  为符合工程应用实际，本书部分地方使用了非法定计量单位，请读者参阅时注意。

  由于编者水平有限，难免存在不少缺点和疏漏，恳请读者斧正。

CONTENTS 目录

第一章　绪论 ·· 1
  第一节　油田地面工程工艺流程简介 ··· 1
  第二节　油田地面工程安全风险及事故意外 ····································· 2
  第三节　工艺安全设计内容 ··· 7
第二章　油田地面工程工艺设计安全原则 ·· 18
  第一节　设备设计温度及设计压力 ·· 18
  第二节　ESD 紧急关断原则 ··· 22
  第三节　放空及排污原则 ··· 27
  第四节　隔离原则 ·· 29
第三章　工艺安全分析和 HSE 分析 ·· 41
  第一节　工艺安全分析概述 ··· 42
  第二节　工艺安全分析流程 ··· 48
  第三节　工艺安全分析示例 ··· 52
  第四节　工艺设备安全分析检查单 ·· 58
  第五节　HSE 分析 ··· 87
第四章　油田地面工程集输系统安全保护方案 ······································ 92
  第一节　井口和单井管线安全保护方案 ·· 92
  第二节　计量站安全保护方案 ··· 97
  第三节　转油站安全保护方案 ·· 103
第五章　集中处理站安全保护系统方案 ·· 110
  第一节　进站管汇 ·· 110
  第二节　生产分离器 ··· 111
  第三节　换热器（管壳式）··· 114

第四节　加热设备 ··· 116
　　第五节　增压泵 ·· 117
　　第六节　电脱水/电脱盐器 ·· 118
　　第七节　外输泵 ·· 120
　　第八节　原油储罐 ··· 121
　　第九节　压缩机 ·· 123
第六章　安全阀的设计与计算 ·· 125
　　第一节　安全阀的分类 ··· 126
　　第二节　安全阀的设置 ··· 128
　　第三节　安全阀的工况分析 ·· 131
　　第四节　安全阀的计算 ··· 141
　　第五节　安全阀进出口设置 ·· 158
　　第六节　爆破片的设置 ··· 161
　　第七节　水击泄压 ··· 162
　　第八节　声激振动分析 ··· 163
第七章　紧急放空阀（BDV）的设计与计算 ·· 165
　　第一节　BDV简介 ··· 165
　　第二节　BDV的设置与计算 ··· 166
　　第三节　BDV计算示例 ·· 171
第八章　放空系统分析与计算 ·· 183
　　第一节　放空系统设计原则 ·· 183
　　第二节　放空系统组成 ··· 184
　　第三节　系统设计 ··· 185
　　第四节　工况分析 ··· 191
　　第五节　放空管网水力计算 ·· 195
　　第六节　管道设计 ··· 199
　　第七节　火炬分液罐 ··· 204
第九章　火炬系统 ·· 210
　　第一节　火炬系统的分类、组成与选择 ·· 211
　　第二节　火炬系统设计准则与流程 ··· 216

第三节	火炬系统设计要素	218
第四节	高架火炬设计	220
第五节	点火设备设计	226
第六节	液封罐设计	228
第七节	火炬系统的吹扫和密封	231
第八节	无烟火炬	234
第九节	火炬噪声与备用	238
第十节	火炬系统安全设计	239
第十一节	火炬气回收系统及环保措施	246

第十章 低温分析 249

第一节	低温效应	249
第二节	低温产生原因	251
第三节	低温分析	253
第四节	紧急泄压管道	263

参考文献 266

第一章

绪 论

第一节 油田地面工程工艺流程简介

地面工程是油气田开发生产大系统中的一个关键组成部分,指的是将从油井开采出来的原油进行初步处理并输送到外输站之间的设施的总和。油田地面工程按照从井口到外输站的流程顺序可分为油气集输系统和原油处理系统。

一、油气集输系统

油气集输是油田地面工程的主体与核心部分,它主要承担着油气井产出物的收集、计量、处理、储存和外输或外运等功能。井流物自采油树流入地面设施,之后经集输系统输送至集中处理站进行处理。集输系统主要包括井场设施、单井管线、计量站、集输干线、转油站和转输管线等。集输系统典型流程简图如图1-1所示。

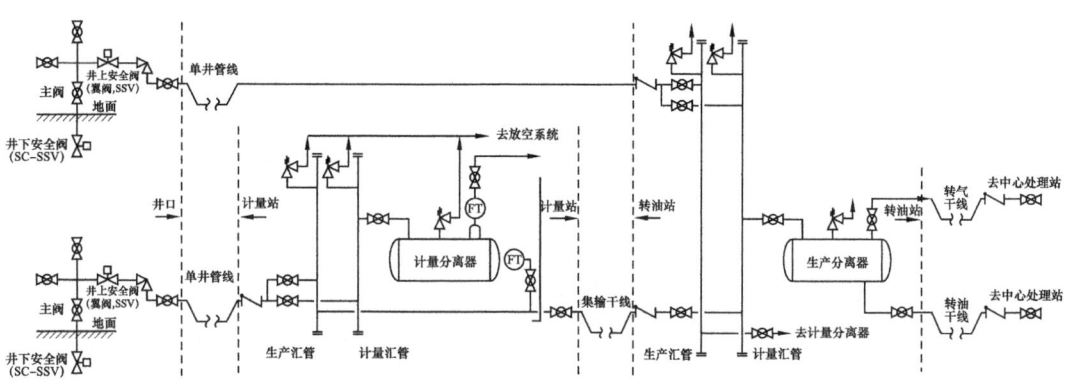

图 1-1 集输系统典型流程简图

注:图中的井口为典型配置,并不代表每个项目的采油树配置均如此。

二、原油处理系统

经集输系统输送来的原油,在集中处理站内进行处理,主要包括原油分离、原油加热、原油电脱水、原油电脱盐、原油储存和合格油外输几大系统。随着环保标准的不断提升,生产出来的伴生气一般都经处理后增压并外输。一个典型的集中处理站原油处理系统如图1-2所示。

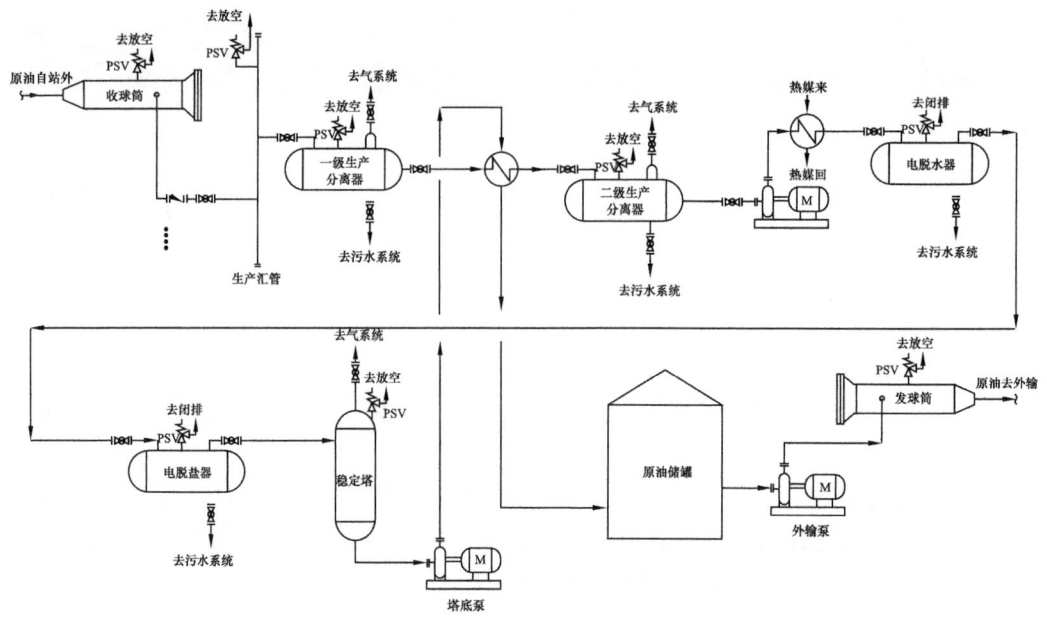

图 1-2　典型集中处理站原油处理系统

第二节　油田地面工程安全风险及事故意外

油田地面工程生产过程中，主要存在超压、泄漏、液体溢流、气窜、负压、超温等风险。

一、超压

超压是指工艺设备中的压力超过最大允许工作压力。引起超压的原因主要有：

（1）如果进口流量超过出口流量，则进口源产生的压力将超过工艺设备的最大允许工作压力。假如上游的流量控制装置失灵，或在工艺设备的出口有限流装置或堵塞，或上游设备发生溢流或者气窜，那么进口流量就会超过出口流量。

（2）在设备的进出口都关断的条件下加热时，则超压也可由流体的热膨胀引起。

超压的后果是使设备突然破裂和产生烃类物质的泄漏。高压是超压可检测的异常状态，一旦发生高压表明可能发生超压。

超压保护主要分为：

（1）一级保护。压力设备超压的一级保护应由 PSH 传感器提供，以关断进口流。假如容器是受热设备，PSH 传感器也应关断燃料或加热源。常压容器的一级保护应由适当的放空系统提供。

（2）二级保护。压力设备超压的二级保护应由 PSV 提供。常压设备的二级保护应由第二级放空系统提供。第二级放空系统可以和第一级放空系统完全相同，也可以是两个带有自力式 PSV 的限流孔板或一个独立的 PSV。

在含有气体和液体的工艺设备中，应安装 PSH 传感器、PSV 或放空系统，以检测或泄放气体或蒸气部分的压力。安全装置的检测接口应尽可能开在设备的最高位置，以减少被流体中杂质堵塞的可能。常压罐上 PSV 和放空系统的安装必须符合 API Std 2000 *Venting atmospheric and low-pressure storage tanks* 或其他适用的标准。

二、泄漏

泄漏是指工艺设备中流体意外地逸出到大气中。在本书中，泄漏意味着逸出的流体为烃类物质。

（一）泄漏原因

引起泄漏的原因是腐蚀、侵蚀、机械失灵或超温造成设备损坏，过压导致设备破裂或外力引起意外损坏。

（二）泄漏后果和可检测的异常状态

泄漏的后果是：烃类物质释放到大气中。低压、回流和低液位是可检测的异常状态，它们表明已发生了泄漏。

（三）泄漏保护

泄漏保护主要分为：

（1）一级保护。大量泄漏造成压力设备内异常操作状态的一级保护应由 PSL 传感器和 PSV 提供，PSL 关断进口流体，PSV 减少回流。从液体部分泄漏的一级保护也可由 LSL 提供，它关断进口流体。在常压设备中，液体泄漏的一级保护由 LSL 传感器提供，它关断进口流体。在工艺设备中安全装置不能检测到少量的液体泄漏，此时应使用泄漏物收集和排放系统作为一级保护。发生在通风不良区域的小股气体泄漏不能被设备传感装置所检测，此时一级保护应由可燃气体探测系统提供。

（2）二级保护。所有可检测的泄漏和通风不良区域的少量气体泄漏的二级保护应由应急支持系统提供。少量液体泄漏的二级保护应由安装在废油罐上的 LSH 传感器提供，它关断向废油罐泄漏的所有设备。

（四）泄漏安全装置的位置

在含有液体和气体部分的工艺设备中，应安装 PSL 传感器以检测气体或蒸气部分的压力。PSL 传感器应尽可能安装在设备的最高位置，以减少被液体中杂质堵塞的可能。PSV 应安装在各设备操作出口管线上，以防止大量回流。LSL 传感器的安装位置应低于最低操作液位一段足够的距离，以防止误关断，但在 LSL 传感器和液体出口要留有足够的容积以防止关断完成前发生气窜。

三、液体溢流

液体溢流是指液体从工艺设备的气体或蒸气出口排出。

（一）液体溢流原因

引起液体溢流的原因是液体进口流量超过出口流量。这可能是上游流量控制装置失灵、液位控制系统失灵或液体出口堵塞的结果。

（二）液体溢流后果和可检测的异常状态

液体溢流的后果是下游设备的过压或液位的过量，或烃类物质释放到大气中。高液位是可检测的异常状态，它表明可能发生溢流。

（三）液体溢流保护

液体溢流保护主要分为：

（1）一级保护。液体溢流的一级保护应由LSH传感器提供，它关断设备的进口流体。

（2）二级保护。液体溢流到大气的二级保护应由应急支持系统（ESS）提供。液体溢流到下游设备的二级保护应由下游设备的安全装置提供。

（四）安全装置的位置

LSH传感器的位置应高于最高操作液位一段足够的距离，以防止误关断，但在LSH传感器上部要留有足够的容积以防止关断完成前液体溢流。

四、气窜

气窜是指工艺设备中的气体从液体出口中排出。

（一）气窜原因

引起气窜的原因是液位控制系统失灵或无意中打开了液位控制阀的旁通阀。

（二）气窜后果和可检测的异常状态

气窜的后果是下游设备的过压。低液位是可检测到的异常状态，它表明可能发生了气窜。

（三）气窜保护

气窜保护主要分为：

（1）一级保护。气窜的一级保护应由LSL传感器提供，它关断流体进口或液体出口。

（2）二级保护。气窜到下游设备的二级保护应由下游设备的安全装置提供。

（四）安全装置的位置

LSL 传感器的安装位置应低于最低操作液位一段足够的距离，以避免误关断，但应在 LSL 传感器和液体出口之间留有足够的容积以避免关断完成前发生气窜。

五、负压

负压是指工艺设备内的压力低于设计的挤毁压力。

（一）负压原因

引起负压的原因是流体排出流量超过进入流量，这可能是下列因素的结果：进口或出口控制阀失灵，当流体流出时，进口管线堵塞，或进出口关断时流体的热收缩。

（二）负压后果和可检测的异常状态

负压的后果是设备挤毁和泄漏。低压是可检测到的异常状态，它表明可能发生了负压。

（三）负压保护

负压保护主要分为：

（1）一级保护。常压设备的负压一级保护应由合适的呼吸系统提供。承受负压的压力设备的一级保护由气体补给系统来提供。

（2）二级保护。常压设备的二级保护应由第二级放空或一个 PSV 提供。承受负压的压力设备的二级保护应由 PSL 传感器提供，以关断进出口流体。

（四）安全装置的位置

PSL 传感器应尽可能安装在设备的最高位置，以减少流体杂质堵塞的可能。放空系统和 PSV 的安装应依据 API Std 2000 *Venting atmospheric and low-pressure storage tanks* 或其他适用的标准。

六、超温

超温是指温度超过工艺设备设计的操作温度。受火和烟道气加热设备中的意外事件影响，超温可归类为介质或工艺流体的超温和烟道超温。不用受火加热设备的超温问题将在后面章节中的单个设备分析时论述。

（一）超温原因

引起介质或工艺流体超温的原因有：

（1）由于装置失灵或偶然因素导致介质绕过燃料或烟道气控制设备进入，造成燃料或热量过量输入。

（2）额外的燃料通过进气口进入燃烧室或可燃流体泄漏进入受火或烟道气加热室。

（3）在一个封闭的传热系统中（如被加热介质通过燃烧室或烟道气加热室的盘管循环）由于低流量造成被加热流体流量的不足。

（4）在带有浸入式火管或烟道气管的受火设备中液位过低。

在受火设备中，烟道超温可由上述任一原因或者由于外界物质（砂、垢等）在传热部分聚集导致的传热不充分造成。在烟道气加热设备中的烟道超温可由可燃介质泄漏到烟道气加热室中着火而引起。

（二）超温后果和可检测的异常状态

介质或工艺流体高温的后果可能是使设备的承压能力降低，接着使受影响的设备泄漏或破裂；在封闭的传热系统中，如果介质隔断在盘管中，则将引起循环盘管的过压；烟道高温则可引燃烟道表面的可燃物质。高温、低流量和低液位是可检测到的异常状态，它表明可能发生了超温。

（三）超温保护

超温保护主要分为：

（1）一级保护。由过量或额外的燃料、热量或介质泄漏到受火设备或烟道气加热室引起介质或工艺流体超温的一级保护应由 TSH 传感器提供。假如超温由低液位引起，它的一级保护应由 LSL 传感器提供。在受火设备上的 TSH 和 LSL 传感器必须关断燃料供应和可燃流体的进入。在烟道气加热设备上的 TSH 和 LSL 传感器必须关断燃料和加热源或使它们改变流向。如果介质超温是由于含有可燃流体的封闭传热系统的低流量引起的，那么一级保护应由 FSL 传感器提供，它关断进入受火设备的燃料供应或把烟道气流从烟道气加热设备转移开。烟道超温的一级保护应由 TSH（安装在烟道上）传感器提供，它关断燃料或烟道气源及可燃流体的流入。

（2）二级保护。如果在受火设备中的介质或工艺流体超温是由过量或额外的燃料引起的，那么二级保护应由 TSH（安装在烟道上）传感器提供，如果是由低流量引起的，那么二级保护应由安装在介质管线上的 TSH 传感器和安装在烟道上的 TSH 传感器提供。如果是由低液位引起，那么二级保护应由安装在介质或工艺流体管线上的 TSH 传感器和安装在烟道上的 TSH 传感器提供。如果在烟道气加热设备中介质或工艺流体的超温是由低液位或低流量引起的，那么二级保护应由安装在介质管线上的 TSH 传感器提供。这些传感器所完成的功能应与一级保护的相同。烟道超温的二级保护应由应急支持系统和可适用的 FSV 提供。

（四）安全装置的位置

温度传感器，除易熔型或表面接触型外，应安装在热偶套管中以易于取出和测试；在气/液两相系统中，TSH 传感器应安装在液相段；在管式加热器中，被加热介质流经受火设备或烟道气加热室中的盘管，在这种情况下，TSH 传感器应尽可能安装在靠近加热器的管线出口上；FSV 应安装在介质管线的出口上。

第三节　工艺安全设计内容

工艺安全设计应依据国家安全生产有关法律法规和标准规范的要求，积极吸收国外安全设计先进理念，从设计源头上消除或削减危险源，提高本质安全设计质量。设计应遵循合理降低风险原则，优化设计方案，采用适宜可靠的安全对策措施，将建设项目生命周期内的风险尽可能降到最低合理可行的程度。

设计缺陷、设备故障、运行条件错误、不可预见的运行条件、危害控制失效，以及人为失误等都有可能引起工艺事故的发生。工艺安全分析就是通过系统的、全面的、有条理的方法来识别、评估和控制工艺和操作中的危害，以预防工艺安全事故的发生。

项目上与安全相关的内容范围较广，一般包括：工艺安全、紧急关断/泄压系统、火炬系统、排污、火气探测和报警系统、消防系统、厂区平面布置、被动火灾保护、危险区域划分、个人安全防护，以及公共报警和通信等方面。

安全范围中的其余部分，如安全阀（泄压阀）和火炬系统、常压放空和排污、火气探测和报警、消防系统、厂区平面布置、被动火灾防护、危险区域划分、个人安全防护、公共报警和通信等方面内部，有的有单独较完善的参考规范，有的有成熟的设计惯例，有的与工艺安全相距较远，本书不进行赘述。

一、安全装置的选择

安全保护装置划分为一级保护装置和二级保护装置。一级保护装置比二级保护装置反应更快、更安全或更可靠。一级保护装置提供最高级保护，二级保护装置提供次高级的保护。

（1）由于失灵的后果可能在程度或顺序上有所不同，单个的安全装置也许不可能提供完整的一级或二级保护，因此可能需要几个装置或系统，这几个装置或系统组合起来可以提供必要的保护等级。例如，一个 PSL 传感器和一个 FSV 可用来阻止流体向泄漏处流动，这两个装置可提供一级保护。

（2）在 SAT 中确定的保护装置与必要的 SDV 或其他最终控制装置连在一起可以保护任何工艺流程中的工艺设备。重要的是使用户了解 SAT 的逻辑和 SAT 是如何建立的。

（3）必须对详细的工艺流程图和操作参数进行研究后，再确定 SDV 和其他最终控制装置的位置。当在工艺中检测到意外情况时，该设备可以关断输入源或把输入源分流到其他能够安全地进行处理的设备中，这样就可以把该设备与所有的输入工艺流体、热量和燃料隔离开。如果把工艺输入关断，最好在起始源处关断。

（4）除非存在不需要某一安全装置的情况，或其通常完成的功能或可以由其他安全装置代替的情况，每个设备的所有安全装置都要加以考虑和设置。安全分析检查单（SAC）中列出了等效的保护方法，因此允许省掉某些装置。

（5）如果使用的设备在 SAC 中没有涉及，那么可以根据上述原则建立设备的 SAT。

二、保护性关断动作

当工艺设备中的异常操作状态被安全装置检测到或被操作人员发现时，所有的工艺流体、热量和燃料输入源都应关断或转向其他能够安全地进行处理的设备中。如果选择了关断动作，那么应该在能量起源处（井口、泵、压缩机等）关断工艺系统输入。在设计中应避免产生关断某一工艺设备入口，导致上游设备产生异常状态进而导致其安全装置把该设备关断的情况。因为一旦发生这种情况，工艺系统的每个设备将从后往前逐个关断，直到能量的起源被切断为止。即在这种情况下，下游某个设备关断导致其他设备都处于异常操作状态，并且都必须由它的安全装置保护，其联锁效应取决于几个附加安全装置的操作，并且可能对设备产生过多的应力。

（1）在能量起源切断后，一般最后关断工艺设备的入口，以进一步提供保护或防止上游设备压力或液位传递。如果希望如此，那么能量起源的关断应同时或先于设备进口阀的关断。

（2）可能有一些运行联锁关断的特例，例如：

① 分离器的进口源随着井口周期性地接入分离器而频繁地变换。当检测到异常状态时，如果直接关断与分离器相连的井口，那么安全系统的逻辑必须每次随着不同的井口接入分离器而改变。这样就在改变安全系统逻辑时可能造成疏忽。在这种情况下，最好关闭分离器的入口，而让形成的出油管的高压通过 PSH 传感器的动作关闭油井。管汇和出油管的额定压力必须能承受由此而引起的最大压力。

② 站场通过出油管接受来自卫星井的生产流体。尽管系统的能量源是卫星井口，如果在站场中检测到异常状态，必须把进入油管上的 SDV 关断。如果希望先关断站场出油管上的 SDV 后关断卫星井，则可以使用安装在卫星井位置的出油管 PSH 传感器完成。

③ 压缩机安装时都装备有自动分流阀，当压缩机关断时，它让可以克服管线压力的井口维持生产。如果有些井口不能克服管线压力，那么可以通过各个出油管上的 PSH 传感器关闭这些井口，以减少①中的潜在的安全系统逻辑问题。

三、防止引燃的措施

地面工程安全的主要威胁来自烃类物质的释放。如果能防止引燃释放的烃类物质，其影响就可以减弱。因此，防止引燃是必须和安全装置及应急支持系统一起考虑的另一个保护措施。烃类物质引燃可以由电弧、火焰、火花和炽热表面引起。可以在设计时对这些引燃源进行保护，以降低烃类物质接触引燃源的可能性或防止气态烃类物质达到可燃浓度。

本书将这些方法归类为"防止引燃的措施（IPM）"。它包括：通风、采用相关电气规程和推荐做法、合理布置潜在引燃源，以及热源表面的保护。下面分别进行介绍。

（一）通风

可燃气体的引燃需要其与空气（氧气）混合的浓度达到爆炸下限（L.E.L.）。设计的安全系统可在检测到异常状态时关断烃类物质源，以减少释放的烃类物质量。另一个防止形成可燃混合物的方法是保证足够的空气量，使烃类物质浓度保持在爆炸下限（L.E.L.）以下。为防止可燃混合物的聚集，工艺区域应尽可能敞开以允许空气自由流动。含有烃类物质处理设备或燃烧设备的封闭区域应具有足够的通风，以使气体或蒸气在达到爆炸下限（L.E.L.）以前就被驱散。如果封闭区域通风不良，应安装可燃气体探测器（ASH），使它在预先设定的低于爆炸下限（L.E.L.）的浓度时发出信号，关断烃类物质源。

（二）采用相关电气规程和推荐作法

电气源引燃的防护由下列措施保证：依据 API RP 14F *Recommended practice for design, installation, and maintenance of electrical systems for fixed and floating offshore petroleum facilities for unclassified and class I, division 1, and division 2 locations* 或其他适用的标准来设计和维护电气设备，并按 API RP 500 *Recommended practice for classification of locations for electrical installations at petroleum facilities classified as class I, division 1 and division 2* 划分站场区域。

（1）API RP 14F *Recommended practice for design, installation, and maintenance of electrical systems for fixed and floating offshore petroleum facilities for unclassified and class I, division 1, and division 2 locations* 确定了电气设备和接线方法的准则，这些准则能安全地使用于油田地面工程的危险区和非危险区。

（2）API RP 500 *Recommended practice for classification of locations for electrical installations at petroleum facilities classified as class I, division 1 and division 2* 为陆上和海上固定和移动站场电气设备的安全安装提出了划分钻机和生产设施周围区域的方法。

（三）合理布置潜在引燃源

潜在引燃源如受火工艺设备和某些旋转机械通常都有防护措施，以减少引燃释放的烃类物质的可能性。其他保护措施是把设备放置在烃类物质意外释放可能性很小的区域内。API RP 14J *Recommended practice for design and hazards analysis for offshore production facilities* 提供了设备布置指南。其他潜在引火源与生活有关，如锅炉、热水器、炉灶、烘干机等。这些装置都应放在非危险区内。如果这些设备是以气体作燃料，并且安装在通风不良的建筑物内，应安装可燃气体探测器（ASH），以便切断位于室外的燃料关断阀。

（四）热源表面的保护

任何温度超过 204℃（400℉）的热源表面应给予保护，以使其不暴露于有液态烃溢出或泄漏的地方。温度超过 385℃（该温度约为天然气着火温度的 80%）的热源表面也必须给予保护，以使其不暴露于有可燃气体和蒸气聚集的地方。保护措施可采用隔热、屏蔽、水冷却等。但是，如果这些热源表面是 API Std 520 *Sizing, selection and installation of pressure-relieving devices* 所划分的区域内的固定式或便携式设备的表面，则应采取隔热措施。某些机械设备的部件，例如涡轮增压器、排放管汇和那些因怕引起机械故障而不能隔热的部件（包括相关的管线），应采用其他的保护措施。

四、发热设备的保护

任何表面温度超过 71℃的设备应采取防护措施，以防止操作人员在正常工作和行走区域内意外接触。防护措施可采用：护罩、屏蔽或隔热。某些机械类型的部件如涡轮增压器、排放管汇、压缩机管汇、膨胀罐和那些因怕引起机械故障而不能隔热的部件（包括相关的管线）例外，在这种情况下可采用警告标记。

五、应急支持系统和其他支持系统

应急支持系统（ESS）是一种对整个站场通用的实施特定安全功能的方法。ESS 包括紧急关断（ESD）系统、火灾探测系统、气体检测系统、通风系统、泄漏物收集和排放系统、污油罐和 SSSV 系统。这些系统是保护设施的最基本的系统，系统通过启动关断功能，或减少逸出烃类物质造成的后果来完成保护。其他支持系统包括气动供应系统、气体排放系统、泄漏物收集系统，以及其他能提高地面工程安全性能的服务系统。气动供应系统为安全系统提供控制介质，气体排放系统可把气体安全、有控制地释放到大气中。

ESS 可减少油田地面工程烃类物质泄漏的后果，ESS 包括：

（1）可燃气体探测系统。它检测泄漏烃类物质的存在，并在气体浓度达到爆炸下限（L.E.L.）之前发出警报和关闭站场。

（2）泄漏物收集和排放系统。它收集泄漏的液态烃类物质，并触发关闭站场。

（3）易熔塞回路系统。它探测火灾的热量，并触发关闭站场。

（4）其他火灾系统探测装置（火焰、热、烟雾）。可用来加强火灾探测能力。

（5）紧急关闭系统。在操作人员观察到异常状态或意外事件时，可手动触发紧急关闭系统关闭站场。

（6）井下安全阀（SSSVS）系统。它可以是自动操作的 SSCSV，或者是由 ESD 系统和/易熔塞回路触发的 SCSSV。

（一）应急关断（ESD）系统

应急关断（ESD）系统是配置在站场中作用于全局的一种手动控制系统，当这个系统启动时，将关断所有生产井和工艺装置。这个系统可以包括一系列相互独立的工艺关断系统，这些系统能分别启动。ESD 系统动作起来将导致整个站场生产活动的停止，包括关断所有管道的 SDV。设计的 ESD 系统应在紧急状态需要时保证发电站和消防系统能继续运转。

ESD 系统给工作人员提供了一种在观察到异常情况时手动关断站场的手段。易熔塞回路系统中的易熔元件可与 ESD 控制回路结合在一起。

ESD 站应位于很方便的地方，但也应防止无意启动。ESD 站应标明其关断功能，并应清楚地标出阀柄关断位置。手动 ESD 阀应为快开无节流型，以便使关断系统能迅速动作。由于 ESD 系统在地面工程安全保护系统中起关键作用，所以应该用高质量的防腐阀。ESD 关断等级如图 1-3 所示。

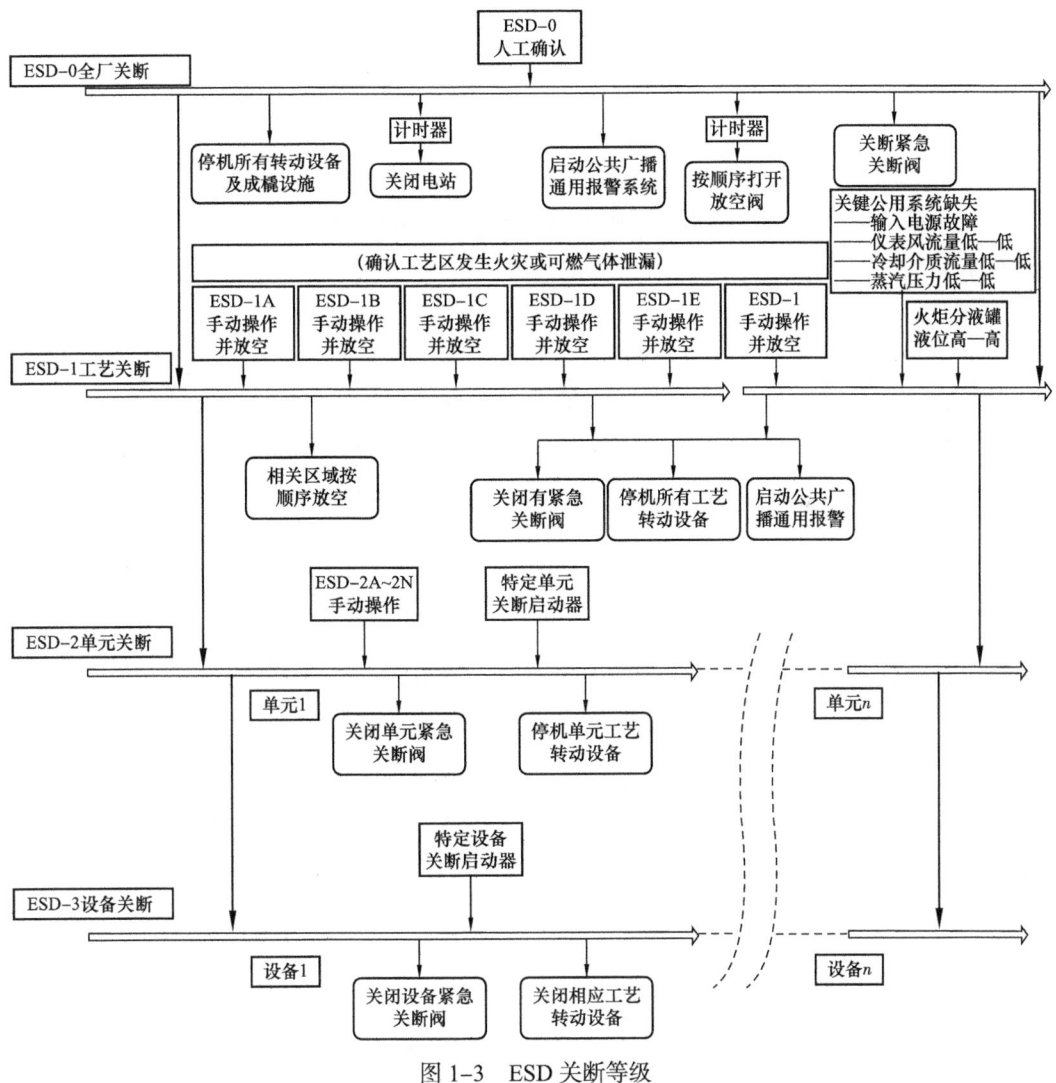

图 1-3 ESD 关断等级

（二）火灾探测系统

1. 火灾探测系统的使用目的

地面工程应提供火灾自动探测，以便工作人员尽早采取措施。火灾探测系统包括气动易熔元件（TSE）系统及各种电动火灾探测装置［包括火焰探测装置（USH），热量探测装置（TSH）或烟雾探测装置（YSH）］。系统应安装在按照 API RP 500 *Recommended practice for classification of locations for electrical installations at petroleum facilities classified as class I, division 1 and division 2* 划分的一类和二类区域，以及人员有正常或偶尔睡眠的建筑物内。

2. 气动易熔塞元件探测系统

一种可靠和广泛应用于探测火灾的方法是，使用一条包含处在关键位置的易熔元件的气动管线。这个系统可发出信号关断除防火设备以外的其他生产设施。易熔元件通常是金属塞（该金属在设定温度下可被熔化）或者是一段易熔的合成管材。

3. 电动火灾探测系统

除了气动易熔塞元件探测系统外，各种电动火灾探测装置（火焰、热和烟雾）通常也用于油田地面工程。这些探测装置用于发出警报，触动关断或启动灭火系统（如介质为 CO_2 或水）。

4. 安装和操作

所有电动火灾探测装置应通过国家级认可的实验室的检测，并根据制造厂商推荐的方法安装。在没有站场主电源的情况下，电动火灾探测装置应能至少工作 8h。

火灾探测系统的安装和操作应与设计保护的区域相适应。火灾探测系统应安装在工艺设备、封闭的分类区域（封闭的危险区域）和封闭的非分类区域（封闭的非危险区域内）具体如下：

（1）工艺设备。表 1-1 为易熔塞安装指南。当用易熔回路或其他装置（如紫外线火焰探测器、红外线传感器等）代替易熔塞时，它们至少也应提供表 1-1 中所列出的同样的作用范围。如果产生的信号能启动正常的关断功能，则易熔元件可以安装在安全系统的各种气动管线上。易熔元件不应安装在可燃气体供应管线上，否则在关断后会继续漏气。

表 1-1　易熔塞安装指南

设备		易熔塞布置	易熔塞最低数量
井口		每个井口装 1 个①	—
管汇		每 3m（10ft）装 1 个①	2
压力容器	立式容器	每 0.3m（12in）外径装一个，最多装 5 个	1
	卧式容器	外径小于 1.2m（48in）——每 1.5m（5ft）装 1 个	2
		外径不小于 1.2m（48in）——每 1.5m（5ft）装 2 个，并列两排	4

续表

设备		易熔塞布置	易熔塞最低数量
常压容器		每个容器入口、出口及人孔各装1个	—
受火容器和烟道气加热设备		同压力容器；此外在受火设备阻火器外部装1个	—
换热器（管壳式）		换热器每段各装1个	2
泵	往复式	泵连杆密封盒上方装1个	—
	离心式	每个密封盒上方装1个	—
压缩机	往复式	每个气缸装1个②	—
	离心式	压缩机上方装1个	—
发动机	火花引燃	每个化油器或进油阀上方装1个②	—
	柴油机	每个泵送喷油嘴上装1个②	—
	燃气涡轮机	每个燃料电磁阀、调节阀和PT泵各装1个②	—

① 不适用于水下井口或管汇；
② 或等同的内容。
注：若使用易熔管或其他装置（如紫外线火焰探测器等）作为易熔塞，则它们至少应提供表中所列同样的内容。

（2）封闭的分类区域（封闭的危险区域）。在根据API RP 500 *Recommended practice for classification of locations for electrical installations at petroleum facilities classified as class I, division 1 and division 2* 划分的封闭的分类区域（1类或2类区域）内，应装设火灾（火焰、热火烟雾）探测装置，这些装置可自动关断该封闭的分类区域内的碳氢化合物释放源。在这些区域内也可使用可燃的或非可燃气体的易熔塞系统。

（3）封闭的非分类区域（封闭的非危险区域）。在人员正常或偶尔睡眠的所有房间内，应装设能启动音响警报的烟雾探测装置。在有热源（如热水器、衣物烘干机、厨用炉灶、火炉、空间加热器等）的房屋内，应装设能启动音响警报的烟雾和/或温升速率探测器。在人员正常或偶尔睡眠的建筑物内，不能装设使用可燃气体的易熔塞系统进行火灾探测（既使这些建筑物在分类区域内，因为它近似于一个碳氢化合物释放源）。

（三）可燃气体探测系统

1. 使用目的

在海上站场中，可燃气体在大气中的聚集会对安全造成威胁。在封闭的区域内很可能产生可燃气体的聚集。加强安全有两种方法，一是良好的通风，二是装设可燃气体探测器（ASH）系统。可燃气体探测器（ASH）系统应在低浓度易燃气体或蒸气出现时，以声和/或光报警方式警告工作人员，并在浓度接近可燃（爆炸）下限（L.E.L）时，关断气源或移走所有点火源。

2. 安装

可燃气体探测传感器应安装在以下位置：

（1）根据 API RP 500 *Recommended practice for classification of locations for electrical installations at petroleum facilities classified as class I, division 1 and division 2* 划分的所有封闭的分类区域（1类和2类）内。

（2）通风不良装有天然气原动机的封闭区域内。

（3）有人员正常或偶尔睡眠的且含有易燃气体源的建筑物内。

气体探测器应通过国家级认可的实验室（NRPL）检测，并且满足 ANSI/ISAS 12.13. Part Ⅰ《可燃气体探测器的性能要求》。气体探测器系统的安装、操作和维修应遵循 ANSI/ISAS 12.13 Part Ⅱ《可燃气体探测器仪表的安装、操作和维修》。

在含有可燃气体压缩机的封闭区域内，需装设传感器的最少数量是：每一套压缩机装置设一个，再加上每三套装置或该装置的一部分设置一个。

注：这就要求在封闭的压缩机房内应至少装设两个传感器。在封闭的含有其他燃气原动机（例如：机动发电机或泵）的建筑物内应至少每台原动机装设一个传感器。

除了在人员正常或偶尔睡眠的建筑物或含有用压缩机输送易燃气体的封闭区域内，提供充分的通风和装设气体探测系统两者可选其一。同样地，站场中在没有提供连续的直流电的封闭区域内，如果封闭区域内不含有点火源，不含有输送易燃气体的压缩机和没有人员正常或偶尔睡眠的建筑物，则气体探测器可取消。

3. 操作和维修

气体探测器应能够检测至少两种气体的浓度。在气体浓度不高于 L.E.L 的 25% 时，发出一个音响警报信号（在高嘈杂音的区域内应装设灯光报警信号，因为在该区域内，音响报警是无效的），以警告操作人员。当气体浓度不高于 L.E.L 的 60% 时，自动校正动作应启动，如关闭气源的 SDV 或切断设备的电源，该方法不适用于危险区（分类区域）。作为总工艺关断的替代，可采用隔离被报警的区域，如关闭发电机房的燃料进口阀门。为了保证情况不再变得更危险，应该仔细考虑自动校正动作的形式。如果机械或设备的关断可能产生一个点火源，则应考虑在关断前启动灭火系统，如海仑系统（Halon）。对于监测不止一个区域的气体探测系统，应能指示被检测到的可燃气体或蒸气的位置。

注：在特殊的情况下，检测较低气体浓度时，应遵照 API RP 500 *Recommended practice for classification of locations for electrical installations at petroleum facilities classified as class I, division 1 and division 2* 第48章的条款以减少区域分类。

（四）充分通风

充分通风是指通风条件（自然或人工通风）足以防止大量的浓度高于它们的可燃（爆炸）下限（L.E.L）25% 的蒸气—空气混合物的积聚。参见 API RP 500 *Recommended practice for classification of locations for electrical installations at petroleum facilities classified as class I, division 1 and division 2* 第 4.6 条的附加说明，包括推荐的成功的方法。

（五）泄漏物收集和排放系统

泄漏物收集和排放系统可把泄漏的液态烃类物质收集并排放到一个安全的地方。所有可能产生渗漏或溢流的设备都应设置围栏、排污槽或滴油盘，以将污油排到污油罐中去。在没有工艺容器或其他可能产生渗漏或溢液的设备的构筑物上，泄漏物收集和排放系统的设置是可选择的（如仅有井口、管汇、管线、吊机和/或仪表风洗涤器的构筑物）。

所有重力排放管网应设计成能够防止气体从污油罐通过排放口逸出。典型的安装方法是在每个排放口或每个排放管汇上安装水封或在污油罐入口管线上安装总管网水封。安装单向阀不适用于这种情况，而且也不能作为保护水封的一种选择。在污油罐入口之前，压力排放和重力排放不能混合利用。

（六）污油罐

污油罐可以是一个罐、一个顶部封闭的污油筒或顶部敞开的污油筒。所有污油罐都应设置自动排放功能，以便处理最大的入口流量。在常压污油罐上装有放空系统的目的是安全地驱散烃类蒸气。根据污油筒的设计和位置，污油筒的放空管口不安装阻火器也可以达到这个目的。由于腐蚀可能造成阻塞，低流量/低压力（无静电）及距潜在的点火源/反闪源距离的原因，污油筒上靠近水封位置的阻火器可以取消。

适当设计的顶部敞开的污油筒可临时用来收集甲板雨水或水滴及排放处理过的生产水和处理过的砂。除非在紧急状态下，容器（如火炬洗涤器、凝析油聚集器和各种燃料过滤器）都不应直接将液态烃排到敞开的污油筒内。顶部敞开的污油筒应防止烃类物质流出（溢流和/或底部流出），预防措施应在逐个分析情况后决定。一些因素应该考虑到：污油筒长度、液体性质、最大流量、波动效应和潮汐变化范围。

（七）其他支持系统

站场处理设施安全系统的整体性取决于几个其他支持系统的正常运行。这些附属的支持系统具有和地面工程安全保护系统其他部分同等的重要性，应当同样很好地维护。本章论述的是气动供应系统和气体放空系统。

气动供应系统提供动力并供仪表用气。气体放空系统把从工艺设备中放出的气体引导到安全的地方，并最终把它释放到大气中。

1. 气动供应系统

（1）使用目的。气动供应系统为站场处理设施安全系统提供控制介质。安全和关断系统一般要求有适合于阀门操作执行机构的动力供应，以及较低压力的仪表气体供应。

（2）供气质量。安全系统的正常运行取决于供气系统，因此一个可靠的高质量的供气源是很重要的。好的供气质量应是：

① 不含液态烃类物质。
② 不含水和水蒸气。
③ 不含固体物质。
④ 无腐蚀性。

（3）供气源。通常启动控制介质是空气、天然气或氮气。当用空气作为气源时，系统应设计成在正常和异常情况下都能防止空气与来自工艺系统或公用系统的烃类气体相混合。如果换用另外的供气源，当换用的介质与原来的气动源相结合时，必须不会产生可燃性混合物。

（4）供应和反应。气体供应系统的规模应能保证给所有设备供应足够压力和体积的气体。应对供气量加以计算，以适应在任何时间可能出现的最大需求量，并确保任何安全装置（如 PSH、BSL、ESD 站等）使设备或站场关断的时间不超过 45s。为了达到这一反应，应该对供气管线尺寸、安全装置排气口尺寸，以及辅助快速泄放设施的应用加以考虑。供气和泄放的气管线尺寸应加以选择，以取得最佳泄放条件。由于其体积和流动特征，管线过长或过细均需要过多的泄放时间。设计仪表和控制系统时应该以 API RP 500 *Recommended practice for classification of locations for electrical installations at petroleum facilities classified as class I, division 1 and division 2* 作为指导。

2. 气体放空系统

气体排放系统为在正常条件（火炬、放空）和异常条件（泄放）下把从工艺设备中排出的气体引导到安全场所，并最终排放到大气中去提供了一种手段。所谓安全场所应是气体浓度能够被稀释到低于 L.E.L.，从而不会对设备构成危害的地方，或者是气体能被安全地烧掉的地方。

这些系统始于工艺设备的正常气体出口或压力泄放装置，终止于选定的安全场所。这些系统可以是各种各样的，可以是一个控制阀或一个独立的 PSV 上的出口短管，也可以是连接几个阀门出口的管网。如果气体是在正常操作条件（火炬、放空）下从一个压力容器中排出，则需要一个除油器，以去掉气体中的液态烃类物质。

气体排放系统的排放点可以通过一个垂直的、悬臂的或水下的管子，以将气体排放到大气中去。在某些情况下，排放点可以远离站场。在选择安全排放点时，应考虑以下问题：

（1）人员安全。

（2）排放量。

（3）与其他设备，尤其是受火容器或其他引燃源、住房、新鲜空气吸入系统及直升机和靠船设施的相对位置。

（4）主导风向，若为水下排放，考虑主导流向。

（5）设计考虑。常压气体排放系统的设计应遵循 API Std 520 *Sizing, selection, and installation of pressure-relieving devices*、API Std 521 *Pressure-relieving and depressuring systems* 和 API Std 2000 *Venting atmospheric and low-pressure storage tanks* 及 ASME BPVC Section Ⅷ。系统应设计成在最大瞬间流量情况下产生的包括惯性力在内的回压不超过装置内额定压力最低的单体的工作压力。在放空系统中可使用阻火器来减少因外部火源而使设备内部着火的危险。火炬气涤器应当是一个压力容器，它的设计应使其能处理最大的预测流量。

第二章
油田地面工程工艺设计安全原则

工艺安全存在于装置的全生命周期中，它包括且不限于设计、投产、正常生产和停产检修等阶段。本章侧重于介绍设计阶段工艺专业所应遵循的原则，通过对装置进行分析研究，安装安全保护装置，制订相关操作程序，以保证操作人员生命安全和生产装置的正常运行。对于其他的安全健康问题，如点火源控制、装置平面布置、气体探测系统、火灾探测系统、声光报警系统、强制通风系统、消防系统、噪声控制及逃生疏散通道等，可参考安全专业相关论著，在此不再赘述。

第一节 设备设计温度及设计压力

合理的设备设计温度和设计压力是保证设备安全和减少泄漏发生的重要手段，可以预防危险事件发生或者降低危险事件发生的可能性。

一、设计压力

设备设计压力至少是操作过程中所预料的最不利操作温度和压力的组合，在设计中用来确定设备最小允许壁厚或确定设备不同部件的物理特性，即设计压力是设备机械设计的基础。设计压力应不小于设备在正常操作、维修和事故工况等条件下所遇到的最大压力（火灾除外）。在最大允许工作压力未确定的情况下，设计压力可用来代替最大允许工作压力。

最大允许工作压力指在操作状态和设计温度下容器顶部的最大允许表压。此压力是由应用公称壁厚时容器各个部件的计算结果来确定的，它不包括腐蚀裕量和除压力以外载荷要求的附加金属壁厚。最大允许工作压力是对容器起保护作用的压力泄放装置的压力设定基础。

通常情况下，最大允许工作压力与设计压力相同。如果制造过程中钢材厚度超出所需厚度，最大允许工作压力可高于设计压力。

操作压力是设备和管路系统中正常工作时的压力。最大操作压力（Maximum operating pressure，MOP）一般取 1.05 倍操作压力或者操作压力加 1bar，旨在保证控制系统的灵活性。最大操作压力应将开车工况和压缩机停机稳定压力等工况也考虑在内。需要特别注意的是 LPG 储存设施，其最大操作压力是特定 LPG 组分在最大操作温度下所对应的饱和蒸气压。

（一）压力容器

压力容器的设计主要遵循 ASME 相关规范。

如果压力容器未包含在泵或压缩机系统中，其设计压力可按表 2-1 的原则考虑。

表 2-1 压力容器设计压力

最大操作压力（表压），bar	设计压力（表压），bar
0 < MOP < 10	MOP + 1.0（最小为 3.5）
MOP > 10	MOP × 110%（如果考虑使用先导式安全阀，可以接受 1.05 倍 MOP）

上述设计压力余量主要用于保证安全阀正常操作。最大操作压力须考虑相关压力仪表的设定点和准确性。在安全阀动作之前，压力报警和压力关断必须正常可靠。如果预期操作压力会在合理范围内波动，应适当加大操作压力、压力报警设定点、压力关断报警点和设计压力之间的余量。

在容器设计过程中，容器底部设计压力必须将水力静压头和压降考虑在内。

（二）泵

与泵相连的工艺管线和设备，如果在充满液体的条件下操作，其设计压力应将泵最大出口压力考虑在内。泵的吸入管线直至第一道隔离阀，设计压力与泵出口设计压力相同。但是如果只有单泵安装，则不用考虑入口管线超压问题。

1. 离心泵

通常情况下，离心泵出口不设置安全阀。离心泵下游系统如果满液操作，其设计压力取式（2-1）与式（2-2）计算结果较大值：

$$p_d = p_{s,Op} + 0.098 F_{Shutoff} \cdot \Delta H \cdot \rho_{max} \cdot F_{API} \quad (2-1)$$

$$p_d = p_{s,Max} + 0.098 \Delta H \cdot \rho_{max} \cdot F_{API} \quad (2-2)$$

式中　p_d——泵出口设计压力（表压），bar；

　　　$p_{s,Op}$——泵上游罐最大操作压力 + 最大静压头（高高液位到泵中心线），bar；

　　　$p_{s,Max}$——泵上游罐泄放压力 + 最大静压头（高高液位到泵中心线），bar；

　　　ΔH——额定流量下压头，m；

　　　ρ_{max}——液体最大密度，kg/m³；

　　　$F_{Shutoff}$——关断系数，定速离心泵取 1.25，变速离心泵取 1.30；

　　　F_{API}——修正系数（API 610），额定压头≤75m 时 F_{API} = 1.10；75m < 额定压头 < 300m 时，F_{API} = 1.08；额定压头≥300m 时，F_{API} = 1.05。

2. 容积泵

由于往复泵等容积泵会不断提升压力，容积泵出口管线需要按全量泄放来设置安全阀。容积泵下游系统如果满液操作，其设计压力按式（2-3）、式（2-4）计算：

$$p_d = p_{Rated} + 1\text{bar} \quad [\text{额定出口压力（表压）} < 10\text{bar}] \quad (2\text{-}3)$$

$$p_d = p_{Rated} \times 1.1 \quad [\text{额定出口压力（表压）} \geqslant 10\text{bar}] \quad (2\text{-}4)$$

式中　p_{Rated}——额定出口压力，指泵在额定流量下的出口压力。

有以下两点需要注意：

（1）若容积泵下游有已建安全阀，泵设计压力不能小于已建安全阀设定点。

（2）若多台不同类型容积泵连接到同一出口汇管，设计压力取各泵最大设计压力。

（三）压缩机

压缩机系统与泵系统类似。所有压缩机入口分离器设计均需考虑全真空工况。

1. 离心式/轴流式压缩机

压缩机入口分离器和冷却器设计压力需要考虑停机稳定压力，对多级压缩机还需另外分析应采用整机停机稳定压力或单级停机稳定压力。入口段设计压力为停机稳定压力的 1.05 倍。压缩机出口设计压力可考虑 1.1 倍最大操作压力，且至少比最大操作压力高 1.5bar。在不显著增加费用的情况下，可将压缩机全压设计以使系统更加简单安全。

2. 容积式压缩机

容积式压缩机出口段设计压力应足够高，以免安全阀由于操作压力波动而频繁开启。出口段安全阀设定点设置可参考表 2-2。

表 2-2　安全阀设定点推荐一览表

额定出口压力（表压）p_{Rated}，bar	出口段安全阀设定点最小余量
$p_{Rated} \leqslant 10$	1bar
$10 < p_{Rated} \leqslant 170$	10%
$170 < p_{Rated} \leqslant 240$	8%
$240 < p_{Rated} \leqslant 345$	6%

（四）管壳式换热器

换热器各部分的设计压力均应将最极端的温度压力组合考虑在内。对于换热管破裂这一工况，按照 API 标准的 10/13 原则，如果低压侧的设计压力不小于高压侧设计压力的 10/13，低压侧可不设置压力泄放装置。管壳式换热器设计压力按压力容器进行设置。

（五）常压与低压储罐

设计压力（表压）超过 1.03 bar 的储罐按压力容器对待，设计标准遵循 ASME 规范。

常压与低压储罐通常指遵循 API 标准设计制造的储罐。

1. API 650 储罐

通常情况下，常压罐和低压罐的设计均应符合 API Std 650 *Weld, tanks for oil storage* 的规定。常压和低压储罐通常是带有平顶或锥形顶的立式圆柱体，包含从工厂制造储罐和大型现场焊接罐等，最高内部压力（表压）为 0.172bar。根据所存储的流体类型，储罐可保持敞开状态，或用氮气、燃气补气。带补气的储罐最小设计正压（表压）应为 5mbar，以满足紧急放空要求。

2. API 620 储罐

API 620 储罐常用于储罐内部压力较高或者由于危险、人员安全或产品蒸发损失等原因而必须将液体保持在一定压力下的场合，通常是带有圆锥形或拱顶的立式圆柱体。API 620 储罐最高内部压力（表压）不超过 1.03bar。API 650 储罐和 API 620 储罐的设计压力推荐值见表 2-3。

表 2-3 常压与低压储罐设计压力

储罐设计标准	操作压力（表压），mbar	设计压力（表压），mbar
API Std 650	≤4.2	7 / -2.5
	≤12.3	20 / -6.0
	≤30	50 / -6.0
	≤104	172 / -6.0
API Std 620	≤303	500 / -6.0
	≤625	1030 / -46

（六）火炬系统

API RP 14E *Recommended practice for design and installation of offshore production platform piping systems* 推荐火炬系统含火炬筒体、火炬汇管及火炬分液罐等，最低设计压力（表压）为 3.5bar，道达尔公司报道火炬系统设计压力（表压）通常在 3.5～15bar 之间。火炬系统设计压力应考虑系统中可能存在的最大工作压力或最大背压。

（七）真空系统

如果没有其他保护措施（密封气和呼吸阀等），有可能面临真空工况的设备均需按全真空设计。按全真空设计的设备至少应能承受 3.5bar（表压）的压力。

真空工况需要具体问题具体分析，主要有以下操作可能导致真空：

（1）开车、停产和再生吹扫等。

（2）充满液体的设备被隔离并冷却。

（3）充满可凝气体的设备被隔离并冷却，如蒸汽吹扫。

蒸汽吹扫工况可考虑蒸汽最大操作温度为150℃。需要注意的是，全真空设计可能需要设置加强圈和真空测试，导致投资提高。

二、设计温度

设计温度是用于设备机械设计的温度，包含最高设计温度和最低设计温度。最高设计温度设置见表2-4。

表2-4 最高设计温度

操作温度 T_o，℃	设计温度，℃
$-39 \leq T_o \leq -30$	85 / −45
$-30 < T_o \leq 60$	85 / 最低操作温度
$60 < T_o \leq 343$	最大操作温度 +25
$T_o > 343$	根据选择的材料和工艺要求具体分析

最高设计温度的设置还需要考虑以下几点：

（1）最高环境温度。设计温度不能低于太阳辐射产生的黑体温度。

（2）空冷器失效。空冷器下游最大操作温度为空冷器入口最大操作温度减去20%的正常工况下的温差。

（3）冷剂失效。在管壳式换热器中，热流体出口设计温度至少等于热流体入口温度，冷流体侧设计温度不小于热流体最大操作温度。

（4）设计温度不考虑火灾工况导致的温度。

（5）埋地排污罐设计温度应低于100℃以满足应力要求。

（6）火炬分液罐最高设计温度需考虑最热物流。

最低设计温度通常应取以下三个温度中的最小值：

（1）最低操作温度 −5℃。

（2）最低环境温度 −5℃。

（3）泄压导致的最低温度。

正常情况下，液化气或者小相对分子质量压缩气体泄压产生的低温远小于操作温度。

第二节 ESD紧急关断原则

ESD系统用于对工艺系统及其相关设备实施安全可靠的紧急关断，以最大限度地减少由工艺异常或外部事件引起的危险情况，防止设备损坏或人身伤害。如果事故后果轻微，ESD系统也可以阻止设备关断以尽可能地保护装置运行。紧急关断可以自动激活，也可以由操作人员激活。

一、ESD 系统目标

ESD 系统旨在实现以下目标：
（1）人员保护。
（2）设备保护。
（3）环境保护。
（4）最大限度地减少设施的生产损失。
（5）生产的连续性（通过最大限度地减少不必要的停工）。

ESD 系统设计主要包含以下内容：
（1）设置手动 ESD-0、ESD-1 和 ESD-2 按钮以启动全场关断、处理列/装置区关断、单元/单体设备/橇关断。
（2）自动检测异常外部条件、操作或设备状况。
（3）隔离工厂/系统/设备/管线/管道，尽量减少点火源。
（4）设置手动泄压设施，从而减少异常状况导致的危险后果。
（5）与过程控制系统交互以通过声光报警提醒操作人员。
（6）与公共广播系统交互以提醒操作人员干预。

二、ESD 系统独立性

所有 ESD 系统设备，如现场传感器和执行器及其相关回路都应专属于 ESD 系统，并独立于其他监视控制和警报系统运行。ESD 系统应完全独立，并且不依赖于任何其他系统的通信连接或接口。ESD 系统将独立地执行以下操作：
（1）感知异常操作或设备状况。
（2）根据需要关闭和/或隔离设备，并在适当情况下进行放空。
（3）提供手动隔离和/或放空的设施。
（4）与其他系统交互并启动相关的关停，如来自火气探测系统的信号会使 ESD 系统执行关停。

三、ESD 系统启动

手动按钮或自动系统均可启动 ESD 系统进行关停。操作人员应在控制室内的合适位置或人机界面上方便地接触到 ESD 按钮。

ESD 按钮应配备防护罩、护罩或类似部件，以减少意外启动的风险。

四、ESD 系统运行

动设备即使处于本地运行模式，ESD 系统也应能使其停机或跳闸。

对于气体压缩机、火炬系统、热媒系统等自带控制面板的橇装设备，ESD 远程停机 / 跳闸信号会传送到其就地控制盘（LCP）或单元控制面板（UCP），由 LCP 或 UCP 实现停机 / 跳闸操作。橇装设备控制盘应将任何关停动作上传到 DCS 进行记录。

五、ESD 系统复位

ESD 系统一旦将过程置于安全状态，就会一直保持安全状态，直到 ESD 系统复位为止。在 ESD 系统启动的原因明确之前，不能复位 ESD 系统。

ESD 系统有两种复位方式，即编组软启动和现场手动复位。对于生产系统中的界区阀、进 / 出管道阀和紧急泄放阀等关键阀门，需要逐个现场手动复位。一旦经过现场手动复位且 ESD 系统运行良好，就可以通过人机界面以受控顺序重新打开受影响的阀门。现场复位必须硬连线至 ESD 系统。对于属于同一处理列或单元的非关键紧急切断阀，可在处理列或单元内使用编组软启动以方便操作。低级别的 ESD 逻辑必须在高级别复位之前复位。

六、紧急切断阀（ESDV）

ESDV 具有以下特征：
（1）开 / 关型。
（2）气泡级密封。
（3）位于火区的阀门有故障保护功能。
（4）执行器防火（仅适用于位于火灾区域的阀门）。
（5）配备开 / 关限位开关。
（6）有检测设备。

切断阀一般布置在不同系统的边界处及压力等级不同的区域，此外还需要考虑火区布置和设备泄压要求等因素。

七、开车 / 维修超控

工艺和公用系统的开车超控设计应尽可能减少对安全系统的影响。工艺超控开关有助于启动开车前处于异常状态（例如低低液位）的装置或设备。工艺超控开关不能影响工艺控制系统的报警功能，工艺参数到达合理位置之前工艺系统将处于报警状态。维修超控开关会绕过跳闸启动器，以实现传感器维修或在线功能测试。维修超控开关自带报警功能，仅适用于输入信号且不得绕过启动许可。

八、级联效应

级联效应指的是某台设备的关停导致工艺异常进而导致其他设备 / 系统立即停。设计时应尽量避免工艺级联紧急关断，以防止由于 ESD 系统的干预而导致异常情况升级。如果判断这种情况无法避免，则 ESD 系统应主动关停所有受影响的设备。

九、ESD 等级及层级

当发生异常的操作或设备状况时，保护措施应适合该状况的严重性。在紧急关断系统中，需要紧急关断的事件按其原因、后果和影响分为几个层次。最高级别是全场关断并泄压后撤离，最低级别是在超出操作极限的情况下自动关停单台设备。一般情况下，为保护人员健康安全、环境、资产，同时尽可能地保证装置正常运行，会设置五个 ESD 安全保护等级：0 级、1 级、2 级、3 级和 4 级（图 2-1）。

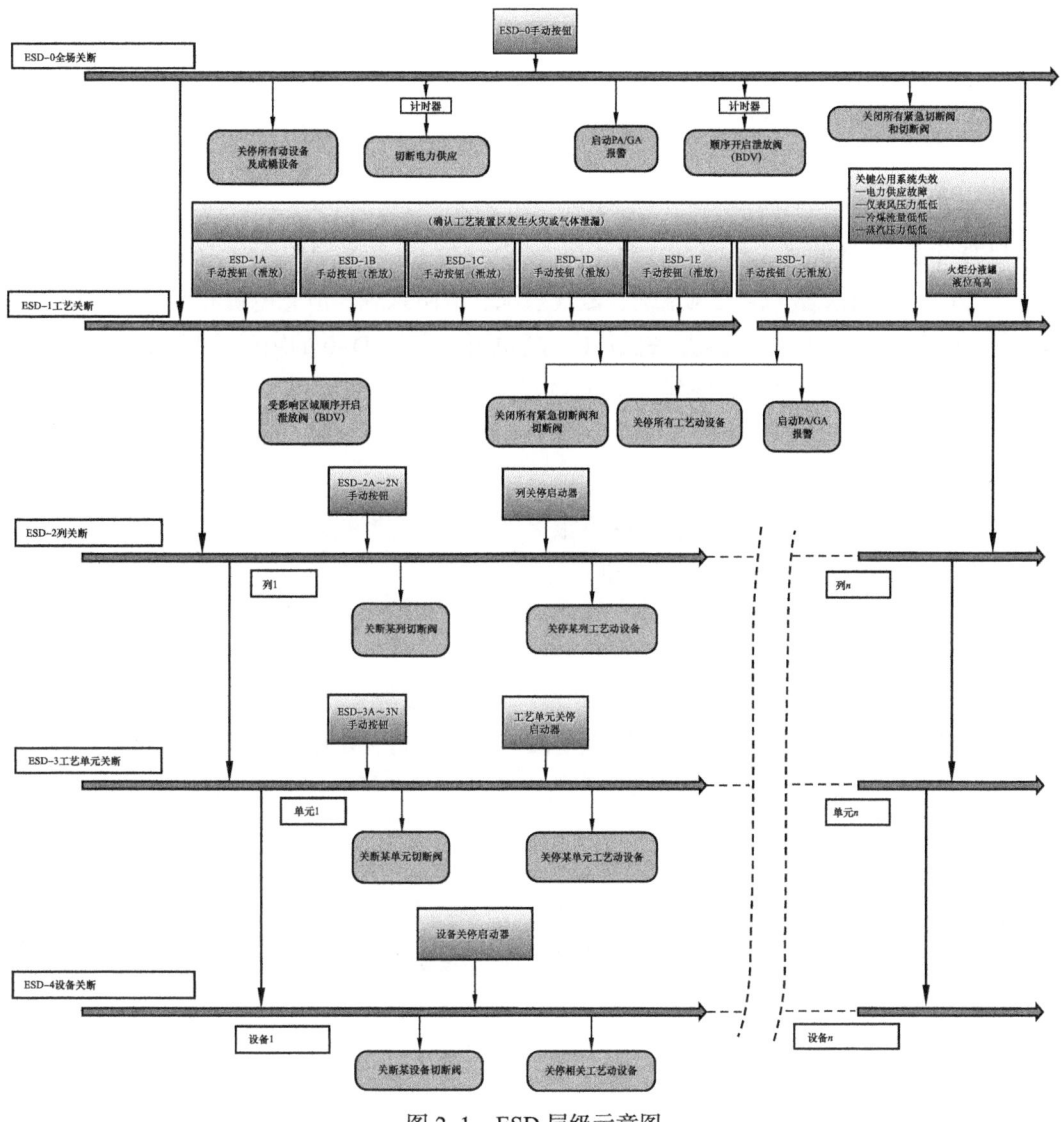

图 2-1　ESD 层级示意图

ESD 等级详细信息一般体现在因果图中。主要的原因、后果及 ESD 动作简述如下：

（一）ESD-0

ESD-0 代表最高的装置保护级别，也可以将其定义为全局紧急关断。整个工厂将被关断泄压并废弃：

（1）除储罐密封气和火炬吹扫气外，其余设施关停。保留密封气系统正常运行以防止空气进入储罐。

（2）启动所有安全切断阀。

（3）关停除仪表风系统和火炬系统外的所有动设备。

（4）关停所有有火设备。

（5）将气体系统泄压。

如果发生战争、地震、空袭、洪水和恐怖袭击中的任何一种情况，则只能手动激活 ESD-0 级关断。ESD-0 系统会启动相应声光报警和公共广播报警。

（二）ESD-1

ESD-1 为 ESD 的第二高级别，也可以将其定义为工艺紧急关断。工艺紧急关断会关停整个工厂，公用系统（仪表风系统、氮气系统、消防系统、应急电源和柴油系统）和生活系统（新鲜水系统）正常运行。ESD-1 关断也可以是 ESD-0 的级联关断。

如果出现以下任一情况，将触发 ESD-1 关断：

（1）自动启动：ESD-0 的级联关断、仪表风压力低低、火炬分液罐液位高高、电站关停等。

（2）手动启动：确认火灾、火气探测报警、确认工艺控制系统故障等。

ESD-1 系统会启动相应声光报警和公共广播报警。

（三）ESD-2

ESD-2 关断对应处理列级别，有可能是 ESD-1 的级联关断。

自动启动：ESD-1 的级联关断、处理列入口压力高高、处理列入口液位高高等。

ESD-2 系统会启动相应声光报警和公共广播报警，并触发 ESD-3 关断。

（四）ESD-3

ESD-3 关断对应处理单元级别，有可能是 ESD-2 的级联关断。

自动启动：ESD-2 的级联关断、处理单元入口压力高高、处理单元入口液位高高等。

ESD-3 系统会启动相应声光报警和公共广播报警，并触发 ESD-4 关断。

（五）ESD-4

ESD-4 等级是最低 ESD 等级，只关停某一设备。它可以由设备保护系统自动触发，或由操作人员通过按钮手动启动。

可触发 ESD-4 关断的因素有：泵吸入压力低低、振动保护、过载保护等。

ESD-4 系统会启动相应声光报警和公共广播报警。

第三节　放空及排污原则

在项目的开车、停产检修、检测和改造连头等阶段，需要对设备和管线进行放空排污以便安全地实施下一步操作。放空排污收集系统的设计须考虑以下内容：

（1）放空排污需要满足项目的 HSE 要求。

（2）在放空排污之前，应视物料特性先将设备、管线和仪表内的物料尽可能地转移到其他工艺系统、泄放到火炬或其他合适地点，将设备、管线和仪表内的物料存量减少到最低安全操作水平，然后再进行排污操作并回收工艺物料。

一、压力容器放空排污

所有的压力容器均需设置至少一个放空和一个排污，把工艺物料排放到安全地点，以便进行检修和测试。

放空应设置在容器或与其相连管线的最高点；排污则应设置在容器或与其相连管线的最低点，并能达到全部排净。

对容器放空排污接口的尺寸推荐见表 2-5。

表 2-5　设备放空排污接口尺寸推荐表

设备容积 V, m³	放空接口 in	排污接口 in
$V \leqslant 1.5$	1	1
$1.5 < V \leqslant 6$	1	$1\frac{1}{2}$
$6 < V \leqslant 17$	1	2
$17 < V \leqslant 71$	$1\frac{1}{2}$	3
$V > 71$	2	>3

如果容器水平布置而且缝到缝的长度大于 6m，则需要考虑增加排污接口。

二、管线放空排污

管线系统需设置足够数量的放空点和排污点，以保证管路系统能进行有效的放空排污。配管时，应尽可能避免液相管线高点液袋和气相管线低点液袋。在工艺 PID 上，应标识出工艺操作所需要的放空点和排污点的位置、尺寸及类型。专用于水压试验的放空点和排污点在PID上不做要求。对管线放空排污接口的尺寸推荐见表2-6。

表2-6 管线放空排污接口尺寸推荐表

管线尺寸 D, in	放空接口 in	排污接口 in
$D\leqslant 4$	3/4	3/4
$6<D\leqslant 16$	3/4	1
$D>18$	1	2

选取排污接口尺寸时须考虑物料黏度和密度等性质,针对高黏度和高倾点的流体可适当增大排污接口尺寸。为达到合理流速,开闭排汇管尺寸一般至少为6in。排污管线的坡度由项目来确定。一般在开闭排汇管及其子汇管末端设置2in吹扫口。

三、排污系统

为收集处理装置在正常运行、操作异常、检修阶段和紧急工况等情况下的液体,需要根据工艺装置位置和物料性质设置合适的排污设施。排污系统的设置可参考表2-7。

表2-7 排污分类及管网

排污分类	典型来源	排污管网
未脱气的烃类	一定操作压力下的工艺设施:分离器、塔器、压缩机、收发球筒和进站汇管等	闭排系统
含油污水	(1)泵、压缩机、容器等工艺设备日常操作中滴漏的水; (2)非密闭取样点的污水	开排系统
偶发含油污水	(1)非烃处理装置产生的污水:来自电站、注水泵及其他设备的被润滑油污染的水; (2)来自原油或凝析液储存围堰的含油污水	
不含油废水	(1)来自原油或凝析液储存设施围堰的未污染雨水; (2)公用系统废水:来自供水罐、消防水罐或其他水处理设施	清洁水排污系统
不含油水	绿化带、公路、清洁区等	
生活污水	卫生设施、厨房、居住区等	生活污水管网
化学药剂	化验室、加药泵、化学药品储罐等	特定管网或开排系统

闭排系统和开排系统需要分开,以防带压气体通过开排系统汇到工艺设备。在开闭排系统中,排污管路应保持一定坡度以使流体依靠重力自流进入排污罐。在考虑排污罐数目时,应将平面总图考虑在内,以使排污罐埋深合理。

四、放空系统

如果满足以下条件，气体可以直接排放到大气中：
（1）直接排放大气不违反当地污染和噪声相关法律法规。
（2）气体不具有毒性和腐蚀性。
（3）可燃气体直接放空时应确保放空气体在接触到点火源之前已被稀释到低于爆炸下限。

当直接放空不被允许或者不可行时，气体应排放到火炬系统，相关设计详见第八章。

第四节 隔离原则

本书探讨的隔离原则只适用于流体系统的机械隔离，不适用于电气等设备。通过机械隔离，可以实现以下功能：
（1）确保进入容器或进行维修作业前安全隔离。
（2）隔离特定工艺装置与其他运行设备。
（3）隔离工艺装置与排污系统。
（4）隔离工艺装置与放空系统。
（5）隔离工艺装置与公用系统。

一、总体要求

所有含有危险介质或可能存在危险因素的系统均需要采取隔离措施。危险介质常包含以下几类：
（1）高于自燃点的流体。
（2）泄漏时可能闪蒸形成蒸气云的可燃液体。
（3）泄漏时可能形成蒸气云的可燃气体。
（4）易于形成水合物或固体沉积物而造成堵塞，进而导致危险的流体。
（5）闪点低于60℃的液体（含甲醇）。
（6）除非采取迅速修复措施，否则可能导致严重不可逆转损害的有毒物质，如高浓度硫化氢气体等。
（7）高于100℃的热媒流体或低于-10℃的冷媒流体。
（8）操作压力（表压）大于20bar的流体。

采取隔离时一般遵循以下原则：
（1）进入容器前，需要在尽可能靠近容器的所有管嘴法兰处进行主动隔离或安装插板。在人员进入之前，遵循规定程序对设备进行泄压、排污和吹扫。
（2）在将主动隔离设备（插板或八字盲板）移动到关闭位置之前，不得进行热作业或拆卸法兰。

(3)在高风险烃类系统（高压、高温、大量存货）上进行任何工作之前，建议进行主动隔离、安装插板或者双隔离泄放阀组（DBB，Double block and bleed）阀门。

装置维修时的最小隔离要求可参考表2-8。由于隔离应用场合不同，需考虑的内容也有些差别。

表 2-8 装置维修最小隔离要求

隔离方法	长期隔离	进入容器	动火作业	不动火热作业	冷加工
持续时间	>24h			<24h	<24h
主动隔离	√	√	√	√	√
插板	√	√	√	√	√
双隔离泄放阀组	×	×	×	√	√
单隔离泄放阀组	×	×	×	×	√
单隔离阀	×	×	×	×	√[①]

① 仅限于压力等级不大于150#且温度小于150℃的无毒无害体系。

（一）停产检修隔离

停产检修意味着全厂、单元或系统已被隔离且已经过放空、排污和吹扫。系统已处于常压状态且不含烃类等物质。关停某个单元时，应对所有进料、产品和公用管线在界区进行安全隔离。

（二）成橇设备隔离

所有成橇设备的进出管线均需考虑隔离，在详细设计阶段需要对隔离方式进行确认。

（三）人员保护隔离

只有在所有接口处（大气通风接口除外）安装盲板、盲法兰或采取其他措施进行主动隔离后，人员才允许进入密闭空间。

进入单个设备时应注意：

(1)所有容器、罐和受限空间均应在所有管嘴上通过盲板或可拆卸管段等方式实现主动隔离。隔离位置应尽可能地靠近容器，通常是在喷嘴上。

(2)隔离设备的主要进料管线和产品管线。

(3)被隔离的设备一侧应有通风孔。

(4)如果从容器中抽出液体，则可以在泵的吸入口处进行隔离。

（四）特殊操作隔离

一个需要进行主动隔离的特殊操作示例是装卸塔填料。这种作业有可能周期性进行，通常会安装永久性主动隔离设施。

（五）压力测试隔离

通常情况下不安装压力测试盲板。但是，如果换热器等设备需要在线维修和测试，则应安装隔离盲板用于泄漏测试和压力测试。阀门有时也需要进行气密性测试，但是通常只安装临时性盲板而不是永久性盲板或阀门。

（六）开车旁通管线隔离

正常运行期间，开车旁通管线的隔离应考虑下述因素：

（1）在正常运行期间或在紧急情况下，任何管线通常均通过关闭阀门来实现隔离。隔离后，管道中残留的液体应留在原处。

（2）如果液体倾点较高，设计时应考虑管线冲洗、坡度和重力排污。

（3）如果管路仅用于开车前的循环和冲洗，则在正常操作中应将管线减压后进行盲断隔离。

（4）当开车管线或旁路管线产生的泄漏会导致严重的产品污染时，应安装盲断装置。

（5）应拆除不再使用的临时管线。

（七）多列装置中的单列隔离

当某单元中装置不少于两列时，需要考虑关停并隔离其中一列，其余列装置仍继续运行。

（八）多阶段投产装置隔离

如果项目分多阶段进行投产，需要考虑关停并隔离某些早投产设备，保留其余阶段设施正常运行。可采取的隔离措施包含盲断隔离装置或可拆卸管段。

（九）在线检修隔离

通常情况下，如有备用则可以实现不停产检修的装置主要有电脱盐、泵、压缩机、换热器和控制阀等。

二、隔离原则细则

装置隔离方法大致分主动隔离和阀门隔离两类。隔离所需的工艺安全要求及隔离措施的固有完整性和隔离速度决定了采取哪种隔离措施。

（1）主动隔离：确保人员或产品与危险或污染源百分百物理隔离，并且不允许泄漏发生。适用有人员进入容器或防止少量泄漏产生污染等场合。

（2）阀门隔离：阀门隔离适用于隔离要求不如主动隔离严格的场合，如需要短期隔离的装置等。

（一）主动隔离

主动隔离适用于以下场合：

（1）可以对被隔离的主要设备进行测试，确保不含气体和工作场所安全。互连管道中不包含截止阀的几个装置可视为一个设备。

（2）隔离一部分装置进行大修。

（3）隔离某台设备的公用系统来源，例如某有火设备的燃气和燃油等。

（4）防止污染，如在正常操作中需防止惰性气、燃料气或仪表风进入工艺系统造成污染。

主动隔离有如下几种方式：

（1）拆除管段——拆卸部分管道，在拆除后的管道两端安装盲法兰，法兰设计压力与管线设计压力相同。

（2）插板隔离——按照管道系统规范，插入额定压力的插板或转动八字盲板。

隔离装置的选取取决于管线尺寸和法兰等级，详见表2-9。图2-2是几个典型的主动隔离组合。

表2-9 隔离装置选用一览表

管线尺寸 mm	压力等级[①, ②]					
	150#	300#	600#	900#	1500#	2500#
25	八字盲板					
50						
80						
100						
150						
200						
250						
300						
350			插环、插板或可拆卸管段			
>350						

① 隔离设备的选取主要考虑当八字盲板重量超过25kg时使用插环或插板。

② 工艺专业应参考本表在P&ID图纸上显示八字盲板、插环或插板，以标识需要主动隔离。管道专业将考虑各种约束条件（如重量和使用八字盲板的操作灵活性等）并确定可拆卸管段是否更合适。

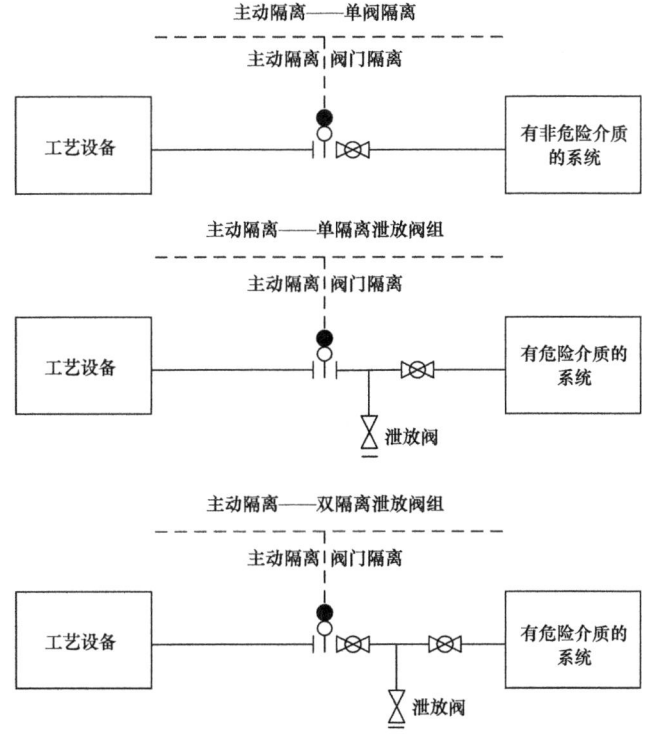

图 2-2 典型主动隔离装置组合

（二）阀门隔离

1. 阀门隔离方式

阀门隔离有以下方式：

（1）双隔离泄放阀组（Double block and bleed，DBB）。

（2）单隔离泄放阀组（Single block and bleed，SBB）。

（3）单阀隔离（Single valve isolation，SVI）。

在进行主动隔离之前，通常使用阀隔离来保持密封。如果用于执行维修或检测工作，则应进行阀门完整性检查以确定阀门关闭后无气体或流体通过。阀门隔离应使用可靠的手动操作阀实现，该阀应有气密性关闭功能。不得使用压力安全阀和止回阀进行隔离。用执行机构驱动的阀门不能用作唯一的隔离阀，但是可以用作 DBB 阀组的下游隔离阀。

1）双隔离泄放阀组

几种典型的双隔离泄放阀组如图 2-3 至图 2-5 所示。泄放阀确保了第二道隔离阀上没有高压差，从而保证了阀组的隔离完整性。泄放阀就地排放，通过对其进行监控可确认隔离阀是否起作用。

图 2-3 所示的 DBB 阀组由两个独立的由管段连接的隔离阀组成。泄放阀安装在两个隔离阀之间的管段上。隔离阀之间的管段应尽可能地短以减少排放量。设计时应考虑操作

泄放阀的操作空间。

第二种 DBB 阀组由两个直接相连的隔离阀和一个泄放阀组成（图 2-4）。

图 2-3　DBB 类型 1：两个独立的隔离阀＋泄放阀　　图 2-4　DBB 类型 2：两个一体的隔离阀＋泄放阀

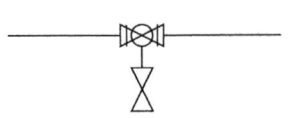

图 2-5　DBB 类型 3：一体化 DBB 阀门

第三种 DBB 阀门是一个双座阀，每个阀面对流体或压力形成一个密封，并通过阀体的排放口排放两个阀面之间的流体（图 2-5）。

这种带泄放口的一体双座阀不是真正的双隔离泄放阀组，某一故障可能使两个隔离同时失效，因此本类阀门不能用于工艺管道和设备的隔离。

DBB 阀组的泄放阀一般是带有盲法兰的 $^3/_4$in 或 1in 阀门。如果流体为酸性介质或者截止阀超过 20in，泄放阀尺寸不宜小于 1in。

2）单隔离泄放阀组

单隔离泄放阀组如图 2-6 所示。泄放阀置于隔离阀的设备侧以便在断开法兰之前进行泄漏测试。如果发生泄漏，将需要额外的关断措施以隔离系统。泄放阀应就地排放，有利于对其进行监控以判断隔离阀是否有效。单隔离泄放阀组可用于隔离额定压力磅级低于 600# 的系统。

3）单阀隔离

单阀隔离采用单个隔离阀进行隔离，隔离完整性较低。单阀隔离是一种隔离系统的标准做法，适用于无特殊密封性要求、低风险和非进入作业的场合（图 2-7）。

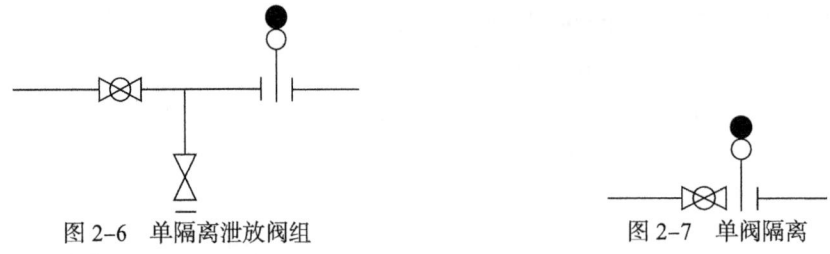

图 2-6　单隔离泄放阀组　　　　　　　　图 2-7　单阀隔离

上文所述的阀门隔离方式可归纳为表 2-10。

2. 阀门隔离的应用场合

（1）在石油和天然气装置中，以下场合需使用双隔离泄放阀组（DBB）以实现主动隔离：

① 所有 ANSI Class 600# 及以上等级的管道。

② 可能存在产品污染的罐区所有汇管。

③ 高温流体（温度不低于自燃点）系统的隔离。

表 2-10 常用阀门隔离一览表

类型	描述	示意图	备注
1	单隔离阀		非主动隔离
1B	单隔离泄放阀		非主动隔离
2	双隔离泄放阀		非主动隔离
3	双隔离泄放阀（连接到放空排污系统）		非主动隔离
4	单隔离泄放阀组+八字盲板/插板		主动隔离
4B	单隔离泄放阀组+可拆卸短节		主动隔离
5	双隔离泄放阀组		主动隔离
5B	双隔离泄放阀组+可拆卸短节		主动隔离

④ 计量系统与校验系统之间的隔离。

⑤ 如果在装置单元运行期间可能停止使用该设备，或者需要隔离设备但仍使其随时可供正运行装置单元使用。

（2）上面没有提到的其他场合可使用单隔离泄放阀组（SBB）和单阀隔离（SVI）来实现所需的隔离。

表 2-11 定义了 SVI / SBB 和 DBB 的选择原则。

表 2-11 SVI / SBB 和 DBB 选取原则

流体类型	阀门用途①	操作压力（表压），bar		
		≤150#	150#～300#	≥600#
工艺流体；危险性公用系统介质；危险化学品；有毒介质②	V	SVI/SBB	SVI/SBB	DBB
	I	SVI/SBB	DBB	DBB
无害公用系统介质；无害化学品③	V	SVI/SBB	SVI/SBB	SVI/SBB
	I	SVI/SBB	SVI/SBB	SVI/SBB

① V 指需要实现主动隔离的阀门，I 指无须实现主动隔离的阀门。
② 对危险化学品（如浓酸/高腐蚀性化学品）的隔离要求应根据具体情况进行评估（如应使用 DBB 对人员进行保护，使其避免与碱液物理接触）。
③ 为了保护人员免受任何有毒物质的侵害，维护/操作人员在安装主动隔离装置时或在接近设备仪器管路时应始终佩戴呼吸面具。

3. 阀门的锁开锁关

如果阀门误操作会导致设备、装置损坏或不安全，则隔离阀应锁定在适当的位置"锁定打开"（Locked open, LO）或"锁定关闭"（Locked closed, LC）。如果必须按照特定的顺序操作阀门，则必须采用机械联锁系统以确保操作顺序正确。

通常情况下应尽量减少阀门的锁。只有在误操作隔离阀会导致设备损坏或不安全状况时，才将隔离阀锁定在打开或关闭位置。这是为了将锁的使用保持在最低合理水平，以避免这些设备因需频繁操作而达不到锁定目的。

下面列出了需要锁定或铅封阀门的应用场合，以及锁定装置的类型。锁定装置将用于：

（1）PSV 隔离阀（用于多个 PSV 的钥匙互锁系统）。

（2）火炬放空管线的手动阀。

（3）消防汇管和泡沫系统中的主隔离阀。

（4）必须打开以保证泄压路径的阀（例如，必须打开以允许热膨胀的截止阀）。

（5）泄压阀（Blowdown valve, BDV）下游的隔离阀。

4. 用于隔离的阀门类型

以下场合推荐采用球阀进行隔离：

（1）安全阀隔离。

（2）泄压阀（Blowdown valve, BDV）隔离。

（3）需要清管的管线。

其他场合的隔离阀可参考项目管道材料规定。出于操作或维护目的，有时需要在不同单元之间进行隔离。此时只能使用主动隔离措施，此外还应安装就地压力表以显示盲板或插板附近的压力。

（三）设备隔离方法

1. 泵

并联安装的泵，可在入口阀门和出口阀门处安装隔离装置，如图2-8所示。截止阀离容器分支水平方向位于10m以内的容器上的泵吸入和回流管线连接不需要截止阀，除非有特殊要求隔离容器库存。从容器到泵的吸入管线或回流管线，如无容器隔离特殊要求且在水平方向10m内已有隔离阀，则不必另外安装隔离阀门。

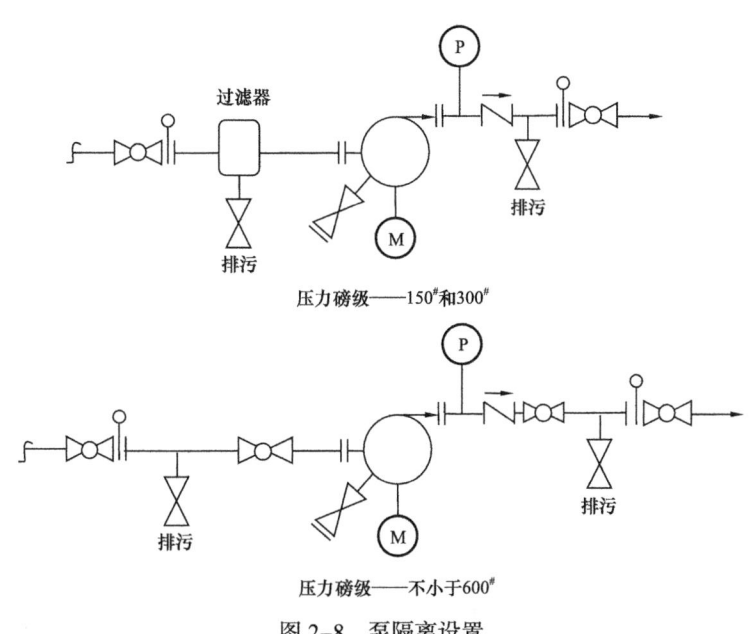

图2-8 泵隔离设置

2. 换热器

所有换热器均应安装隔离装置。

空冷器上通常不安装隔离阀，因为它可能会导致泄压阀隔离。如果空冷器的流体为易腐蚀和易结垢介质，并考虑在线维修单个管束，则可以考虑使用阀门。在大多数情况下，可以在管嘴处安装永久性八字盲板或插环。

板框式换热器通常具有与壳管式换热器相同的隔离要求。应在每个板框式换热器的隔离阀内提供放空点、排污点和吹扫点，以便在维护之前安全地进行减压、排污和吹扫。

管壳式换热器在管程侧应安装可拆卸管段以便于抽管束。如果塔器本身已有足够的隔离装置，则无须在塔釜再沸器上安装隔离装置。

如果换热器需要在线维修，则应采用图2-9所示的隔离措施。

3. 收发球筒

收发球筒的隔离对安全清管操作非常关键，主动隔离原则适用于收发球筒。收发球筒减压并隔离后，需要进行冲洗并吹扫，然后再打开快开盲板。为确保安全操作和防止收发球筒带压误开快开盲板，应安装系统联锁装置。

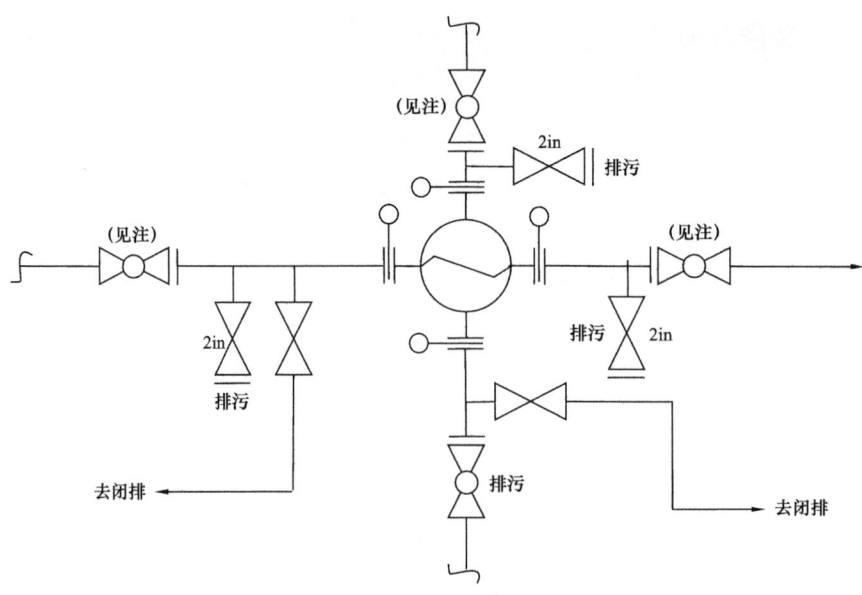

图 2-9 换热器维修隔离设置

注：可参考隔离原则细则来决定是否采用 DBB 隔离

4. 压缩机

压缩机的吸气和排气阀上需装插环插板，但从大气中吸气的空气压缩机的吸气口上不应设置。

5. 控制阀

控制阀上应用的隔离类型取决于以下因素（图 2-10）：

（1）备用列的可用性：如果控制阀是整列备用的一部分，则不需要旁路或隔离。同样，如果省略控制阀的旁路不会损害工厂安全或导致任何生产损失，则可以省略旁路和隔离。否则，控制阀将需要旁路并安装必要的隔离装置。

（2）如果控制阀旁路难以手动控制或可能导致危险情况（如分程控制），则不应安装旁路。

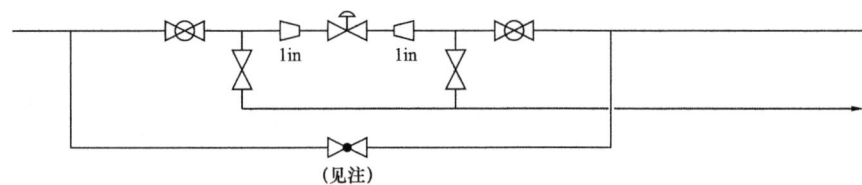

图 2-10 控制阀隔离

注：如果压力等级不小 600# 且系统中存在 H_2S 等有毒气体，隔离阀应采用 DBB 形式

6. 安全阀

安全阀的入口和出口隔离阀均为全通径阀门。如有多个安全阀放空到大气中，对每个安全阀单独设置尾管。安全阀的隔离设置如图 2-11 和图 2-12 所示。

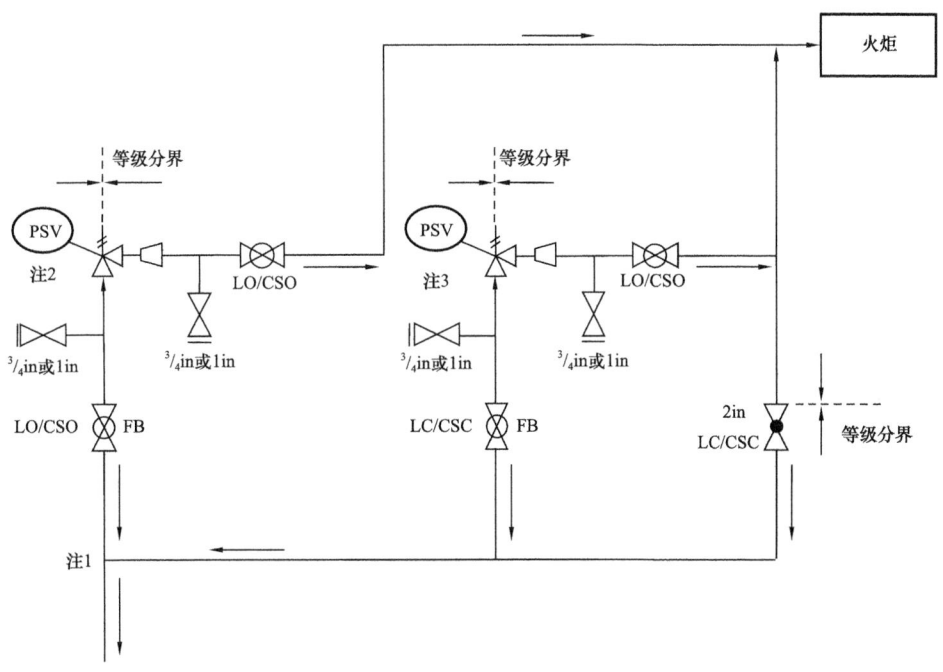

图 2-11 密闭放空系统

注 1：来自容器或与容器相连管线（无中间阀门）。
注 2：如压力等级不小于 600#，安装另外的隔离阀。
注 3：备用安全阀需安装在现场，不能仓库备用。

7. 泄压阀（Blowdown valve，BDV）

在关停或维修时，为隔离紧急泄压阀和火炬系统，应在紧急泄压阀下游安装一个锁开隔离阀和一个 $3/4$in 的排气阀。紧急泄压阀上游不能安装隔离阀（图 2-13）。

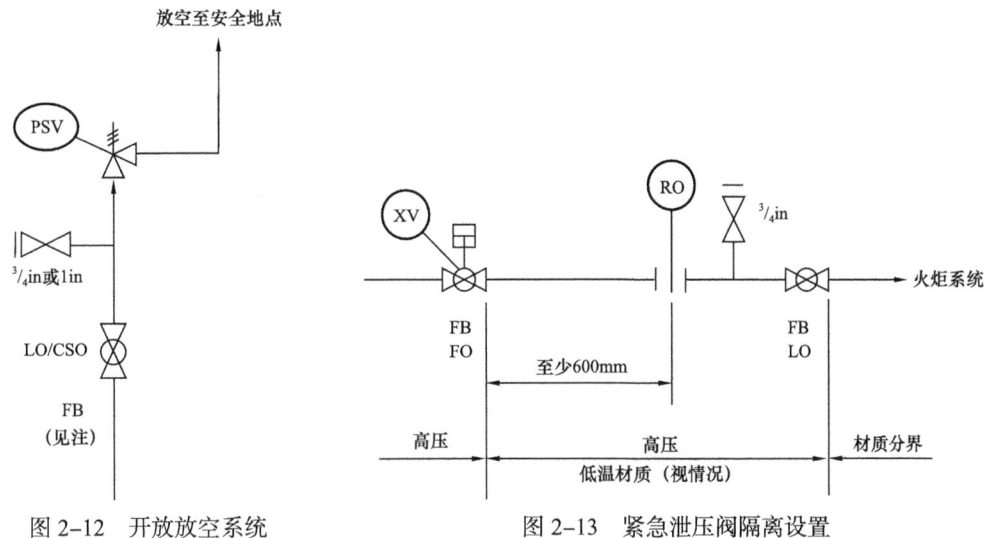

图 2-12 开放放空系统   图 2-13 紧急泄压阀隔离设置

注：来自容器或容器相连管线（无中间阀门）。

三、公用/工艺系统隔离

通常使用临时管道进行吹扫。在以下场合，应在所有公用系统上安装隔离阀：
（1）工艺装置主汇管上的每个子汇管。
（2）每个用户的入口。
（3）每个冷却水用户的出口。
加药系统的隔离如图 2-14 所示。

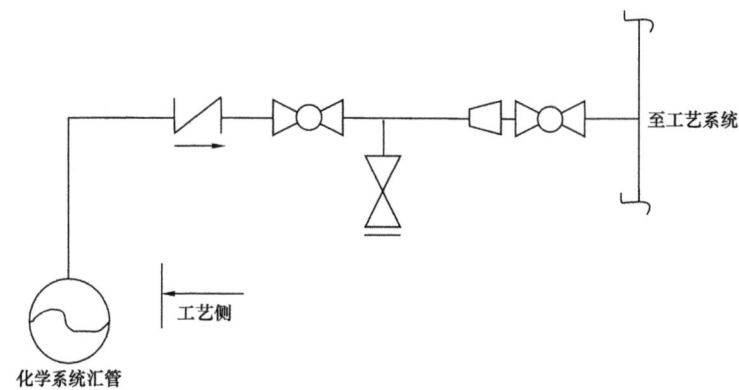

图 2-14　化学加药系统隔离

临时氮气吹扫隔离如图 2-15 所示。

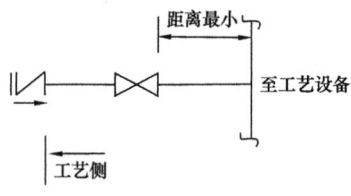

图 2-15　临时氮气吹扫隔离

永久性氮气吹扫隔离如图 2-16 所示。

设备停产维修时，应隔离设备放空管线和火炬系统，以使设备与火炬隔离可靠。隔离设置如图 2-17 所示。

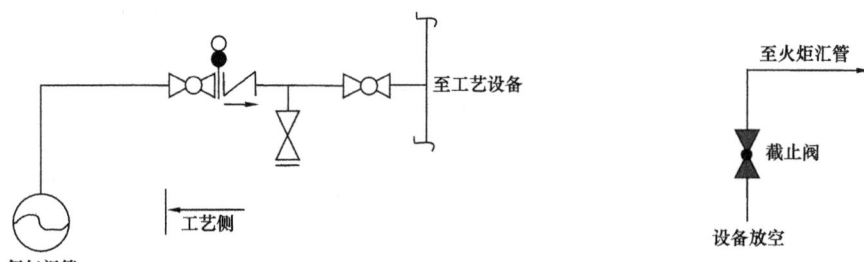

图 2-16　永久性氮气吹扫隔离　　　　图 2-17　设备放空/火炬系统隔离设置

第三章
工艺安全分析和 HSE 分析

随着科学技术的进步，油气生产装置的工艺、设备越来越复杂，这也使得油气生产装置发生事故的概率越来越大，危害程度也大大增加。油气生产装置一旦发生事故，不但会造成人身伤害、财产损失，更有可能会引起重大的社会问题。有效的工艺安全管理体系是防止重大工艺安全事故发生的基础。

而工艺安全分析则是实施工艺安全管理最具技术性和挑战性的关键要素，是工艺安全管理系统中至关重要的核心内容。工艺安全分析的方法有多种。美国职业安全健康局（OSHA）发布的 29 CFR 1910.119《工艺安全管理》，以及我国颁布的 AQ/T 3034—2010《化工企业工艺安全管理实施导则》中推荐了一些安全分析方法。主要有：

（1）提问法（What if）。通过一系列"如果……会怎么样？"的提问，找出与工艺过程相关的危害。比较适合于相对简单的工艺系统，通常的做法是按照工艺过程的自然顺序，从原料至产品，针对每个工艺步骤逐个提问并回答，对设备故障和操作错误的情况进行具体地分析。

（2）安全检查表法（Check list）。安全检查表法是典型的定性安全分析方法，它是运用以往累积的经验和事故教训来提高工艺系统的安全性。根据事先编制的安全检查表，按照清单中列出的项目逐项对工艺设计或运行的工艺系统进行检查，确保表中列出的项目都已经符合相关的要求，没有被遗漏或忽视。它是安全工作中最传统的一种方法，目前安全检查表法是安全系统工程中最基础、最简便、应用最广泛的分析方法，可用于工程活动或过程周期的任何阶段。

（3）提问法（What if）+安全检查表法（Check list）。这是前述两种方法的结合，弥补了单独使用两种方法的不足。

（4）危险和可操作性研究（HAZOP）。该方法的目的在于识别工艺过程中的危险源，针对危险源提出相应的控制措施，以预防工艺生产阶段出现偏离和偏差，从而控制工艺过程安全。

HAZOP 能够帮助查找预防事故的事件，包括：设计缺陷、情况诊断错误、操作错误、报警故障、停车系统故障、管理系统失效。采用 HAZOP 方法，不仅有利于安全，而且有利于提升工艺系统的可靠性和可操作性。海外油田地面工程涵盖中央处理站、天然气处理厂、电站及采出水处理站等站场，由于各类生产处理装置涉及原油及伴生气等危险物料，所以在海外油田地面工程中必须应用工艺过程安全管理的方法和技术来预防生产事故。

（5）实效模式和影响分析（FMEA）。根据系统的特点（子系统、设备、元件），按照实际需求将系统进行分割，分析其各自可能发生的故障类型及产生的影响。

（6）故障树分析（FTA）。FTA采用逻辑的方法，形象地进行危险分析工作。该方法直观、明了，思路清晰，逻辑性强，可以做定性分析，也可以做定量分析。

（7）事件树分析（ETA）。这是一种按事故发展的时间顺序，由初始时间开始推论可能的后果，从而进行危险源辨识的方法。它以一个初始时间为起点，按照事故的发展顺序，分成阶段，一步一步地进行分析，每一事件可能的后续事件只能取完全对立的两种状态（成功或失败，正常或故障，安全或危险等）之一的原则，逐步向结果方面发展，直至达到系统故障或事故为止。

（8）其他等效方法。

无论选用哪种方法，工艺安全分析都应涵盖以下内容：

（1）工艺系统的危害。

（2）对以往发生的可能导致严重后果的事件的审查。

（3）控制危害的工程措施和管理措施，以及失效时的后果。

（4）现场设施。

（5）人为因素。

（6）失控后可能对人员安全和健康造成影响的范围。

在系统生命周期不同阶段，应选择合适的安全分析方法。本书主要针对陆上油田地面工程设计阶段，因此采用安全检查表法作为工艺安全分析方法。

第一节　工艺安全分析概述

本节主要针对陆上油田地面工程油气处理设施，对其安全保护系统的设计、安装和测试提出了推荐做法，对站场安全保护系统的基本概念进行了论述，并简要说明了保护方法和系统要求。

一、安全装置的标志、缩写和符号

当描述或涉及安全系统时，为保持统一，需要对各个安全装置采用统一的标志、缩写和符号，本书在国际通常采用的美国仪表学会标准ISA-S5.1基础上，把常用的安全装置符号总结至表3-1。

二、工艺安全分析的危险源辨识

工艺过程中的危险通常来自两个方面：所涉及的物料本身的危险和工艺处理过程（工

艺技术和工艺设备）所带来的危险。在危险辨识时，仅考虑物料的性质是不够的，还必须同时考虑生产工艺和条件。例如水从本身性质上没有爆炸危险，但是如果生产工艺的温度和压力超过了水的沸点，那么水的存在就具有蒸汽爆炸的危险。分析具体的生产工艺和条件，能够使某些危险物质免于进一步分析和评价。例如，某物质的闪点高于 400℃，而生产是在室温和常压下进行的，就可排除引发重大火灾的可能性。对于危险源的识别过程，就是工艺安全分析的过程。

表 3-1　安全装置符号

传感器和自动装置				
项目	安全装置名称		符号	
	通用	美国仪表学会	单一装置	组合装置
回流	止回阀	流动安全阀	FSV	
燃烧器火焰	燃烧器火焰探测器	燃烧器安全低限	BSL	
液位	液位	液位	LSH	LSHL
	液位	液位	LSL	
压力	高压传感器	压力安全高限	PSH	PSHL
	低压传感器	压力安全低限	PSL	
	泄压阀或安全阀	压力安全阀	PSV	
	紧急压力放空	压力安全阀	EPRV	
压力或真空	压力—真空泄放阀	压力安全阀	PVSV	
	放空	无	↑	

续表

项目	安全装置名称		符号	
	通用	美国仪表学会	单一装置	组合装置
传感器和自动装置				
温度	高温传感器	温度安全高限	TSH	TSHL
	低温传感器	温度安全低限	TSL	
火焰	火焰阻火器或烟道阻火器	无	▨	
火灾	火焰探测器（紫外线或红外线）		USH	
	热探测器	温度安全高限	TSH	
	烟雾探测器（离子式）		TSE	
	易熔材料	温度安全元件	ASH	
可燃气体浓度	可燃气体探测器	分析仪安全高限	ASH	
有毒气体浓度	有毒气体探测器		OSH	
沙	冲蚀探测器			NSL
驱动阀				
用途	通用符号			
井上安全阀	SSV			
泄放阀	BDV			
关断阀	SDV			

三、工艺安全防护的两个层级

如果工艺上的操作工况出现偏离,并过度累计,如液位超高、超低、超压、负压、超温等,可能会导致危险,如溢流、气窜、泄漏、火灾或爆炸等,引起人员伤亡、设备损坏和环境污染等严重后果。所以,在工艺上就应先进行安全设计,考虑设置安全保护器件。工艺控制系统可认为是安全防护的基础,它将工艺过程稳定在正常操作所需的工艺条件内,一般会对包括压力、温度、液位和流量在内的工艺参数设置调节阀,将其控制在高低报警限之内。当工艺控制系统无法控制偏离时,由工艺安全防护处理。

工艺防护一般认为有两个层级:

(1)安全防护的第一层级可认为是紧急关断(ESD)系统,在工艺控制失效或不能处理工艺偏离时,工艺参数偏离超过高低报警线,并进一步偏离,达到高高或低低警报限,这时会自动触发紧急关断,起到关断、隔离作用,防止进一步累计偏离,出现不可控情况。ESD 系统根据偏离的状况进行不同层级的关断,在火灾和地震引发的高等级 ESD 关断中,除激发 SDV 进行关断外,还会激发 BDV 进行泄压。

(2)第二层级是 PSV 等设施,这是防止设备超压破裂的最后保护,在之前的工艺和安全防护失效的情况下,处理烃类及其他可燃或有毒流体进入火炬,以实现超压事故工况下对工艺设备的最终保护。下文以分离器事故工况分析为例(表3-2)进行说明。

表 3-2 分离器事故工况

事故工况	主要保护	二级保护
超压	PSH	PSV
大量气体泄漏	PSL,FSV	ASH,最小化着火源
大量油泄漏	LSL,FSV	废油罐(LSH)
少量气体泄漏	ASH,最小化着火源	火灾探测
少量油泄漏	废油罐(LSH)	人工监控
入口流量超出出口流量	LSH	放空洗涤器
高温	TSH	泄漏监测装置

① 对于超压工况,由高压传感器(PSH)切断入口提供主要保护,如果该装置发生故障,则由安全阀(PSV)提供二级保护。

② 对于大量气体泄漏工况,由低压传感器(PSL)切断入口,止回阀(FSV)防止下游气体逆流回泄漏点,提供主要保护。

③ 大量油泄漏与②相似,由低液位传感器(LSL)切断入口,止回阀(FSV)防止下游液体逆流回泄漏点,提供主要保护,废油罐及其 LSH 提供二级保护,即漏油形成污染之前,会触发二级保护的传感器。

④ 对于气体泄漏，发生火灾前，会触发火灾探测及保护设备，作为少量气体泄漏的主要保护及大量气体泄漏的二级保护。

⑤ 少量油泄漏由废油罐（LSH）作为主要保护，无自动控制的二级保护，在造成污染前需由人工监控。

⑥ 对于高温工况，温度过高会导致WAMP降低至PSV设定点以下，由高温传感器（TSH）切断入口或热源，提供主要保护，泄漏监测装置提供二级保护。

⑦ 对于入口流量超出出口流量工况，由高液位传感器（LSH）提供主要保护；如果气相出口通入大气，则由PSH（防止触发安全阀）或下游洗涤器中的LSH提供二级保护，即排入大气的容器下游必须设有洗涤器。

需要对系统进行分析，确定各装置的必要性。例如，如果工艺条件不可能使容器超压，则没必要设置某些装置；如果容器被加热后，不会影响其最大工作压力，则可以去除TSH。

四、安全保护系统分析和设计的前提

推荐的安全保护系统分析和设计方法是基于下列前提：

（1）为了安全操作，工艺设施的设计要依据切实可行的工程做法。

（2）安全系统要有两级保护，以防止或减小工艺系统内设备故障的影响。这两级保护应独立于工艺系统正常操作的控制装置之外。通常，为了有一个较宽的作用范围，这两级保护系统安全装置的类型在功能上要不同。两个完全相同的装置具有相同的性能，就可能具有相同的固有的弱点。

（3）两级保护应该是最高等级（一级）和次高等级（二级）。对于具体情况需要判断以确定这两个最高等级保护系统。例如，由于过压而引起设备破裂可以由PSH和PSL提供两级保护。在压力过高之前，为防止设备破裂，PSH把受影响的设备关闭；在破裂发生后，PSL则关闭受影响的设备。然而，有时选用PSV代替PSL，因为它可以把过量的体积释放到安全的地方以防止设备破裂。而且，PSV反应迅速可以防止设备破裂，而PSH在一些情况下不能有效而快速地执行动作。

（4）采用已证实的并为生产工艺采纳的系统分析方法可以确定工艺设备的最低安全要求。如果把这种分析应用于一个独立的设备，并假设最坏的输入和输出条件，那么在任何工艺系统中这种分析对于该设备来说都会是有效的。

（5）地面工程中的所有工艺设备是指从井口到最下游的排出点的整个工艺系统所包括的工艺设备。因此，所有工艺设备和功能都编入到安全系统中。

（6）当受充分保护的工艺设备组合成一个设施后，不会产生额外的安全威胁。因此，如果所有的工艺设备安全装置合理地组成一个安全系统，整个设施就受到了保护。

进行所有的安全分析时都会保守地假定故障发生的情况下或相继发生的过程中是没有操作人员介入制止的，以求能彻底地找出所有事故的最根本原因或引起的最终后果。

五、安全程序方框图

图 3-1 是安全程序方框图，它说明意外事件能引起人员伤害、污染或设施损坏的方式，它也表明应在什么地方使用安全装置和安全方法以防止事件的扩大。实际上烃类物质的释放是危及安全的一个重要因素，因此安全系统主要是防止烃类物质从工艺系统中释放出来，如果有则要减少其不良后果，其目的主要有：

（1）防止能导致烃类物质释放的意外事件。

（2）假如发生的话，关断工艺系统或工艺系统受影响的部分，以防止烃类物质向泄漏处流动或发生溢流。

（3）聚集和回收从工艺系统中流出的液态烃类物质并驱散气体。

（4）防止引燃释放出的烃类物质。

（5）万一失火时关断工艺系统。

（6）除那些已发生事故的设备外，还要防止可能引起烃类物质从其他设备中释放的意外事件。

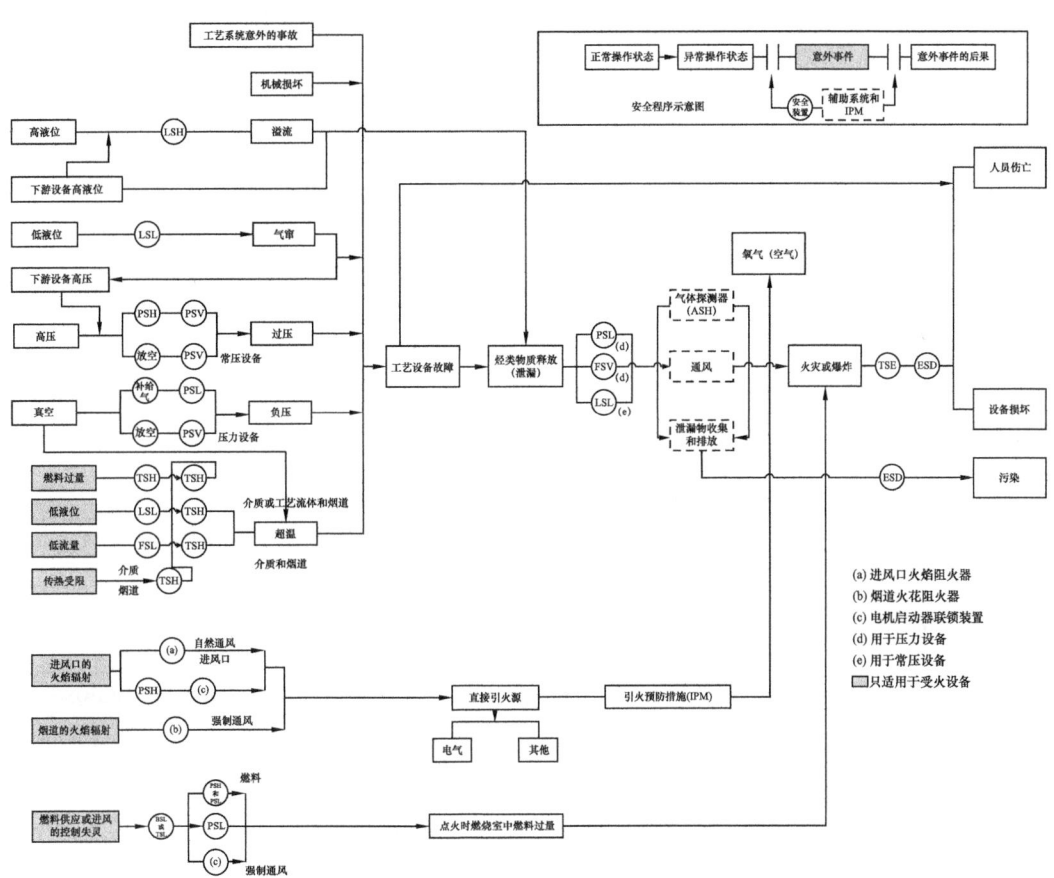

图 3-1　油田地面工程生产设施的安全程序方框图

第二节 工艺安全分析流程

一、设计步骤

工艺安全从工艺设计开始,直至交接给仪表专业编制因果图为止,大体可分为以下步骤:

编制原则类文件——→进行系统描述和设计——→进行单体描述和设计——→进行单体安全分析——→完善安全描述——→完成仪表控制描述因果关系图。

其流程框图如图3-2所示。

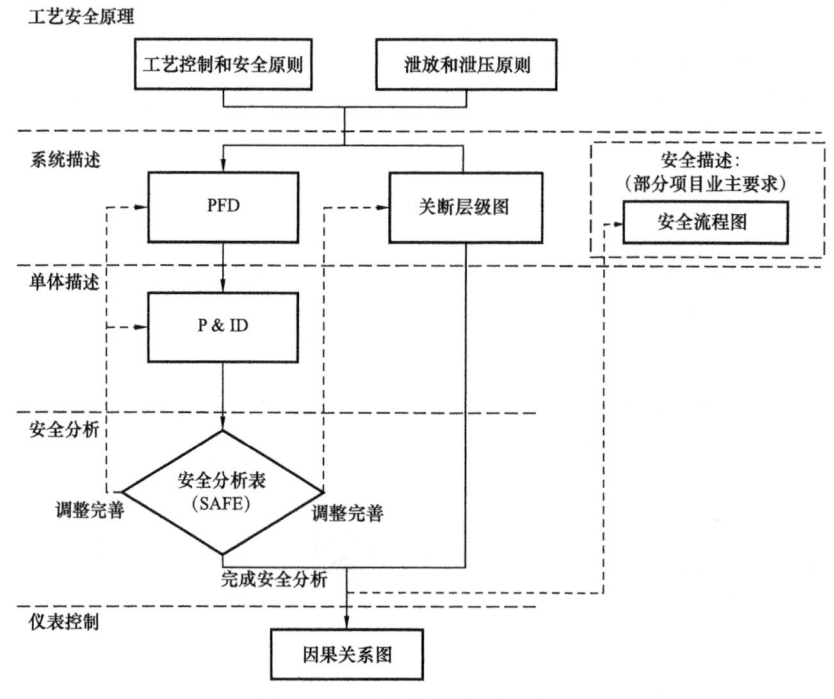

图3-2 工艺安全设计流程框图

二、流程说明

(1)第一步,编制原则类文件。主要包括安全防护原则(Safeguarding philosophy)工艺控制原则(Process control philosophy)和泄放和泄压原则(Relief & blowdown philosophy)。

现在有的项目将安全防护原则(Safeguarding philosophy)和工艺控制原则(Process control philosophy)两个文件合二为一,叫作"工艺控制和安全防护原则"(Process control and safeguarding philosophy)。

（2）第二步，进行系统描述和设计。主要完成项目整体系统描述和设计，对工艺和安全防护两个方面进行描述。

工艺方面有流程框图（BFD）和工艺流程图（PFD）；安全防护方面有安全流程图（Safety flow diagram，即 SFD）和关断层级图（Shutdown hierarchy diagram），有的项目将关断层级图叫作逻辑关断图（Shutdown logic diagram）。

（3）第三步，进行单体描述和设计。完成各设备单体的工艺流程、控制和安全防护方面描述。需完成的报告有：工艺和公用系统描述和设计（Process & utility description）、工艺控制描述（Process control description）；需完成的图纸有：管道仪表流程图（Piping & instrumentation diagram，即 P & ID）。

（4）第四步，进行单体安全分析。对各设备单体进行详细的安全分析，完成安全分析表（Safety analysis function evaluation，以下简称 SAFE）。

（5）第五步，完善安全设施。在完成所有单体安全分析后，可能对单体的安全防护设施有增加、删减或调整，此时根据结果对 P & ID 和关断层级图进行升版完善。

（6）第六步，完成因果关系图（Cause & effect diagram）。

三、文件简要介绍

（一）报告类文件

1. 工艺控制和安全防护原则

本文件应分别描述工艺控制和安全防护方面的大原则。

（1）工艺控制方面应介绍系统的自控层级设置，对于项目涉及的不同等级站场，如井口、计量站、接转站、集中处理站、电站、天然气处理厂等，规定相应的控制水平，信号传播方式等，以便为将来设计提供指导。

（2）安全防护方面，应对 ESD 系统和 Blowdown 系统等方面进行介绍。对应 ESD 系统，应介绍清楚 ESD 关断等级（level），并通过关断层级（Hierarchy）阐述每个等级的触发内容。比如定义 0 级关断由地震或战争情况下触发弃站操作；1 级关断由火灾或停电触发工艺关断和工艺紧急泄压等；2 级关断为工艺列关断；3 级关断为单元关断；4 级关断为独立设备关断。

2. 工艺和公用系统描述和设计（Process & utility description）

主要对项目工艺和公用系统流程进行描述，另外还要详细介绍单个设备的设计参数，如设备处理能力、操作和设计压力、温度等参数。

3. 工艺控制描述（Process control description）

对工艺系统的参数（温度、压力、流量等）如何维持在正常状态进行描述，本文件一般由工艺和仪表专业共同完成。

（二）图纸类文件

1. PFD 和 P & ID

对于 PFD，需要注意的是，在图中不必体现联锁 SDV 的仪表信号，仅需表示出 SDV 的位置即可。对于 P & ID，需要注意的是，在单体安全分析之前，应有初步的 P & ID 图纸，但安全防护设施考虑并不全面，在安全分析步骤之后，应再完善 P & ID 图纸。

2. 安全流程图

本文件英文名称为"Safeguarding flow diagram"，简称 SFD；有的用"Process safeguarding flow schemes"。本图纸以 PFD 为基础，去掉工艺控制方面的表述，重点体现安全防护方面的表述，比如液位、压力的高高、低低报警和触发的关断信息，重点表示安全关断和隔离的 SDV、泄压的 BDV 和安全保护的 PSV/TSV 等内容。

与 PFD 上仅表示 SDV 的位置不同，SFD 上还应将触发 SDV 的关联信号表示上。如一级分离器液位高高、0级、1级和 2 级关断信号均引起进口 SDV 的关断。

此文件从宏观上整体体现安全设施的布置，由于体现的安全防护设施较全，实际操作中，可在 SAFE 文件完成后，再汇总完成本文件。

典型分离器的安全流程如图 3-3 所示。

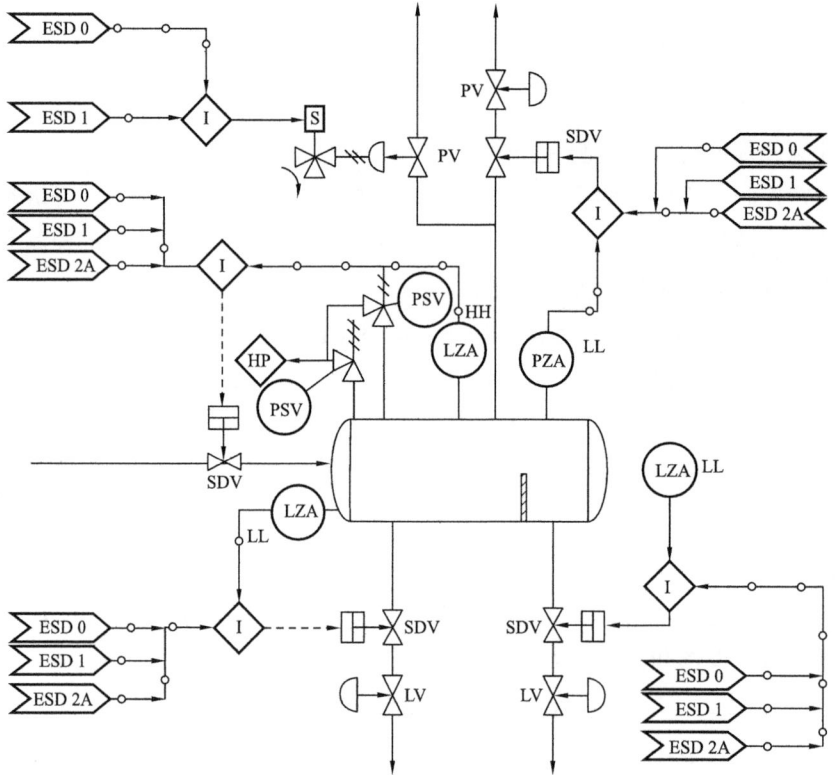

图 3-3 典型分离器安全流程图

3. 关断层级图

"关断层级图"(Shutdown hierarchy diagram),有的项目叫作"逻辑关断图"(Shutdown logic diagram)。主要讲安全防护原则文件中定义的关断层级引发的具体动作阀门,通过层级的框图表示出来。

4. 安全分析表

安全分析表文件英文名为"Safety analysis function evaluation",简称 SAFE 文件,直译也可叫作安全分析功能评价表(表3-3)。

API RP 14C *Analysis, design, installation, and testing of safety systems for offshore production facilities* 和 SY/T 10033《海上生产平台基本上部设施安全系统的分析、设计、安装和测试的推荐作法》提供了安全分析的一套经验方法,分析了所有可能出现的意外事故(压力、温度、液位的异常)和其导致的后果,提供了避免后果发生和减弱伤害可以采用的保护措施,它们可以对项目各个系统和单元逐个分析,并把分析结果记录入相应格式的表格中,完成安全分析评价表。

表3-3 安全分析评价表(SAFE)示例

安全分析表					操作功能					
					关断或控制装置标志					
工艺设备		装置标志	代用保护							
标志	保护对象		SAC参考	代用装置						

此文件和因果表看上去很类似,但有区别,主要有:

(1)目的不同。SAFE 的编制是为了通过逐项分析所有工艺系统设施各保护措施的落实情况,目的偏重于设计过程中的内部安全分析和检查;因果图偏重于工艺安全设计结束后,体现具体的联锁关断或放空等结果,目的是为安全系统的执行进行编程。

(2)覆盖面不同。SAFE 着眼于对单个设备的工艺偏差(超温、超压等)和防护措施,对逐个设备进行分析,完成汇总各个系统和设备即可。因果图除了包括各系统各设备的防护,还涵盖更高等级的关断(如 0 级弃站,1 级火灾关断)的联锁信号。

第三节　工艺安全分析示例

SAFE 文件编制共分三步:第一步,选择对应设备的 SAT 表格(安全分析表);第二步,选择对应设备的 SAC 表格(安全分析检查单);第三步,按照 SAC 要求逐项分析,并将结果填在 SAFE 上。其核心流程就是:安全分析表(SAT)——→安全分析检查单(SAC)——→安全分析功能评价表(SAFE)。

安全分析表(SAT)和安全分析检查单(SAC)对应的都是单个设备(分析对象)。SAFE 是对系统内各个设备分析完成后记录并汇总成的文件。API RP 14C *Analysis, design, installation, and testing of safety systems for offshore production facilities* 附件中共提供了十种不同设施的安全分析表和安全分析检查表,分别是:单井管线、井口注入管线、管汇、压力容器、常压容器、受火加热设备、泵、压缩机组、管道(平台—岸上设施)、换热器(管壳式)。它包括了海上平台(油田站场)的基本工艺设施。在具体系统中,直接套用这十种不同设施的安全分析检查表,按照安全分析检查表填写 SAFE 即可。以下以分离器为例,分步骤介绍。

一、SAT

(一)分析 P & ID,找到对应种类

接到一个分离器安全分析任务后,首先拿到初稿 P & ID,分析属于哪类设备,并寻找相应的 SAT 表格。分离器属于压力容器,应使用其对应的 SAT 表格。典型分离器 P & ID 如图 3-4 所示。压力容器典型的安全装置包括:LSHH、LSLL、PSHH、PSV、油气水出口止回阀 FSV(Flow safety valve)等。

(二)压力容器 SAT 表格

找到其压力容器对应的 SAT,见表 3-4。由表 3-4 可知,影响压力容器的意外事件是过压、负压、溢流、气窜、泄漏和超温(容器受热情况下),同时给出了可能导致各种意外事件的一般原因及可检测的异常状态。

意外事件的主要原因是设备失灵、工艺失常和偶然事故,但在同一类中的所有主要原因将引起同样的意外事件。例如,压力过高可能是出口管道堵塞或节流,也可能是上游来料过多或压力控制系统失灵等。

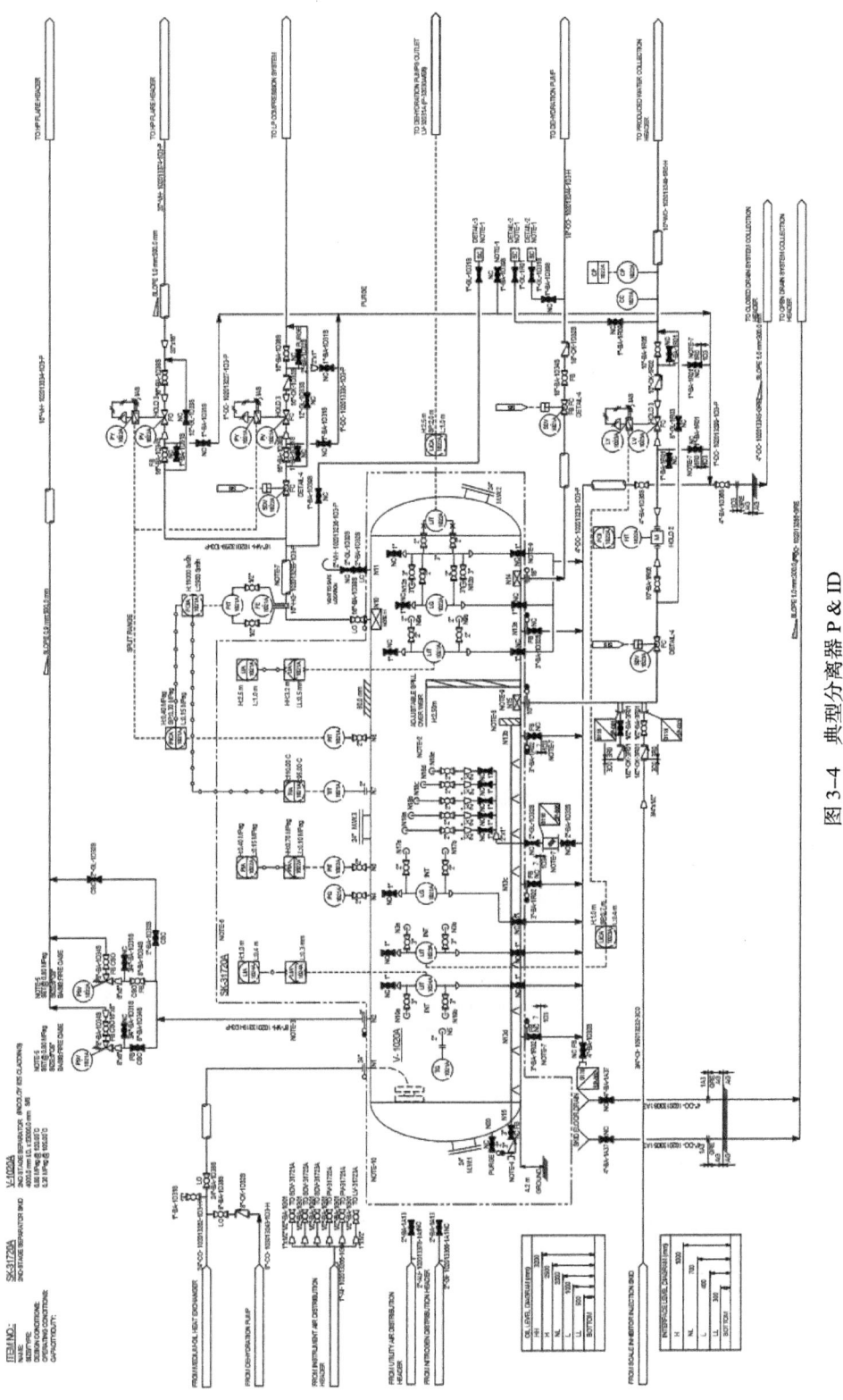

图 3-4 典型分离器 P & ID

安全监视系统可以检测到这些异常状态，并通过自动控制机构触发动作，可以防止意外事件，或减弱这些事故的后果。

表3-4 SAT：压力容器

意外事件	原因	设备可检测的异常状态
过压	出口管道堵塞或节流； 入口流量超过出口流量； 气窜（上游设备）； 压力控系统失灵； 热膨胀； 热量输入过量	高压
负压（真空）	出口流量超过入口流量； 冷收缩； 出口打开； 压力控制系统失灵	低压
溢流	流入液体量超过流出体液量； 段塞流； 液体出口堵塞或节流； 液位控制系统失灵	高液位
气窜	液体出口流量超过入口流量； 液体出口打开； 液位控制系统失灵	低液位
泄漏	管材变质； 侵蚀； 腐蚀； 撞击破坏； 振动	低压 低液位
超温	温度控制系统失灵； 进口温度过高	高温

二、SAC

（一）找到SAC表格

找到压力容器对应的SAC表格：安全分析检查单"SAC——压力容器"（表3-5）。

（二）利用SAC表格逐项分析

表3-5为讨论单个设备安全分析应用的辅助手段。假设把某一设备看成是单个装置，在有可能的最差输入和输出状态下，SAC列出了保护其所需的安全装置。

当该设备和其他工艺设备联系起来时,在某种推荐装置的下边列出了可不设置该装置的特定条件。因为在其他设备上的安全装置可以提供同等的保护,或者因为特定的流程中,不设置也不会危及安全。

比如表 3-5 中压力容器的 A.4.a.1 要求安装 PSH,但如果满足 A.4.a.2 的要求,即如果输入源来自泵或压缩机,并且它们产生的压力不可能大于容器的 MAWP,就可以不设置 PSH。这样完成 PSH 后,对 PSL、PSV、LSH、LSL 和止回阀这些安全装置逐个进行分析。

表 3-5 SAC——压力容器

序号	设施	编号	可选项	PID 对应的保护	SAFE 中记作
A.4 压力容器					
a	PSH	1	安装 PSH	√	A.4.a.1
		2	输入源来自泵或压缩机,并且它们产生的压力不可能大于容器的 MAWP		
		3	输入源不是井口出油管线、生产管汇或管道,并且每一个输入源都有一个 PSH 保护,它也保护容器		
		4	气体出口用不带截断阀或调节阀的合适管线连接到下游设备,该设备由一个也保护上游设备的 PSH 保护		
		5	容器是火炬、泄放或放空系统的最后一级气涤器,且其设计压力能承受最大允许集聚压力		
		6	容器在常压下操作并且有适当的放空系统		
b	PSL	1	安装 PSL	√	A.4.b.1
		2	操作时的最小压力为大气压		
		3	每个输入源都由 PSL 保护,且在 PSL 和容器之间没有控制装置或节流装置		
		4	容器是气涤器或小分离器而不是工艺设备并由下游的 PSL 或设计功能的完善来提供足够的保护(如容器是气动安全系统的气涤器或火炬、泄放或放空的最后一级气涤器)		
		5	气体出口用不带截断阀或调节阀的适当管线连接到下游设备,该设备由一个也保护上游设备的 PSL 保护		
c	PSV	1	安装 PSV	√	A.4.c.1
		2	每个输入源由一个 PSV 保护,其设定压力不高于容器的 MAWP,且在容器上安装一个 PSV 以保护火灾受热和热膨胀		

续表

序号	设施		编号	可选项	PID 对应的保护	SAFE 中记作
c	PSV		3	每个输入源由一个 PSV 保护,其设定压力不高于容器的 MAWP,且其中至少有一个不会与容器隔离开		
			4	下游设备上的 PSV 能满足容器的泄放要求并且不会与容器隔断开		
			5	容器是火炬、泄放或放空系统的最后一级气涤器,且其设计压力能承受最大允许集聚压力,并且没有内部或外部阻流物,如补雾气、背压阀或阻火器		
			6	容器是火炬、泄放或放空系统的最后一级气涤器,且其设计压力能承受最大允许集聚压力,并且安装爆破片或安全帽(PSE)来旁通内部或外部阻流物,如补雾气、背压阀或阻火器		
d	LSH	油	1	安装 LSH	√	A.4.d.1
			2	气体出口的下游设备不是火炬或放空系统,并且能安全处理最大液体携带量		
			3	容器的特性不要求处理已被分离的液相		
			4	容器是小捕集器,其内部液体可手动排放		
		水	1	安装 LSH	√	A.4.d.1
			2	气体出口的下游设备不是火炬或放空系统,并且能安全处理最大液体携带量		
			3	容器的特性不要求处理已被分离的液相		
			4	容器是小捕集器,其内部液体可手动排放		
e	LSL	油	1	安装 LSL	√	A.4.e.1
			2	容器中液位不是自动维持,且容器没有承受超温的浸没式加热元件		
			3	液体出口的下游设备可以安全地处理能通过液体出口排放的最大气体流量,容器中没有承受超温的浸没式加热元件;在排出管线上的节流设施可以用来限制气体流量		
		水	1	安装 LSL	√	A.4.f.1
			2	容器中液位不是自动维持,且容器没有承受超温的浸没式加热元件		
			3	液体出口的下游设备可以安全地处理能通过液体出口排放的最大气体流量,容器中没有承受超温的浸没式加热元件;在排出管线上的节流设施可以用来限制气体流量		

续表

序号	设施	编号	可选项	PID对应的保护	SAFE中记作
f	FSV	1	每个出口安装 FSV	√	A.4.f.1
		2	从下游设备回流的烃类物质的最大量是无足轻重的		
		3	管线上的控制装置可以有效减少回流		

三、SAFE

（一）完成单个设备 SAFE 表格

找到压力容器的 SAFE 表格，将上述分析结果填入表格（表 3-6）。

表 3-6 压力容器 SAFE

工艺设备		装置标志	代用保护		关断或控制装置标志	一级分离器油出口SDV	二级分离器油出口SDV	二级分离器气出口SDV	二级分离器水出口SDV	油出口脱水泵
标志	保护对象		SAC参考	代用装置		SDV-1021A	SDV-1022A	SDV-1023A		Trip
						1	2	3	4	5
V-1020A	二级分离器	PSH	PIAHH-1022A	A.4.a.1		×				
		PSL	PIALL-1022A	A.4.b.1			×	×	×	
		PSV	PSV-1021A	A.4.c.1						
			PSV-1022A	A.4.c.1						
		LSH（油）	LIAHH-1021A	A.4.d.1		×				
		LSH（水）	N/A	A.4.d.3						
		LSL（油）	LIALL-1021A	A.4.e.1						×
		LSL（水）	LIALL-1024A	A.4.e.1					×	
		FSV（油）		A.4.f.1						
		FSV（气）		A.4.f.1						
		FSV（水）		A.4.f.1						

表 3-6 中分离器设置了 PSH，则在 Device 中 PSH 后填写其位号，后面填写其对应 SAC 参考号，A.4.a.1，并将后面与联锁关断的 SDV 号对应的单元格打"×"。

如果上游输入源来自泵，且其产生的压力不可能大于容器的设计压力，就意味着满足了 A.4.a.2 的要求，可以不设置 PSH，不用写位号，在替代保护的 SAC 参考号下写 A.4.a.2 即可。

如果替代保护满足 A.4.a.4，即气体出口用不带截断阀或调节阀的合适管线连接到下游设备，该设备由一个也保护上游设备的 PSH 保护。则除了写 A.4.a.4 之外，也把该仪表位号和设备位号列上。

这样完成 PSH 后，对 PSL、PSV、LSH、LSL 和止回阀这些安全装置逐个填写。

（二）整个系统的 SAFE

完成各个设备的 SAFE 后，汇总起来，即完成整个系统的 SAFE 文件。

第四节　工艺设备安全分析检查单

一、单井管道

单井管道（Flowline）是指井口装置油嘴出口至下一个处理站之间的管段，负责输送井流物（烃类）。井流物经井下装置举升到地面后，经油嘴降压后进入地面装置，之后经单井管线输送至下游装置。

海外油田开发前期如果采用自喷开采的方式，一旦单井管线下游出现譬如阀门误关断引起的超压和管线腐蚀出现的泄漏等，单井管线就会出现超压和低压工况，如果设计时不考虑超压和低压保护措施，就会造成安全事故。井下和地面工程的分界点一般设置在油嘴后，其安全保护方案是一个统一的系统。很多时候，地面工程和井下工程需要统筹考虑，为讨论方便，这里只从地面工程角度出发进行单独的考虑，同时也会在必要的地方对能进行统筹考虑的地方进行补充说明。为了确定安全合理的安全装置，须对整个管道进行安全分析。影响单井管线的意外事件是过压和泄漏。井口和管道的典型安全装置如图 3-5 至图 3-7 所示，单井管线的安全分析参见表 3-7 和表 3-8。

二、注入管线

注入管线把用于气举或油藏注入的流体送入井筒。

压力保护通常由注入源（如压缩机或泵）的 PSH 和 PSL 提供，它关断流体流入。如果 PSH 和 PSL 也保护注入管线、井口和其他设备，那么在注入管线上不需要这些装置。如果设计的注入管线能够承受注入源所能施加的最大压力，那么不需要 PSV。通常，安装在注入源的 PSV 也能保护注入管线、井口和其他设备。

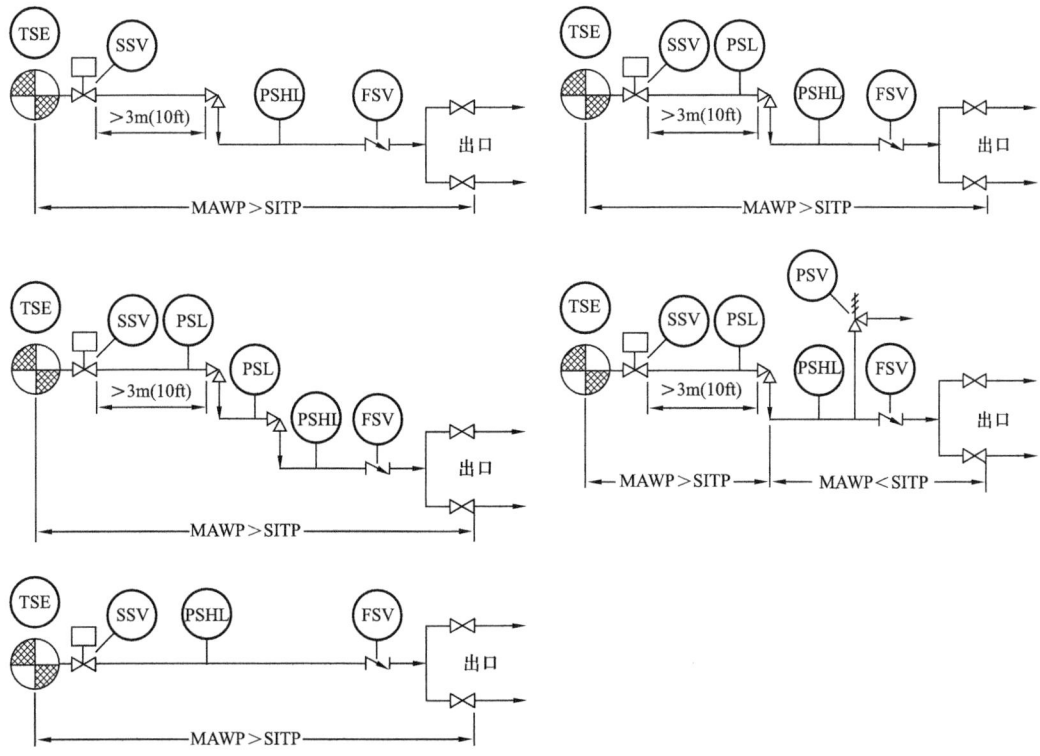

图 3-5 安全装置：树状管网管线

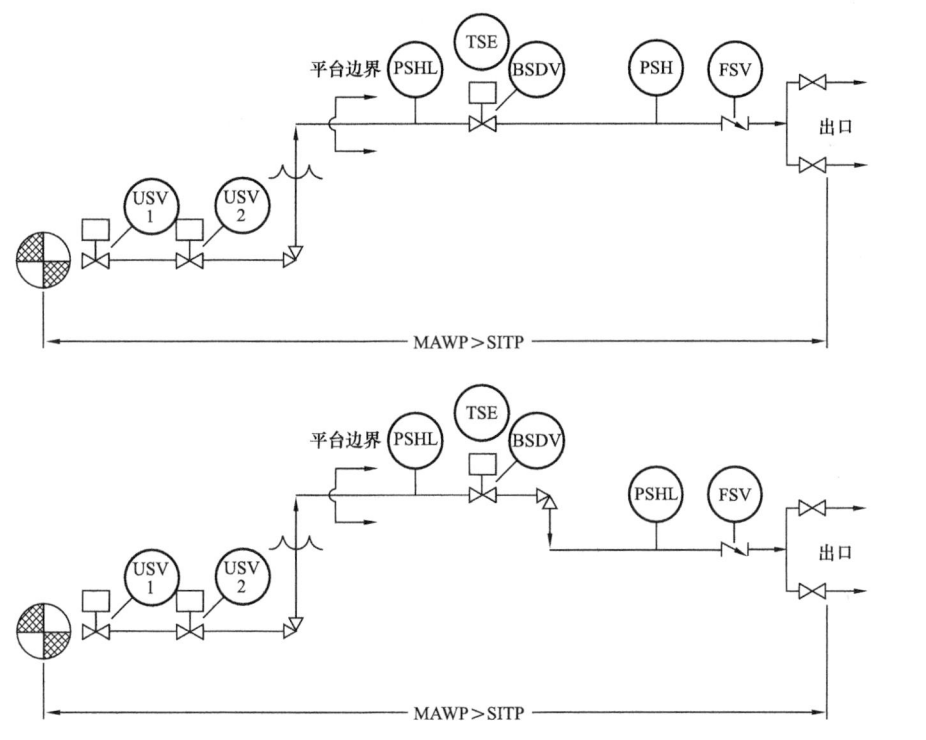

图 3-6 安全装置：水下管网管线

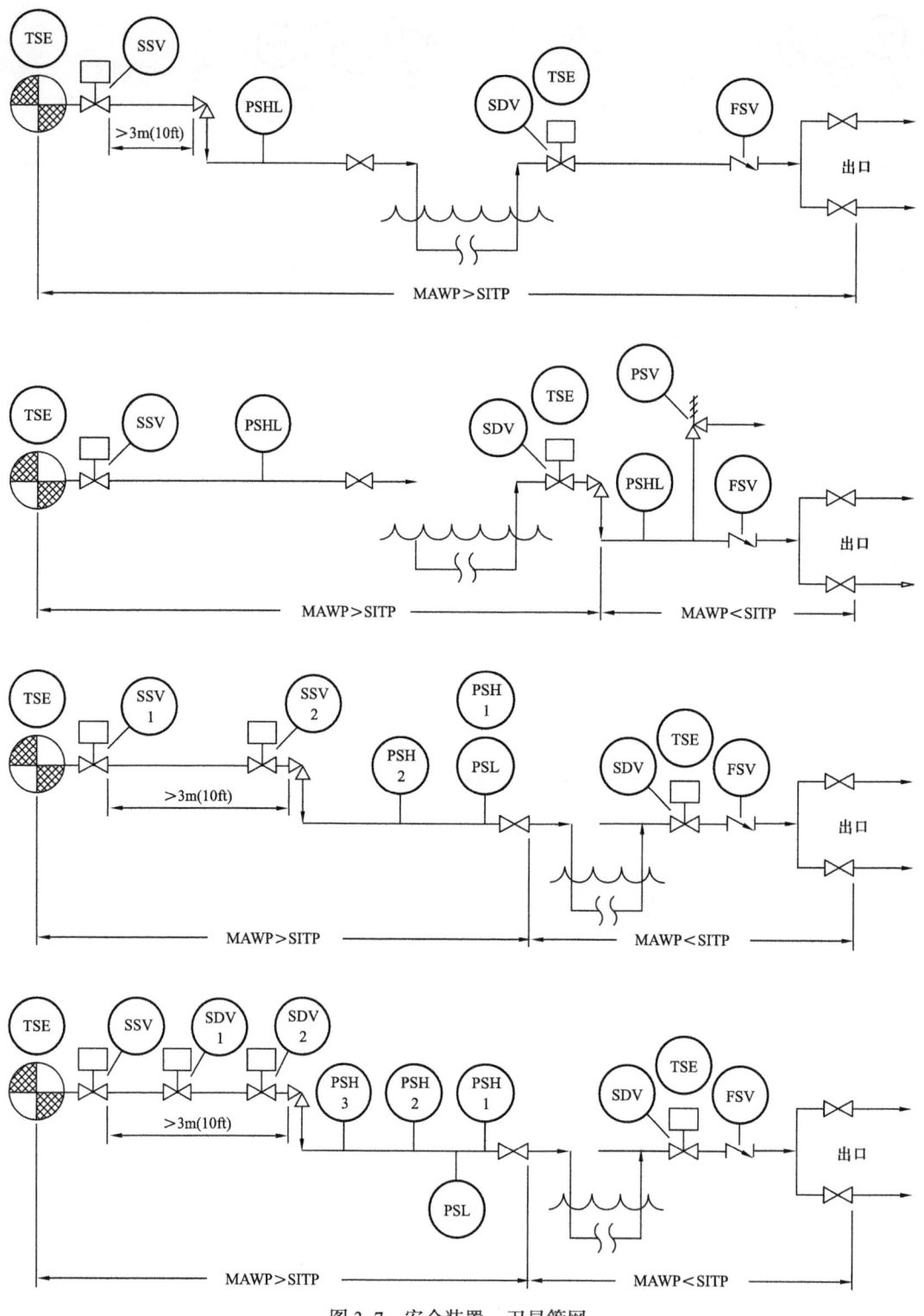

图 3-7 安全装置：卫星管网

表 3-7　安全分析表：单井管线

意外事件	原因	设备可检测的异常状态
过压	管线堵塞或节流； 油嘴下游堵塞； 水化物堵塞； 上游流量控制装置失灵； 油井状态改变； 单井管线下游阀门关闭	高压
泄漏	管材变质； 侵蚀； 腐蚀； 撞击； 振动	低压

表 3-8　安全分析检查单：井口管线

序号	设施	号码	可选项	PID对应的保护	SAFE中记做
A.1 井口管线					
a	PSH	1	安装 PSH		
		2	出油管段最大允许工作压力大于最大关井压力且有下游 PSH 保护		
b	PSL	1	安装 PSL		
		2	出油管段位于井口和第一个节流装置之间且其长度小于 3m（10ft），或者是水下安装的情况（合理地接近这个距离）		
c	PSV	1	安装 PSV		
		2	出油管段 MAWP 大于关井压力		
		3	截断阀上游出油管的容积能在超过 MAWP 之前有足够的时间使 SDV 关断，并安装了两个 SDV（其中一个可以是 SSV），以及独立的 PSH、继电器和监测点		
		4	出油管段由上游 PSV 保护		
		5	出油管段由下游 PSV 保护，PSV 无法与出油管段隔开，且在 PSV 和管段之间无节流和限流装置		
		6	出油管段由 HIPPS（高压保护系统）保护		
d	FSV	1	安装 FSV		
		2	由下游管线上的 FSV 保护		

注入管线的推荐安全装置如图 3-8 所示，安全分析表和安全分析检查单见表 3-9 和表 3-10。

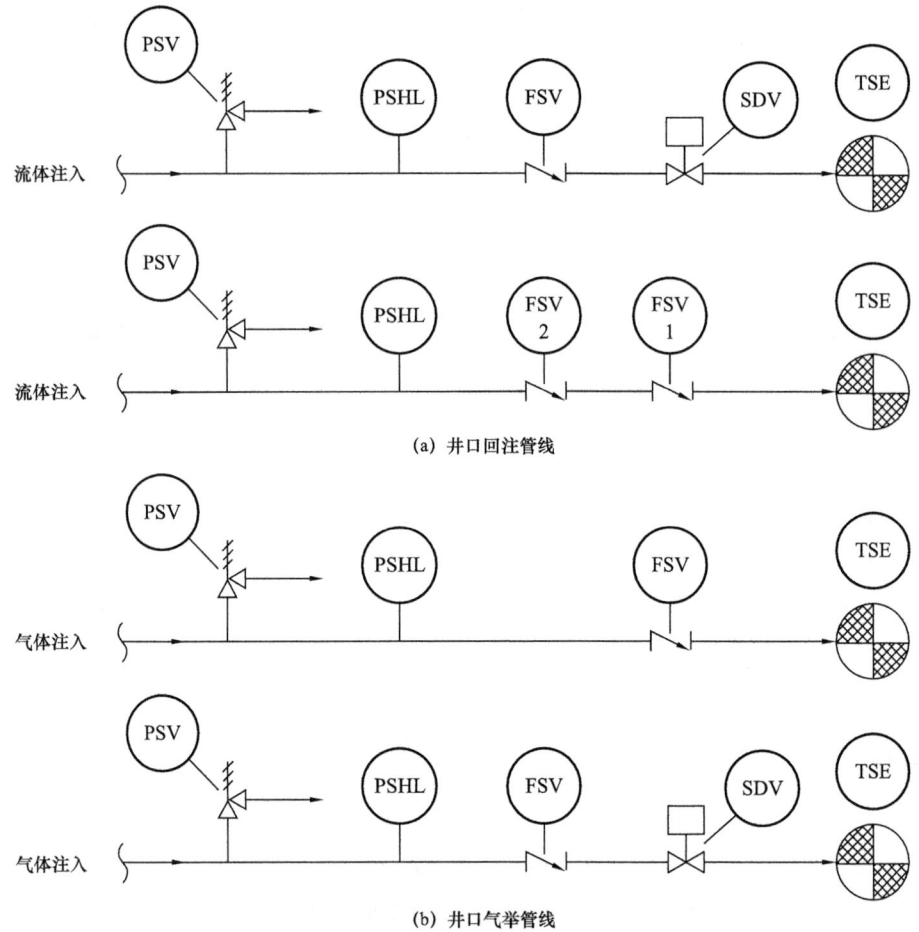

图 3-8　安全装置：树状井口注入管线

表 3-9　安全分析表（SAT）：井口注入管线

意外事件	原因	设备可检测的异常状态
过压	出口管线堵塞或节流； 水化物堵塞； 上游控制系统失灵； 地层被堵塞； 地层回流	高压
泄漏	管材变质； 侵蚀； 腐蚀； 撞击破坏； 振动	低压

表 3-10 安全分析检查单（SAC）：井口注入管线

序号	设施	号码	可选项	PID 对应的保护	SAFE 中记做
A2 井口注入管线					
a	PSH	1	安装 PSH		
		2	管线和设备由上游的 PSH 保护		
b	PSL	1	安装 PSL		
		2	管线和设备由上游的 PSL 保护		
c	PSV	1	安装 PSV		
		2	管线和设备的 MAWP 大于注入源能够施加的最大压力		
		3	管线和设备由上游的 PSV 保护		
		4	管线和设备由 HIPPS（高压保护系统）保护		
d	FSV	1	安装一个或几个 FSV		

三、管汇

管汇接收来自两个或多个井口产出的流体，并把这些产出流体分配到所要求的工艺系统中，例如低压、中压或高压生产和测试分离设施。如图 3-9 所示，安全分析表和安全检查单见表 3-11 和表 3-12。

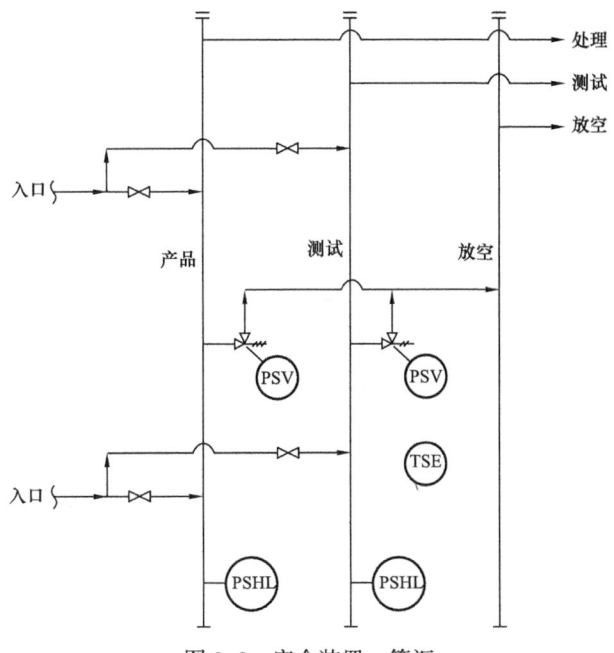

图 3-9 安全装置：管汇

表 3-11　安全分析表（SAT）：管汇

意外事件	原因	设备可检测的异常状态
过压	出口管线堵塞或节流； 水化物堵塞； 上游控制装置失灵； 进口流量过大	高压
泄漏	管材变质； 侵蚀； 腐蚀； 撞击破坏； 振动	低压

表 3-12　安全分析检查单（SAC）：管汇

序号	设施	号码	可选项	PID 对应的保护	SAFE 中记做
			A3 管汇		
a	PSH	1	安装 PSH		
		2	每个输入源都安装 PSH，PSH 的设定值小于管汇的 MAWP		
		3	管汇由下游的 PSH 保护，且不能与管汇隔离开		
		4	管汇是用作火炬、泄压、放空等常压用途、且在出口管线上没有阀门		
b	PSL	1	安装 PSL		
		2	每个输入源都由 PSL 保护，且在 PSL 与汇管之间没有压力控制或节流装置		
		3	管汇是用作火炬、泄压、放空等常压用途		
c	PSV	1	安装 PSV		
		2	管汇 MAWP 大于任意井的关井压力		
		3	每个输入源都提供泄压保护，输入源的最大关闭压力大于管汇的 MAWP		
		4	管汇由下游 PSV 保护，PSV 无法与出管汇隔开		
		5	管汇是用作火炬、泄压、放空等常压用途、且在出口管线上没有阀门		
		6	输入源是井口，井口压力大于管汇 MAWP，井口安装了两个独立的 PSH 控制的 SDV（其中一个可以是 SSV），PSH 与隔离继电器和测试点相接。压力大于管汇 MAWP 的其他输入源由 PSV 保护		
		7	井口压力高于管汇的 WAMP 时，由 HIPPS（高压保护系统）保护		

四、压力容器

压力容器在压力下处理烃类物质，进行气液分离、脱水、储存和缓冲。某些压力容器使用时要求加热。本章仅涉及热输入对加热容器处理段的作用。与压缩机（不是压缩机汽缸）有关的压力容器应依据本章要求予以保护。

推荐的压力容器安全装置如图 3-10 所示，安全分析表和安全检查单见表 3-13 和表 3-14。

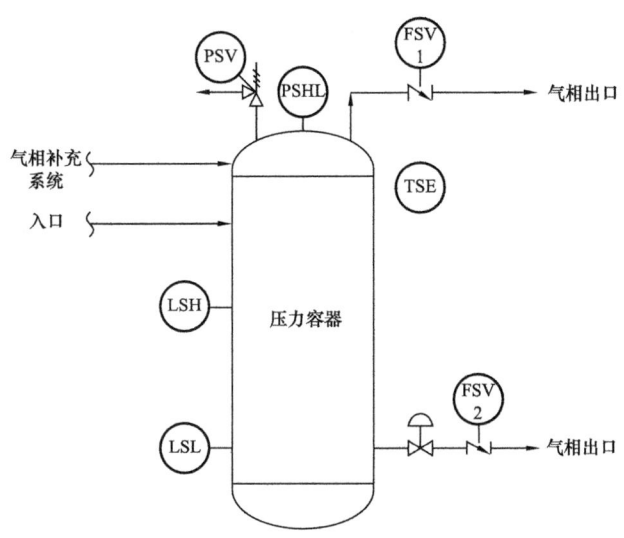

图 3-10　安全装置：压力容器

注 1：TSE 为符号，不反映实际的位置和数量。
注 2：若压力容器属于高温容器，应安装 TSH。
注 3：若压力容器属于低温容器，应安装 TSL。
注 4：图中安全设备数量仅供参考，需根据实际需求确定。

表 3-13　安全分析表（SAT）：压力容器

意外事件	原因	设备可检测的异常状态
过压	出口管线堵塞或节流； 入口流量超过出口流量； 气窜（上游设备）； 压力控制系统失灵； 热膨胀； 热量输入过量； 火灾	高压
负压（真空）	出口流量超过入口流量； 冷收缩； 出口开度过大； 压力控制系统失灵	低压

续表

意外事件	原因	设备可检测的异常状态
溢流	流入液体量超过流出液体量； 段塞流； 液体出口堵塞或节流； 液位控制系统失灵	高液位
气窜	液体出口流量超过入口流量； 液体出口开度过大； 液位控制系统失灵	低液位
泄漏	管材变质； 侵蚀； 腐蚀； 撞击破坏； 振动	低压； 低液位
超温（高温）	温度控制系统失灵； 入口温度过高	高温
超温（低温）	温度控制系统失灵； 入口温度过低； 环境温度过低； 泄放或快速降压	低温

表 3-14　安全分析检查单（SAC）：压力容器

序号	设施	号码	可选项	PID 对应的保护	SAFE 中记做
			A4 压力容器		
a	PSH	1	安装 PSH		
		2	输入源来自泵或压缩机，并且它们产生的压力不可能大于容器的 MAWP		
		3	输入源不是井口出油管线、生产管汇或管道，并且每一个输入源都有一个 PSH 保护，它也保护容器		
		4	气体出口用不带截断阀或调节阀的合适管线连接到下游设备，该设备由一个也保护上游设备的 PSH 保护		
		5	容器是火炬、泄放或放空系统的最后一级气涤器，且其设计压力能承受最大允许集聚压力		
		6	容器在常压下操作并且有适当的放空系统		
b	PSL	1	安装 PSL		
		2	操作时的最小压力为大气压		

续表

序号	设施	号码	可选项	PID 对应的保护	SAFE 中记做
b	PSL	3	每个输入源都由 PSL 保护，且在 PSL 和容器之间没有控制装置或节流装置		
		4	容器是气涤器或小分离器而不是工艺设备并由下游的 PSL 或设计功能的完善来提供足够的保护（如容器是气动安全系统的气涤器或火炬、泄放或放空的最后一级气涤器）		
		5	气体出口用不带截断阀或调节阀的适当管线连接到下游设备，该设备由一个也保护上游设备的 PSL 保护		
c	PSV	1	安装 PSV		
		2	每个输入源由一个 PSV 保护，其设定压力不高于容器的 MAWP，且在容器上安装一个 PSV 以保护火灾受热和热膨胀		
		3	每个输入源由一个 PSV 保护，其设定压力不高于容器的 MAWP，且其中至少有一个不会与容器隔离开		
		4	下游设备上的 PSV 能满足容器的泄放要求并且不会与容器隔断开		
		5	容器是火炬、泄放或放空系统的最后一级气涤器，且其设计压力能承受最大允许集聚压力，并且没有内部或外部阻流物，如补雾气、背压阀或阻火器		
		6	容器是火炬、泄放或放空系统的最后一级气涤器，且其设计压力能承受最大允许集聚压力，并且安装爆破片或安全帽（PSE）来旁通内部或外部阻流物，如补雾气、背压阀或阻火器		
		7	上游存在某股物流压力高于容器的 WAMP 时，由 HIPPS（高压保护系统）保护； 由于其他原因导致的超压，由 PSV 保护		
d	LSH（油）	1	安装 LSH		
		2	气体出口的下游设备不是火炬或放空系统，并且能安全处理最大液体携带量		
		3	容器的特性不要求处理已被分离的液相		
		4	容器是小捕集器，其内部液体可手动排放		
e	LSL	1	安装 LSL		
		2	容器中液位不是自动维持，且容器没有可导致超温的浸没式加热元件及气相加热元件		
		3	对于需控制气/液界面的容器，液体出口的下游设备可以安全地处理能通过液体出口排放的最大气体流量，且容器中没有可导致超温的浸没式加热元件；排出管线上的节流设施可以用来限制气体流量		

续表

序号	设施	号码	可选项	PID 对应的保护	SAFE 中记做
e	LSL	4	对于需控制油／水界面的容器，液体出口的下游设备可以安全地处理能通过液体出口排放的最大气体／液体流量，且容器中没有可导致超温的浸没式加热元件		
f	FSV	1	每个出口安装 FSV		
		2	从下游设备回流的烃类物质的最大量可忽略不计		
		3	管线上的控制装置可以有效减少回流		
g	TSH	注	仅当容器设有热源时使用 TSH		
		1	安装 TSH		
		2	热源会导致超温		
h	TSL	注	仅当容器可能被冷却时使用 TSH		
		1	安装 TSL		
		2	材料需适应正常和非正常工况下的低温条件		

五、常压容器

常压容器用来处理和临时储存液态烃类物质。某些应用场合要求热输入到容器中，本章仅讨论热输入对常压容器处理段的影响。用来储存柴油燃料和化学药剂的容器不包括在内，它们是生产工艺系统的辅助设备而不是工艺系统的一部分。

（一）压力安全装置（排气口和 PSV）

常压容器应由合适尺寸的放空系统来保护，以防止过压和负压。API Std 2000 Venting atmospheric and low-pressure storage tanks 可作为计算放空系统尺寸的指南。在放空系统中应安装阻火器以防止回火。在常压容器上应安装真空压力释放装置（PSV）或第二级放空系统来保护该容器，以防止第一级放空系统的控制装置产生污垢而堵塞流体流动。

（二）液位安全装置（LSHH 和 LSLL）

常压容器应由 LSHH 传感器提供保护，以切断进口流体并防止液体溢流。但有操作人员连续监测的灌装作业或溢流可输入其他工艺设备的容器除外。如果容器中装有承受超温的浸没式加热元件，应安装 LSLL 传感器，以便切断热源。应由 LSLL 传感器切断进口流体以防止泄漏，除非是容器中的液位不是自动维持。当液体的正常输入可能妨碍传感器的泄漏检测时，使用泄漏物收集和排放系统收集泄漏液体比低液位传感器好。

(三)温度安全装置(TSH)

如果常压容器需要加热,应安装 TSH 传感器,当工艺流体超温时它可以切断热源。

推荐的常压容器安全装置如图 3-11 所示,安全分析表和安全分析检查单见表 3-15 和表 3-16。

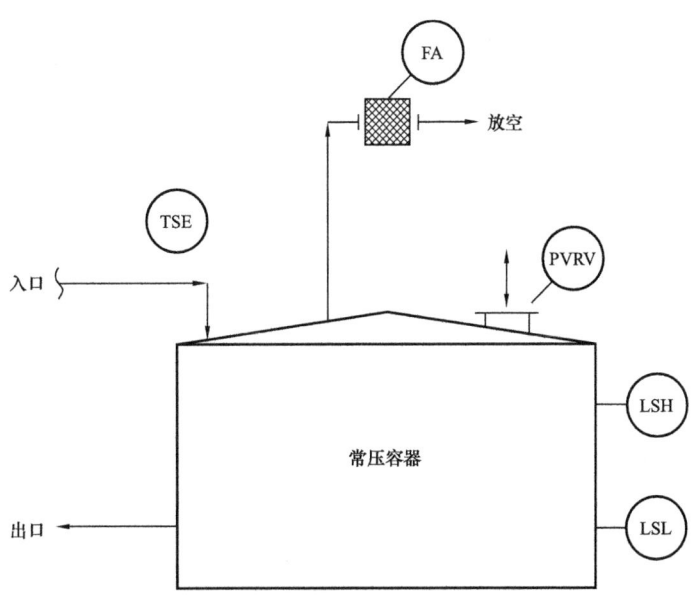

图 3-11 推荐的常压容器安全装置

注1:TSE 为符号,不反映实际的位置和数量。
注2:如果压力容器需要加热,必须安装 TSE。
注3:在放空管线上可设置压力和/或真空释放装置。
注4:可安装第二条放空管线以代替压力/真空释放装置。

表 3-15 安全分析表(SAT):常压容器

意外事件	原因	设备可检测的异常状态
超压	出口管线堵塞或节流; 入口流量超过出口流量; 气窜(上游设备); 压力控制系统失灵; 热膨胀; 热量输入过量; 火灾	高压
负压(真空)	出口流量超过入口流量; 冷收缩; 压力控制系统失灵	低压
溢流	流入液体量超过流出液体量; 液体出口堵塞或节流液位控制系统失灵	高液位

续表

意外事件	原因	设备可检测的异常状态
泄漏	管材变质； 侵蚀； 腐蚀； 撞击破坏； 振动； 真空破裂	低液位
超温	温度控制系统失灵； 进口温度过高	高温

表 3-16 安全分析检查单（SAC）：常压容器

序号	设施	号码	可选项	PID 对应的保护	SAFE 中记做
A.5 常压容器					
a	放空系统	1	安装放空系统		
		2	容器应由 HIPPS（高压保护系统）保护		
b	压力、真空释放装置	1	安装 PSV		
		2	容器有能够处理最大气量的第二级放空系统		
		3	设备是不可能发生挤毁的压力容器，在常压下操作并安装有合适尺寸的放空系统		
		4	容器没有压力源（填充气和手动排放出发）并安装有适合尺寸的放空系统		
		5	容器应由 HIPPS（高压保护系统）保护		
c	LSH	1	安装 LSH		
		2	灌装作业有操作人员连续监测		
		3	溢流可输入或储存在其他工艺设备中		
d	LSL	1	安装 LSL		
		2	安装合适的泄漏物收集和排放系统		
		3	容器中的液位不是自动维持，而且容器中没有可导致超温的浸没式加热元件		
		4	设备是泄漏收集和排放系统的最终容器，泄漏物收集和排放系统的设计是用来收集和把烃类液体排放到安全的地方		
e	TSH	注	仅当容器设有热源时使用 TSH		
		1	安装 TSH		
		2	热源会导致超温		

六、加热设备

加热设备用来处理和加热烃类物质,本节叙述自然通风加热设备加热段所需要的保护措施。加热设备的工艺部分所需要的保护措施在相应的设备中叙述。

推荐的加热设备安全装置如图 3-12 至图 3-14 所示,安全分析表和安全分析检查单见表 3-17 至表 3-20。

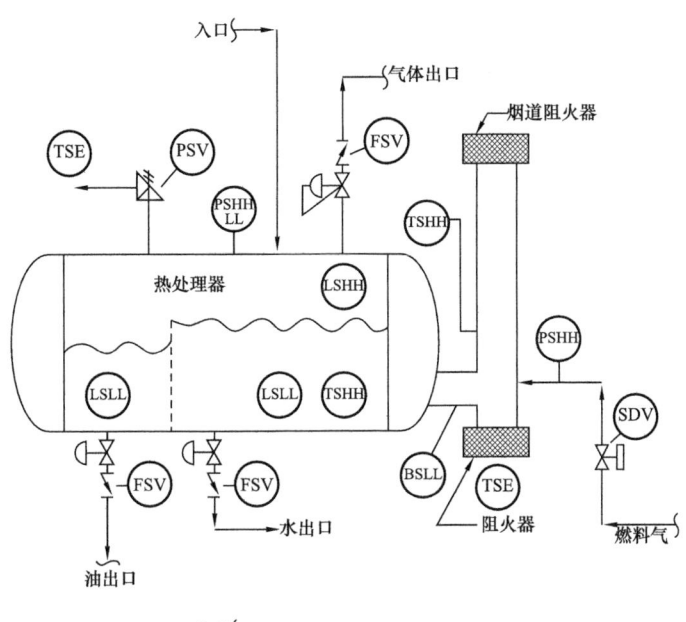

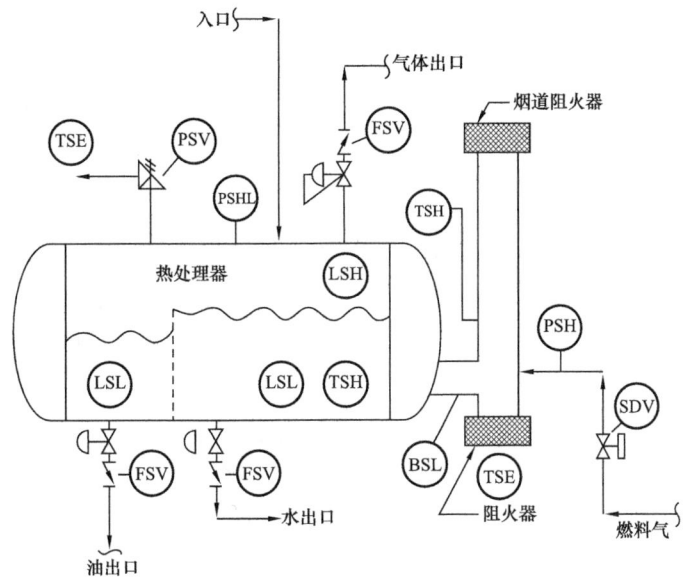

图 3-12 安全装置:燃烧容器(自然通风)

注1:TSE 为符号,不反映实际的位置和数量。

注2:容器部分应根据前面相应进行分析确定。

表 3-17　安全分析表（SAT）：加热设备（自然通风）

意外事件	原因	设备可检测的异常状态
超温	温度控制系统失灵； 低介质流量； 热传递被限制； 泄漏到燃烧室的介质被点燃； 传热系统表面暴露	高温（工艺）； 高温（烟道）； 低流量； 低液位
直接引燃源	进风口火焰射出； 烟道气烟道冒火星； 烟道温度过高； 热源表面暴露	火灾； 高温（烟道）
燃烧室内可燃蒸气过量	燃料控制系统失灵	火焰熄灭； 高压（燃料）； 低压（燃料）

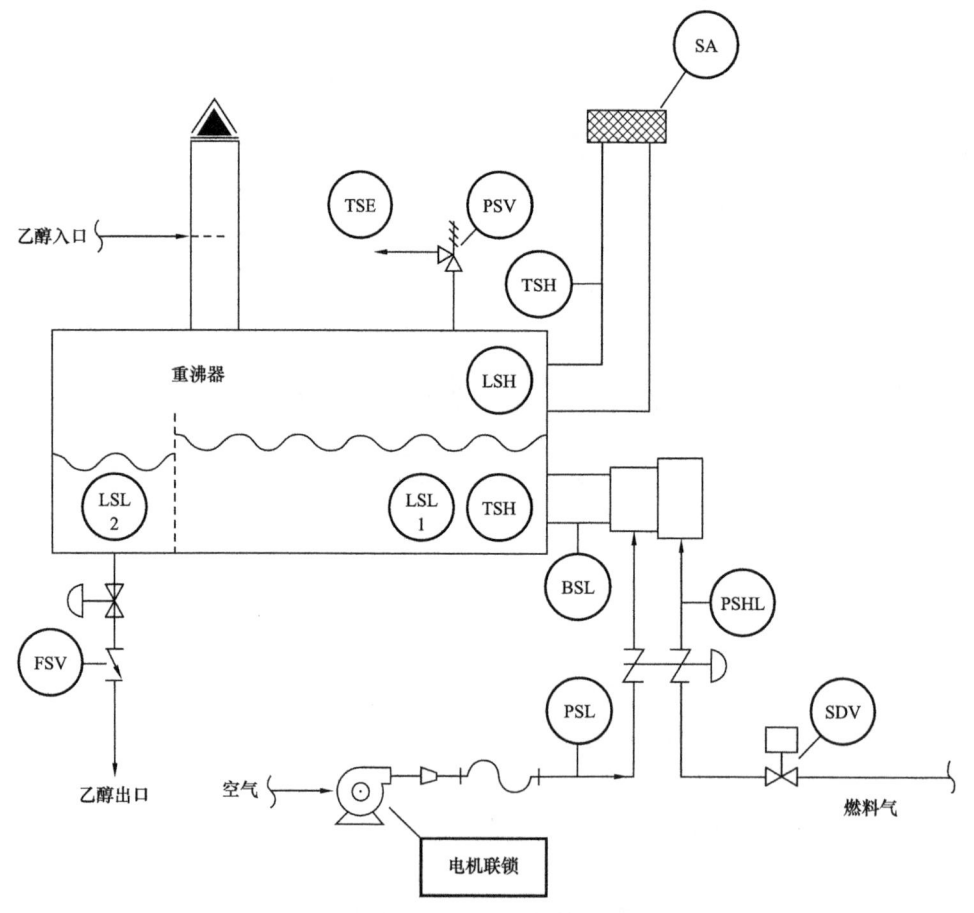

图 3-13　安全装置：燃烧容器（强制通风）

表 3-18 安全分析表（SAT）：加热设备（强制通风）

意外事件	原因	设备可检测的异常状态
超温	温度控制系统失灵； 低介质流量； 热传递被限制； 泄漏到燃烧室的介质被点燃； 传热系统表面暴露	高温（工艺）； 高温（烟道）； 低流量； 低液位
直接引燃源	进风口火焰射出； 烟道气烟道冒火星； 烟道温度过高； 热源表面暴露	火灾； 高温（烟道）
燃烧室内可燃蒸气过量	燃料控制系统失灵； 空气供给控制系统失灵； 空气进口堵塞； 鼓风机失灵	低压（空气）； 火焰熄灭； 高压（燃料）； 低压（燃料）； 低流速（空气）

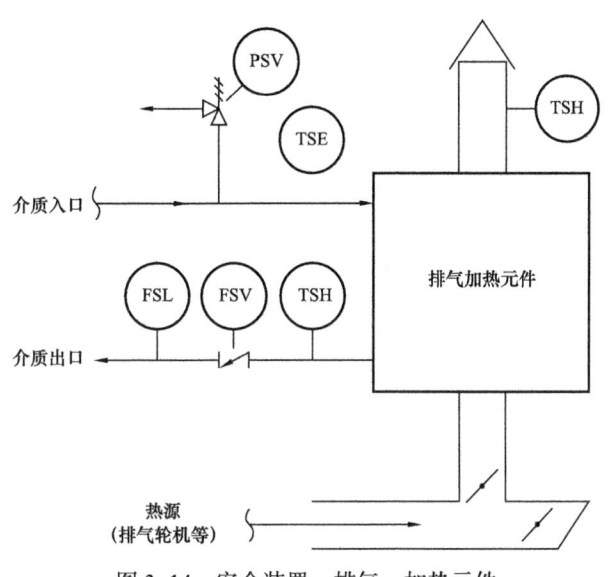

图 3-14 安全装置：排气—加热元件

表 3-19 安全分析表（SAT）：排气—加热元件

意外事件	原因	设备可检测的异常状态
超温	温度控制系统失灵； 低介质流量； 热传递被限制； 泄漏到燃烧室的介质被点燃； 传热系统表面暴露	高温（工艺介质）； 高温（烟道）； 低流量； 低液位

续表

意外事件	原因	设备可检测的异常状态
直接引燃源	排气管冒火星； 烟道温度过高； 热源表面暴露	火灾； 高温（烟道）

表 3-20　安全分析检查单（SAC）：受火和烟道气加热设备

序号	设施	号码	可选项	PID 对应的保护	SAFE 中记做
\multicolumn{6}{c}{A.6 受火和烟道气加热设备}
a	TSH（介质或工艺流体）	1	安装 TSH		
		2	设备是由 PSH 保护的蒸汽锅炉。如果受火，设备需要由 LSL 保护		
		3	设备是由 LSL 保护在常压下工作的间接水浴加热器		
b	TSH（烟道）	1	安装 TSH		
		2	设备被隔离，并且不处理除燃料外其他的可燃介质或工艺流体		
		3	设备无受火作辅助加热，仅用烟道气加热，并且介质是不可燃		
c	PSL（供风）	1	安装 PSL		
		2	设备为自然通风燃烧器		
		3	强制通风燃烧器装备了其他类型的低供风传感器		
		4	设备无受火作辅助加热，仅用烟道气加热		
d	PSH（燃料供应）	1	安装 PSH		
		2	设备无受火作辅助加热，仅用烟道气加热		
e	PSL（燃料供应）	1	安装 PSL		
		2	设备为自然通风燃烧器		
		3	设备无受火作辅助加热，仅用烟道气加热		
f	BSL	1	安装 BSL（火焰故障传感器）		
		2	设备无受火作辅助加热，仅用烟道气加热		
g	FSL（热介质）	1	安装 FSL（低流量传感器）		
		2	设备不是封闭传热型；在封闭热传递型设备中，可燃介质在燃烧室或烟道气加热室内的盘管中循环		

续表

序号	设施	号码	可选项	PID对应的保护	SAFE中记做
h	电动机联锁装置（强制通风）	1	安装电机联锁装置		
		2	设备为自然通风燃烧器		
		3	设备无受火作辅助加热，仅用烟道气加热		
i	阻火器（进风）	1	安装阻火器		
		2	设备为强制通风燃烧器		
		3	设备被隔离，并且不处理除燃料外其他的可燃介质或工艺流体		
		4	设备无受火作辅助加热，仅用烟道气加热		
j	烟道阻火器	1	安装烟道阻火器		
		2	设备为强制通风燃烧器且满足：被加热流体是不可燃烧的或在换热部分出口处，燃烧器的排放压力高于流体的压力（压头）		
		3	设备被隔离，从而工艺流体不会接触烟道排出物		
		4	设备无受火作辅助加热，仅用烟道气加热		
k	PSV热介质循环盘管	1	安装PSV		
		2	设备不是盘管式加热器		
		3	安装在另外设备上的PSV对本设备将实行有效的保护，并且该PSV与盘管始终贯通		
l	FSV热介质循环盘管	1	每一出口安装FSV		
		2	自下游设备可能回流的可燃介质的最大体积是很小的，或者介质是不可燃的		
		3	设备不是盘管式加热器		

七、泵

泵用于在生产工艺系统内部输送流体，并从站场送进外输管道。外输泵用于将生产出来的烃类物质从工艺系统送进管道。偶尔将某些辅助设备（如抽吸罐、废油槽等）中少量的烃类物质送进管道的泵不能作为外输泵考虑，该管道主要输送的是从其他源过来的大批量烃类物质。

（一）压力安全装置（PSHH、PSLL和PSV）

所有短外输泵的排出管线上应安装PSHH和PSLL传感器，以切断进流并关泵。其他类型泵的排出管线也应装设关泵用的 PSHH 传感器，除非泵的最高排放压力不超过排出管线最高允许工作压力的 70%，或者泵是由人工操作并处于连续监视之下。所有外输泵的排出管线上都应装设 PSV，除非是像离心泵那样的动能型的泵，并且不可能产生超过排出管线最高允许工作压力的压头。其他类型泵的排出管线上也都应装设 PSV，除非泵的最高排出压力低于管线最高允许工作压力，或者泵具有内部压力泄放的能力。

（二）止回阀（FSV）

泵排出管线上应设止回阀（FSV），以将回流降至最低限度。

推荐的泵安全装置如图 3-15 至图 3-19 所示，安全分析表与安全分析检查单见表 3-21 和表 3-22。

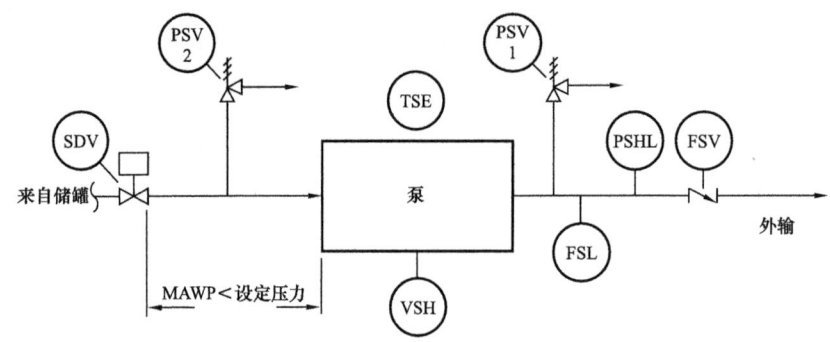

图 3-15 安全装置：管线增压泵

注：TSE 为符号，不反映实际的位置和数量。

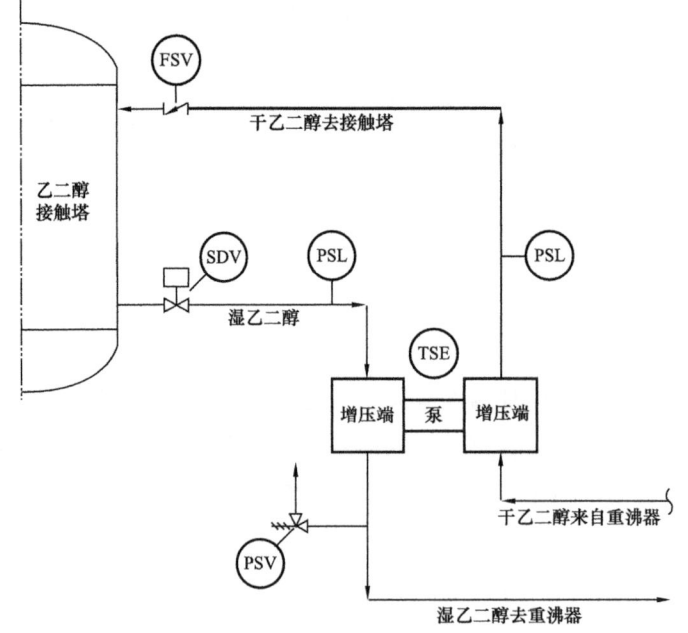

图 3-16 安全装置：乙二醇增压泵

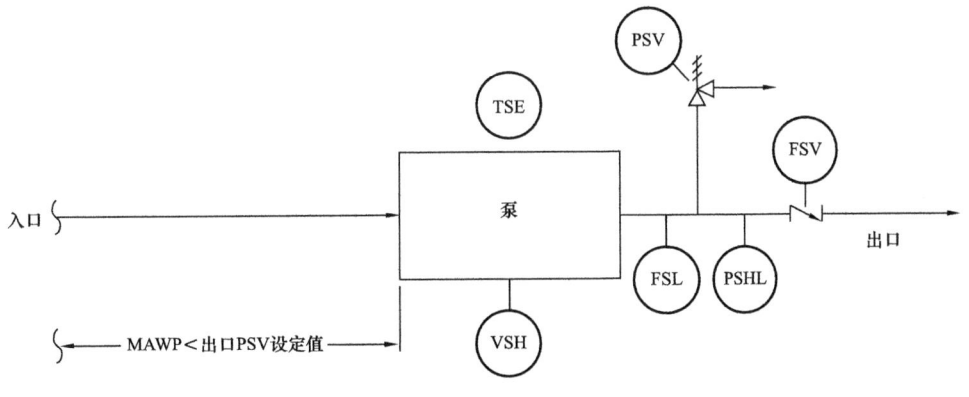

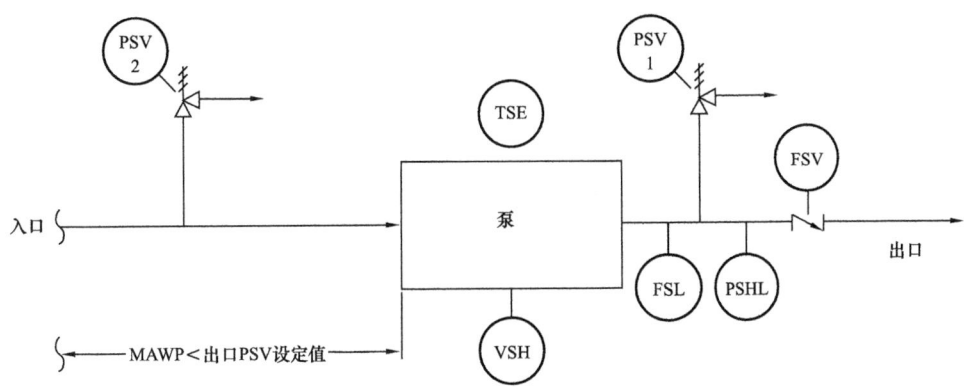

图 3-17 安全装置：其他泵

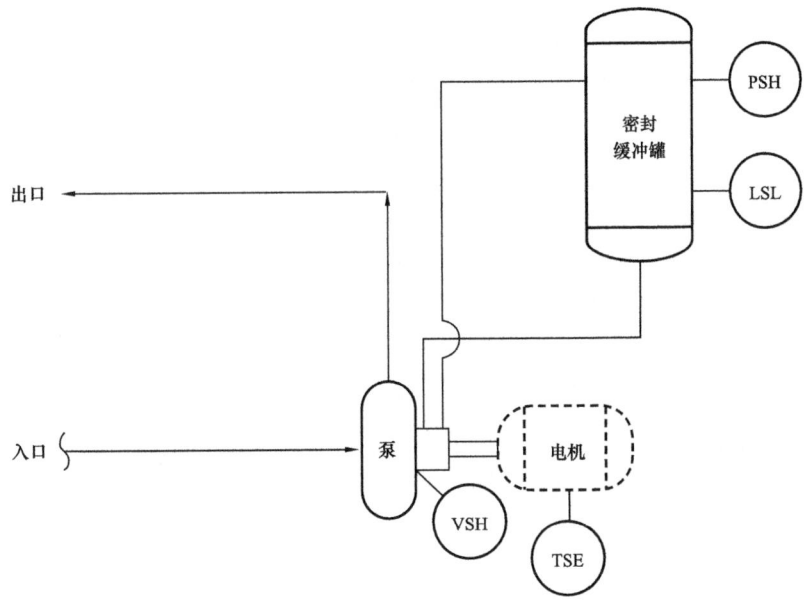

图 3-18 安全装置：悬臂式离心泵密封系统

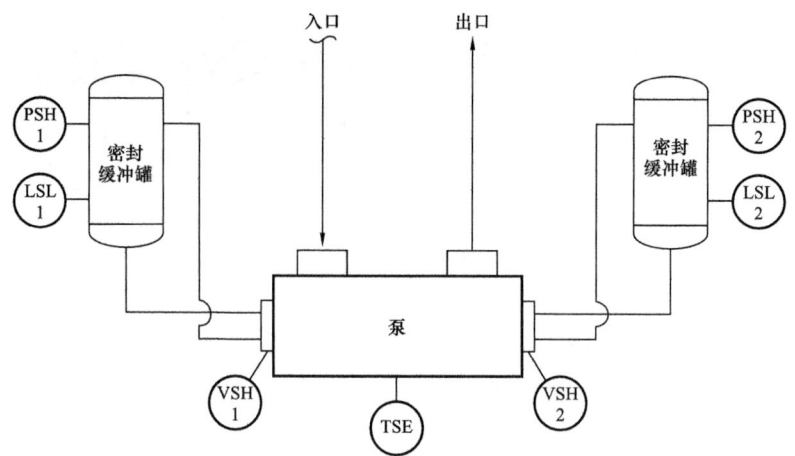

图 3-19　安全装置：轴承型离心泵密封系统

表 3-21　安全分析表（SAT）：泵

意外事件	原因	设备可检测的异常状态
过压	排出管线堵塞或节流； 回压过高； 进口压力过高（离心式）； 超转速运行； 流体密度增加； 逆流	高压； 低流量
泄漏	管材变质； 侵蚀； 腐蚀； 撞击破坏	低压； 振动； 低流量

表 3-22　安全分析检查单（SAC）：泵

序号	设施	号码	可选项	PID 对应的保护	SAFE 中记作
a	PSH 外输泵	1	安装 PSH		
b	PSH 其他泵	1	安装 PSH		
		2	泵的最高排出压力不超过排出管线 MAWP 的 70%		
		3	泵为人工操作，并处于连续监控下		
		4	泵为小型的低排量泵，如药剂注入泵		
		5	泵排放到常压容器中		
		6	以乙二醇为动力的乙二醇泵		

续表

序号	设施	号码	可选项	PID对应的保护	SAFE中记作
c	PSL 外输泵	1	安装 PSL		
		2	泵不输送烃类物质		
d	PSL 其他泵	1	安装 PSL		
		2	泵为人工操作，并处于连续监控下		
		3	具有良好的泄漏收集和排放系统		
		4	泵为小型的低排量泵，如药剂注入泵		
		5	泵排放到常压容器中		
e	PSV 外输泵	1	安装 PSV		
		2	泵是动能型的，且不可能产生超过管道 MAWP 的压头		
f	PSV 其他泵	1	安装 PSV		
		2	泵的最高排出压力低于管线的 MAWP		
		3	泵具有内部泄压的能力		
		4	泵是以乙二醇为动力的乙二醇泵，而且富乙二醇低压排出管线额定压力高于最高排出压力		
		5	泵是以乙二醇为动力的乙二醇泵，而且富乙二醇低压排出管线由与泵始终贯通的下游设备上的 PSV 保护		
g	FSV	1	安装 FSV 止回阀		
h	PSV（泵出口）	1	安装 PSV		
		2	泵出口管线的 MAWP 高于出口 PSV 设定点		
		3	泵出口管线压力等级不高于入口管线，无入口物流压力超过入口管线的 MAWP		
		4	泵入口管线由上游部件的 PSV 保护，该部件不能与泵隔离		
		5	泵为乙醇增压泵		
i	FSL	1	安装 FSL		
		2	泵为容积泵		
		3	泵为手动操作，且有人连续监管		
		4	小容量泵		
		5	不存在连续低流量工况（堵塞或节流）		
		6	安装有合理的回流系统		
		7	PSH 和/或 PSL 设有停机设计点以检测流量损失		

续表

序号	设施	号码	可选项	PID 对应的保护	SAFE 中记作
j	VSH	1	安装 VSH		
		2	泵电机为 745.7kW（1000hp）以下		
		3	泵为手动操作，且有人连续监管		
k	LSL 离心泵密封缓冲罐	1	安装 LSL		
		2	泵电机为 745.7kW（1000hp）以下		
		3	泵为手动操作，且有人连续监管		
		4	泵具有二级密封，可检测故障，使泵停机		
		5	未安装密封缓冲罐		
i	PSH	1	安装 PSH		
		2	泵电机为 745.7kW（1000hp）以下		
		3	泵为手动操作，且有人连续监管		
		4	泵具有二级密封，可检测故障，使泵停机		
		5	未安装密封缓冲罐		

八、压缩机

压缩机组用于在生产工艺系统内部输送气态烃，并从平台送进外输管道。

SAT 分析了压缩机组的气缸和机壳，以及压缩机组的吸入管线、排出管线和燃料气管线。与压缩机有关的烃处理设备，除了压缩机气缸和机壳外，均应按本书相应章节的内容加以保护。压缩机和原动机通常装备有防止机械损坏的装置。过压、泄漏和超温是影响压缩机正常运行的意外事件。

（一）压力安全装置（PSH、PSL 和 PSV）

压缩机组每一吸入管线上都应安装 PSH 和 PSL 传感器，除非每一个输入源都有 PSH、PSL 传感器保护，并且同时也能保护压缩机。压缩机每一排出管线上也都应安装 PSH 和 PSL 传感器。PSH 和 PSL 传感器应切断压缩机所有工艺输入管线和燃料气管线。压缩机每一吸入管线上都应安装 PSV，除非每一个输入源都有 PSV 保护，并且同时也能保护压缩机。压缩机每条排出管线上也都应安装 PSV。如果压缩机为动能型的，并且不可能产生超过压缩机或排出管线最高允许工作压力的压力，则在压缩机出口上无须安装 PSV。

（二）流动安全装置（SV）

每条最终的排出管线上都应装设止回阀（FSV），以将回流降至最低限度。

（三）气体探测装置（ASH）

如果压缩机组安装在通风不良的建筑物或围墙内，应装设气体探测装置（ASH），以切断所有工艺输入管线和燃料气管线，并使压缩机放空。

（四）温度安全装置（TSH）

应安装 TSH 传感器以保护所有压缩机气缸和机壳。TSH 传感器应切断所有工艺输入管线和燃料气管线。

推荐的压缩机安全装置如图 3-20 所示，安全分析表与安全分析检查单见表 3-23 和表 3-24。

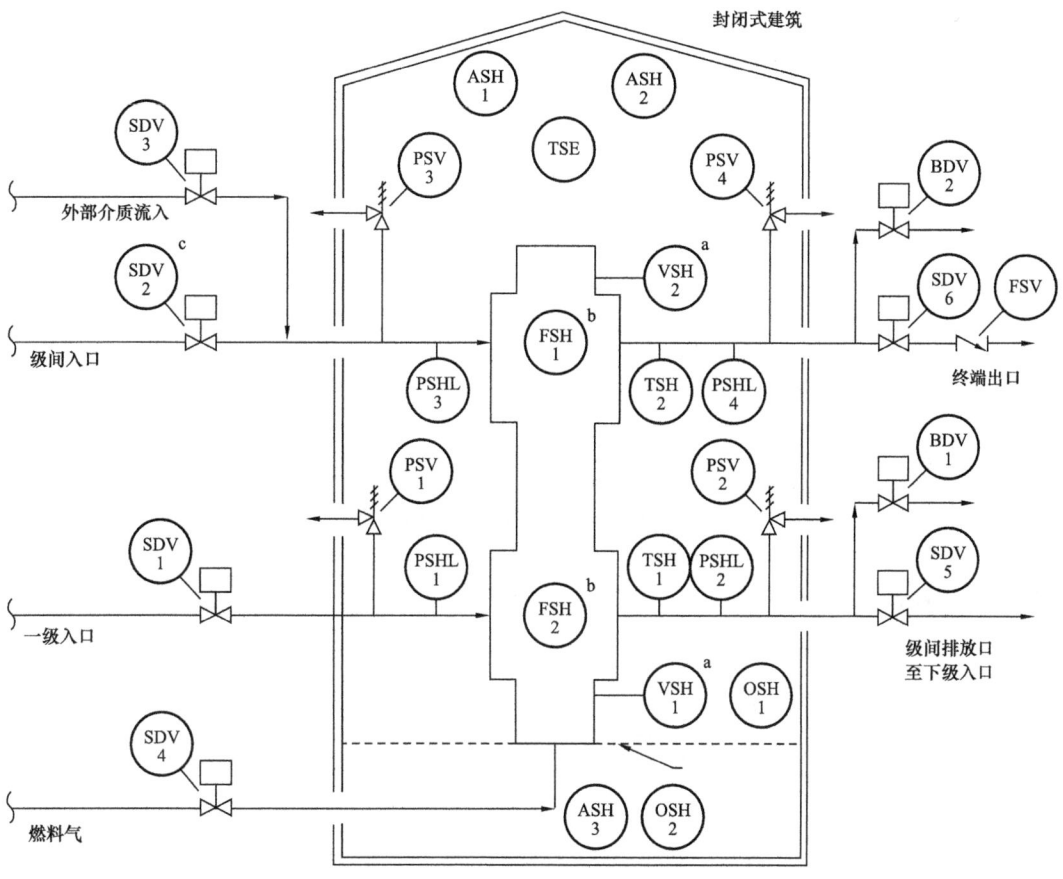

图 3-20 安全装置：压缩机

注1：TSE 为符号，不反映实际的位置和数量。
注2：若压缩机未安装在封闭建筑内，则无须安装 ASH 1、ASH 2、ASH 3 及 OSH 1、OSH 2。
注3：若压缩机无地下管线及潜在的气体泄漏源，则无须安装 ASH 3 及 OSH 2；压力容器属于低温容器，应安装 TSL。
注4：图中部分设备未画出（如洗涤器、空冷器等）；图中安全设备数量仅供参考，需根据实际需求确定。
a—有关振动传感器的放置，根据压缩机安装。b—对于离心式或螺杆式压缩机，FSH 用于检测密封故障。
c—非必要装置。

表 3-23 安全分析表（SAT）：压缩机

意外事件	原因	设备可检测的异常状态
超压（入口）	入口流量过大； 吸入压力控制系统失灵； 压缩机或驱动器故障； 逆流； 均压	高压
超压（出口）	排出管线被堵塞或节流； 背压过高； 入口压力过高； 超转速运行	高压
泄漏	管材变质； 侵蚀； 腐蚀； 撞击破坏； 振动； 吸入液相导致损坏； 填充/密封失效	低压； 高气体浓度（建筑物内）； 振动； 流量过高（密封气）
超温	压缩机阀失灵； 冷却器失灵； 超压缩比； 流量过低	高温

表 3-24 安全分析检查单（SAC）：压缩机

序号	设施	号码	可选项	PID 对应的保护	SAFE 中记做
			A8 压缩机		
a	PSH 吸入	1	安装 PSH		
		2	每一个输入源都有 PSH 保护，它也能保护压缩机		
b	PSH 排出	1	安装 PSH		
		2	压缩机由安装在其下游、任何冷却器上游的 PSH 保护，并且该 PSH 与压缩机之间始终贯通		
c	PSL 吸入	1	安装 PSL		
		2	每一个输入源都有 PSL 保护，它也能保护压缩机		
d	PSL 排出	1	安装 PSL		
		2	压缩机由安装在其下游的 PSL 保护，并且该 PSL 与压缩始终贯通		

续表

序号	设施	号码	可选项	PID 对应的保护	SAFE 中记做
e	PSV 吸入	1	安装 PSV		
		2	每一个输入源都有 PSV 保护,它也能保护压缩机		
f	PSV 排出	1	安装 PSV		
		2	压缩机由安装在其下游、任何冷却器上游的 PSV 保护,并且该 PSV 与压缩机之间始终贯通		
		3	压缩机为动能型的,并且不会产生超过压缩机 MAWP 的压力		
g	FSV	1	安装 FSV		
		2	FSV 安装在末级排气口,压缩机为容积式		
h	TSV	1	安装 TSV		
i	VSH	1	安装 VSH		
		2	压缩机为人工操作,并处于连续监控下		
j	二级密封（主密封放空带有 FSH——离心、螺杆压缩机）	1	压缩机低于 745.7kW（1000hp）且无回流系统		
		2	压缩机为人工操作,并处于连续监控下		
		3	二级密封带有故障探测及停机系统		
		4	压缩机无干气密封		

九、管道

海上管道用于在平台之间或平台与陆上之间输送液体和气体。根据流动方向,管道分为进出口管道和双向管道。流入的管道将流体送入平台,流出的管道从平台输出流体。双向管道可以向任何方向输送流体。海上管道的推荐安全装置如图 3-21 所示,安全分析表与安全分析检查单见表 3-25 和表 3-26。

十、换热器

换热器用来在两个相互隔离的流体间传递热能。

在分析换热器的压力安全装置时,换热器两部分（受热部分和供热部分）应单独分析,因为这两部分设计可能不同,对操作压力的要求也可能不同。

推荐的换热器安全装置如图 3-22 所示,安全分析表和安全分析检查单见表 3-27 和表 3-28。

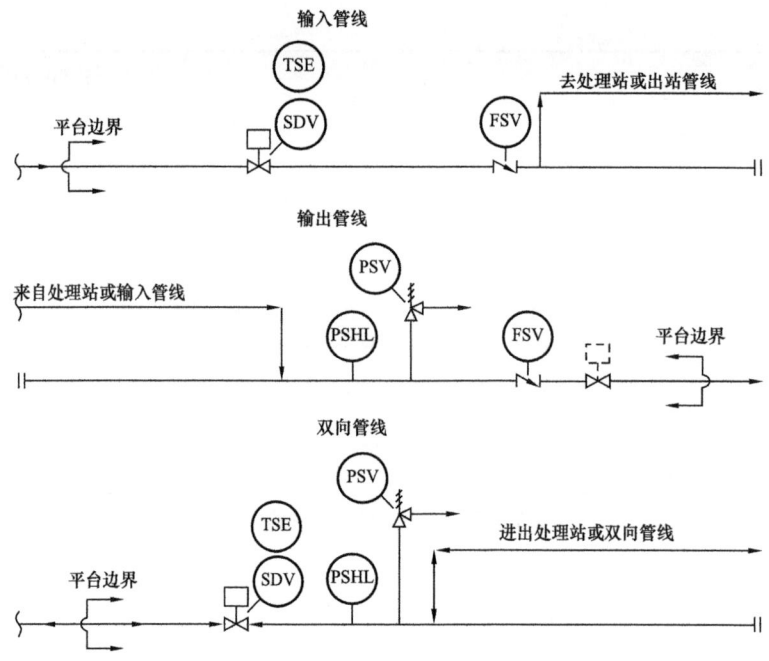

图 3-21 安全装置：海上管道

表 3-25 安全分析表（SAT）：管道

意外事件	原因	设备可检测的异常状态
超压	管道堵塞或节流； 热膨胀； 入口流量超过出口流量	高压
泄漏	管材变质； 侵蚀； 腐蚀； 撞击破坏； 振动	低压

表 3-26 安全分析检查单（SAC）：管道

序号	设施	号码	可选项	PID 对应的保护	SAFE 中记做
			A9 管道		
a	PSH	1	安装 PSH		
		2	输出管道由安装在其上游设备上的 PSH 保护		
		3	每一输入源均有 PSH 保护，并且该 PSH 同时也能保护输出管道或双向管道		
		4	管道由安装在一个平行部件上的 PSH 保护		

续表

序号	设施	号码	可选项	PID 对应的保护	SAFE 中记做
b	PSL	1	安装 PSL		
		2	输出管道由安装在其上游设备上的 PSL 保护		
		3	每一输入源均有 PSL 保护,并且该 PSL 同时也能保护输出管道或双向管道		
		4	管道由安装在一个平行部件上的 PSL 保护		
c	PSV	1	安装 PSV		
		2	管道的最高允许操作压力高于所有输入源的最高压力		
		3	每一个压力高于管道最高允许操作压力的输入源均有一套 PSV 装置保护,并且该 PSV 装置的最高允许操作压力不高于管道的最高允许操作压力		
		4	管道不以平台工艺系统作为其输入源		
		5	输入源是压力高于管道最高允许操作压力的,装设有两个 SDV(其中一个可以是 SSV)的生产井,该 SDV 是由连接到隔离继电器和检测点的互不相关的 PSH 控制,其他类型的压力高于管道最高允许操作压力的输入源由 PSV 保护		
d	FSV	1	安装 FSV		
		2	输出管道上装设由 PSL 控制的 SDV		
		3	管道上所有输入源都由 FSV 保护,并且其位置能使管道所有有效管段均避免回流		
		4	管道用于双向流动		

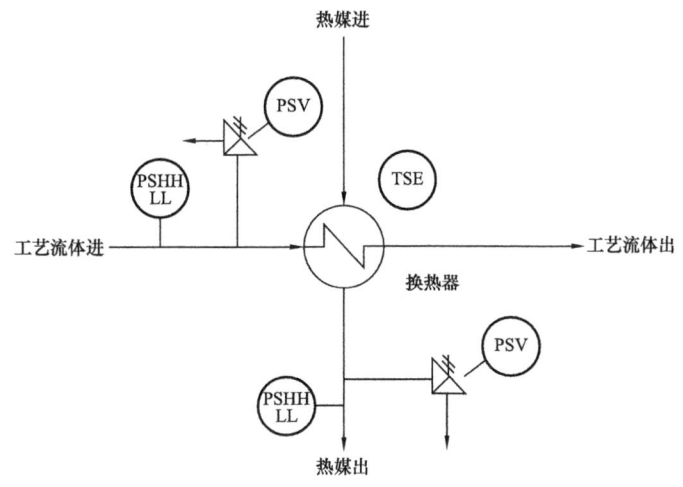

图 3-22 换热器安全装置

注:TSE 仅为符号,不反映实际位置和数量。

表 3-27 安全分析表（SAT）：换热器

意外事件	原因	设备可检测的异常状态
过压	堵塞或节流； 流入量超过流出量； 热膨胀； 管程破裂； 汽化	高压
泄漏	管材变质； 侵蚀； 腐蚀； 撞击破坏； 振动	低压
超温	控制失灵； 工艺管线出口堵塞； 入口温度升高	高温
低温	控制失灵； JT 效应或液相气化； 入口温度降低	低温

表 3-28 安全分析检查单（SAC）：管壳式换热器

序号	设施	号码	可选项	PID 对应的保护	SAFE 中记做
\multicolumn{6}{c}{A.10 管壳式换热器}
a	PSH	1	安装 PSH		
		2	换热器这部分输入源不会产生高于换热器该部分的 MAWP 的压力		
		3	每一输入源都有 PSH 保护，而且该 PSH 同时也保护换热器的这一部分		
		4	换热器下游设备安装有 PSH，而且该 PSH 与换热器的这一部分不会因截断阀或调节阀而隔离		
b	PSL	1	安装 PSL		
		2	工作时最低操作压力为大气压		
		3	安装在其他设备上的 PSL 将对换热器这一部分提供保护，而且在换热器工作时与该部分始终贯通		
c	PRD（PSV 或 PSE）	1	安装 PRD		
		2	每一输入源都由 PRD 装置保护，其压力不超过换热器这一部分的 MAWP，而且在换热器该部分上释放由于热膨胀和受火而产生的压力		

续表

序号	设施	号码	可选项	PID对应的保护	SAFE中记做
c	PRD（PSV或PSE）	3	每一输入源都由PRD装置保护，其压力不超过换热器这一部分的MAWP，而且每一输入源与换热器始终贯通		
		4	下游设备上的PRD能满足换热器的释放需求，而且与换热器始终贯通		
		5	换热器这一部分的输入源不会产生高于换热器这一部分的MAWP，而且换热器的这一部分不会因为其他部分的温度或压力而超压		
		6	每个输入源由PRD或HIPPS保护，设定值不高于换热器的MAWP，换热器不能因某一部分的温度或压力变化而超压		
d	TSH	1	安装TSH		
		2	换热器的输入源温度不能超过换热器的最大允许工作温度		
e	TSL	1	安装TSL		
		2	换热器的输入源温度不能低于换热器的最低允许工作温度		

第五节 HSE 分析

一、危险源辨识（HAZID）

HAZID =（Hazard identification）危险源辨识，是一种以团队为基础的头脑风暴技术，通常以危险清单或指南为指导，从研讨会团队成员形成的集体性的知识和经验中获益，以确定潜在的健康、安全、环境危害。

危险源辨识是一种有目的性的用于早期识别相关的潜在危险和威胁的技术，以便在开发或投资项目的最早可行阶段消除或降低危害。尽早发现危害有助于早日实施降低风险的措施，与后期实施降低风险的措施相比，可减少对成本和进度的影响。

二、环境影响辨别（ENVID）

环境影响辨别（Environmental impact identification，ENVID）是一种基于团队的头脑风暴技术，通常在检查表及引导词的指导下进行，并利用研讨会团队的集体知识和经验来识别潜在的健康、安全和环境危险。环境影响辨别的目的是系统地识别与项目相关的潜在环境因素和影响。一旦确定了与环境危险有关的方面和影响，就可以对其进行评估，并在必要时避免，预防或控制。

三、职业健康危险辨别（OHID）

职业健康危险辨别（Occupational health hazard identification，OHID）是一种基于团队的头脑风暴技术，通常在检查表及引导词的指导下进行，并利用研讨会团队的集体知识和经验来识别和确定潜在的健康危险。职业健康危险辨别的目的是系统地分析潜在的由项目设施引起的职业健康危险。

职业健康危险辨别定性研讨会应讨论可能导致职业暴露（短期或长期）的日常原因或计划中的事件。职业健康危险辨别应涵盖所有存在潜在危险因素的，由员工和承包商执行的所有设施、工作场所及相关活动，并且至少应包括以下内容：

（1）日常运营活动和任务，包括在办公室环境下进行的活动和任务。

（2）计划的维护活动。

（3）控制化学品、有害物质或能量意外释放的紧急响应活动。

（4）清洁活动。

（5）非常规活动，例如停机或计划外的维护。

（6）废物处理和处置任务。

（7）实验室，以及质量保证和质量控制活动。

（8）其他计划内或计划外活动。

四、安全完整性等级（SIL）分析

石油、天然气工艺站场存在各种各样的风险，无论采用什么样的技术和管理，都不可能完全彻底消除风险，只能采用一些措施降低风险到可以接受的范围之内。安全完整性等级（SIL）可简单地理解为，通过系统安全设计降低风险的量化水准。依照 IEC 标准要求，SIL 等级分为四级，分别是 SIL 1、SIL 2、SIL 3 及 SIL 4，其中 SIL 4 是最高等级，SIL 1 是最低等级。安全完整性等级（SIL）越高，代表所选设备正确执行安全设计的概率越高、可靠性越高。SIL 分析通过识别系统内所有需考虑的仪表安全功能（SIF），确定所有需评估的危险场景，并为所有仪表安全功能（SIF）提供可靠性设计。安全仪表系统（SIS）是用来实现一个或几个仪表安全功能的仪表系统，安全完整性等级（SIL）分析目的是通过确定安全仪表系统（SIS）所需的风险降低等级，使识别出的危险（包括爆炸、有毒气体扩散、容器破裂等）降低到合理可容许的风险水平。

五、定量风险分析（QRA）

定量风险分析（QRA）是综合考虑危险的后果和频率而定量评价风险的一种方法。油田地面工程 QRA 的主要目标是：

（1）识别危险源、各个场景危害升级和缓解方案。

（2）对油田设施或相关活动的综合风险进行量化。

（3）识别综合风险的主要风险。
（4）鉴定与分析有效减少综合风险的评价、防范措施与方案。
（5）判定所提出的防范措施与方案的安全性质和成本效益。
（6）证明遵守国家风险标准，并示范和实现最低合理可行原则（ALARP）。
（7）便于员工和第三方了解将受到的风险与影响。
（8）遵守法律/公司的要求。

六、火灾安全评估（FSA）

火灾安全评估（Fire safety assessment，FSA）是一项系统化和结构化的安全分析，通过对危险进行识别，并根据定量分析结果做出全面的、综合的分析。根据定量风险评估所获得的结论，综合考虑经济、环境、工艺系统的可靠性和安全性等因素，制订出适当的风险管理程序，帮助系统操作者和管理者做出安全决策。

火灾安全评估主要基于火灾、爆炸和毒气扩散等危害来计算风险结果，依据企业主要求来衡量项目设计过程中防火分区是否合理、主动消防设计是否满足要求、设备/结构的防火是否满足要求，以及逃生路线和集结点是否合理等设计问题。针对设计考虑不周全或不合理的地方，根据量化分析结果给出合理的优化建议和推荐做法，并为将来开展主动消防（AFP）、被动防火（PFP）、逃生疏散及救援分析（EERA）、应急系统生存性分析（ESSA）等安全分析提供有效的输入数据/信息。

七、工程设施布局分析

工程设施布局分析是根据项目站场火灾和爆炸定量模拟计算结果来分析站场布局是否合理、各区域间距是否满足要求，最后给出结论和建议的一种分析方法。该分析的工作范围一般包括厂区内所有处理、输送、存储可燃介质的工艺设备和单元。工程设施布局分析审查工艺装置单元、储存单元、公用设备单元、有人值守及无人值守建筑、消防设施在发生火灾、爆炸等事故时是否会向邻近单元蔓延造成事态扩大化。

八、领结分析（Bow-tie analysis）

领结分析是对项目生命周期内重大危害进行识别和管理的一种方法，目的是识别重大危害失控的原因及后果，提出相应的预防保护及减缓屏障，并提供系统的风险管理方法。该方法对项目生命周期内的危害进行动态识别、记录并管理，最终形成健康、安全、环境体系案例的一部分。

领结分析使用图表的形式分析识别出的危害，它可以被理解为事故树分析和事件树分析的结合。领结分析能够将危害的原因及可能后果之间的关系，以及为防止危害发生的预防措施和限制后果的减缓性措施用清晰的用图形展示，另外它还列举了可能阻止这些防止措施和减缓性措施的升级因素，显示了各种屏障和缓解措施的有效性，使人们更清晰地认识到不足和需要改进的地方，便于风险的控制和追踪，以保证其长期有效性。

九、应急系统保障性分析

应急系统保障性分析（Emergency systems survivability analysis，ESSA）用于评估是否已采取所有合理可行的措施来确保应急系统的存在性，并对应急系统的存在性进行分析。

十、逃生、疏散及救援分析

逃生、疏散及救援分析（EERA）是一项 HSE 风险评估和管理技术，用于评估设施应急措施和安排的执行情况。它包括对逃生、疏散和救援（EER）措施的执行情况和应对最不可信的危险情景的安排的审查。进行逃生、疏散及救援分析的主要目的是：

（1）确定在紧急情况下，人员从工作地点聚集到集合地点的逃生路线。

（2）考虑到人员可能面临的危险的性质，确定一个或者多个集合地，在紧急情况下进行疏散。

（3）确保人员在紧急情况下，安全有序地撤离站场。

（4）确保在紧急情况下，合理安排撤离站场的人员，并将其运送至安全的地方。

（5）应急措施的选择是通过对设施的危害进行评估来确定的。根据生产过程和设施的复杂程度、设备类型、人员配备水平，以及作业现场的环境条件，来评估和确定所采用的方法并提出建议。

十一、环境影响评估（EIA）分析

环境影响评估（EIA）是一个用于识别任何项目存在的环境方面的潜在影响的系统性程序，它是一个可以提升环境管理的预防性方法，可对项目存在的潜在不利影响进行预测并进行适当的设计修改，它还确定了项目的潜在环境利益。它的主要价值在于能够预测不利后果及在项目早期的有益影响，将改进措施（缓解措施）引入设计过程中，以消除或最小化已识别出的不利影响，同时采取适当行动以加强项目对环境的积极影响。由于在设计阶段引入缓解措施总是比投产后引入控制装置更具成本效益，因此对于设计工程师和管理人员来说，确保在项目设计的早期阶段进行适当的环境影响评估可带来巨大的经济效益。

环境影响评估过程的输出以环境影响评估报告的形式提供，可提供在环境影响评估期间进行的所有分析和评估、使用的方法论和假设条件，以及预测重大影响及其缓解措施方面的相关信息，并为后续的环境管理和监测提供建议。

十二、职业健康风险分析

职业健康风险评估（Occupational health risk assessment，OHRA）是论证和评估已识别出所有高风险的职业健康危害，并（针对项目）提出或制订适当的控制、缓解和恢复措施（针对现有设施和操作），以尽可能降低仍存在的 HSE 风险。

职业健康管理的目的在于：

（1）保护员工、承包商人员和其他人员免受可能与工作环境有关的危害健康的因素影响。

（2）促进员工健康。

第一个目的的基础就是进行职业健康风险评估（OHRA），通过职业健康风险评估对某项活动进行审查，从而识别对健康有潜在风险的危险源，并创建一个危险源清单；根据特定的筛选标准，评估与接触这些危险源有关的健康风险；确定所需的控制措施（如有的话），以消除或减少对健康的风险至合理可行的最低水平。同时，还需考虑当控制措施失效情况下的应急（恢复）措施，以减轻对健康的急性和/或慢性影响。

十三、火气探头布置分析

火气探头布置分析（Fire & gas detector mapping study），是基于可燃气体与有毒气体扩散分析模型，利用合理的方法论，以软件为工具，科学分析判定设计方案或者已有火气探头覆盖率合理性的一种安全分析。它也可以作为检验火气探头布置是否达到设计目的手段。

十四、项目安全、环保及职业健康审查（PHSER）

项目安全、环保及职业健康审查（Project HSE review，PHSER）一般由独立于项目组的第三方主席主持，对项目 HSE 执行计划及其正在开展的一系列活动所组织的一种定性分析听证会，以对 HSE 高风险区系统化地进行辨别，并在重点项目的设计和操作过程中对已辨别的风险进行监督和控制。PHSER 审查是确保项目执行和投产运行操作中符合业主公司 HSE 各项规章制度、当地法律法规的一种工具。

PHSER 审查的主要目的包含：

（1）为高级管理层、业主操作部门、设计管理部门提供保证，保证每个审查阶段中已辨别的 HSE 风险都已经被恰当地解决。

（2）确保公司关于风险方面的各项规定、规章制度等均已经在项目的设计文件中体现。

（3）确保项目中 HSEIA 方面的各项规定都已经完成。

（4）增加概念设计阶段（PHSER-Ⅰ）到项目退役和拆除阶段（PHSER-Ⅶ）的价值。

第四章
油田地面工程集输系统安全保护方案

井流物自采油树流入地面设施，需经集输系统输送至集中处理站进行深度处理。集输系统主要包括井场设施、单井管线、计量站、集输干线、转油站和转输管线等，其主要设施因布站方式不同而存在差别。按照从油井井口到集中处理站之间的站场级数，布站方式可分为一级布站、二级布站和三级布站。

（1）一级布站：流程内只有集中处理站。

（2）二级布站：流程内有计量站和集中处理站。

（3）三级布站：流程内有计量站、转油站和集中处理站。

近年来，随着油田自动化水平不断提高，出现了"一级半布站流程"，也称选井点流程。该流程在集中处理站之外布置若干选井点，选井点仅设分井计量用的选井阀组，不设计量分离器和计量仪表。选井点有两条管线通往集中处理站，一条为油井计量用的管线，与设在集中处理站的计量分离器相连；另一条为其他不计量油井井流的集油管线。我国的宁海油田和苏丹的穆格兰得等油田采用了一级半布站流程。

第一节 井口和单井管线安全保护方案

典型的集输系统流程如图 4-1 所示。井口装备有井口控制装置（手动和自动）和井流物的泄漏物收集和排放系统，并提供了修井的井下入口。影响单井管线的意外事件是超压和泄漏。单井管线所适用的安全分析表和安全分析检查单见第三章第四节。

由于井口是主要压力源，因此在每条出油管上都应提供 PSH 和 PSL 传感器，这些传感器检测异常的高压状态。同时，止回阀（FSV）仅在单井管线的终点段上需要，以减少流体回流。下面介绍常见的单井管线安全保护装置设置方案。

一、全压设计方案

全压设计方案为单井管线安全保护推荐方案。

对于超压意外事件，可以考虑提高单井管线设计压力，使之超过井筒关闭压力。这样管线即使超压也不会破裂，因为最高操作压力不会超过井筒关闭压力。全压设计方案的设计、安装、操作和维护均比较便利，具体配置如图 4-2 所示。

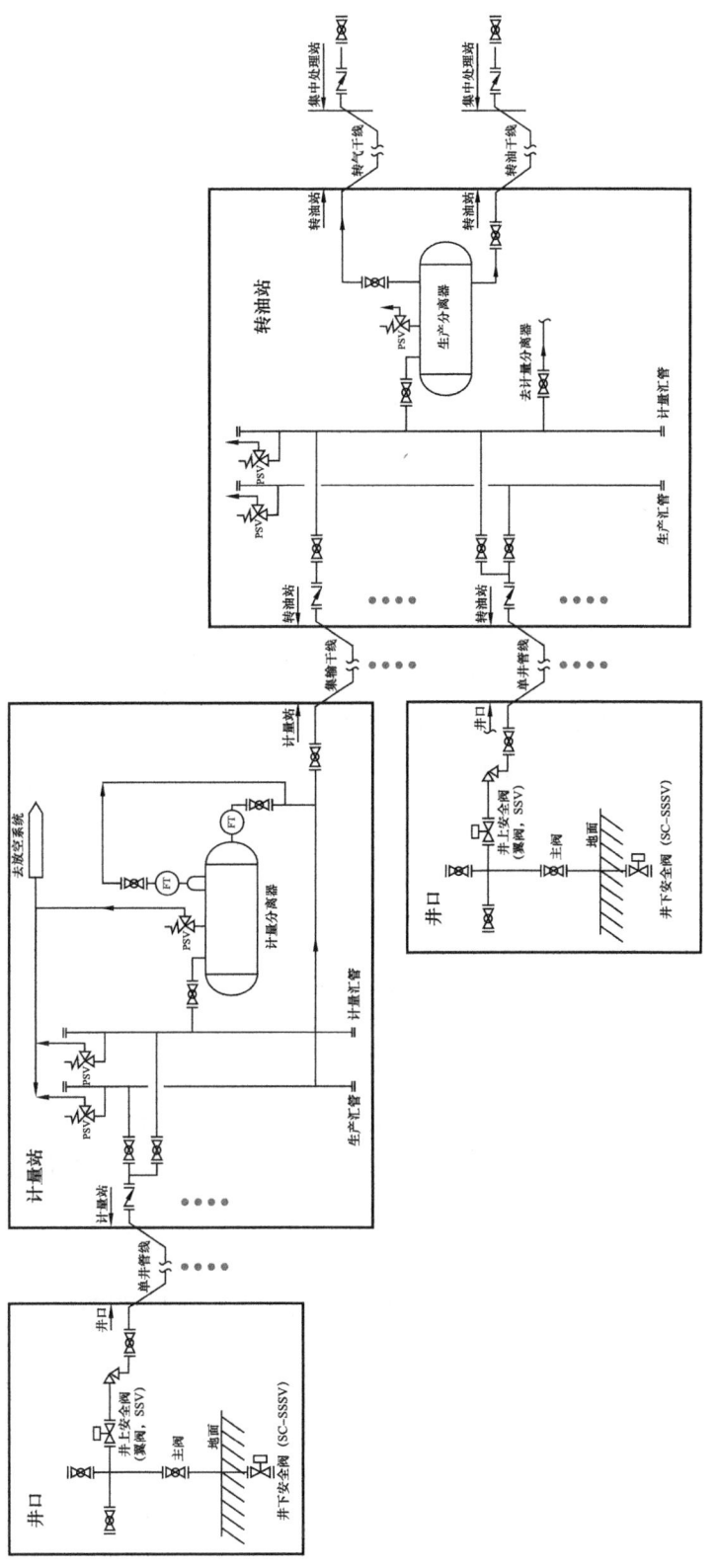

图 4-1 集输系统典型流程简图

注：图中的采油树为典型配置，并不代表每个小项目的采油树配置均如此。

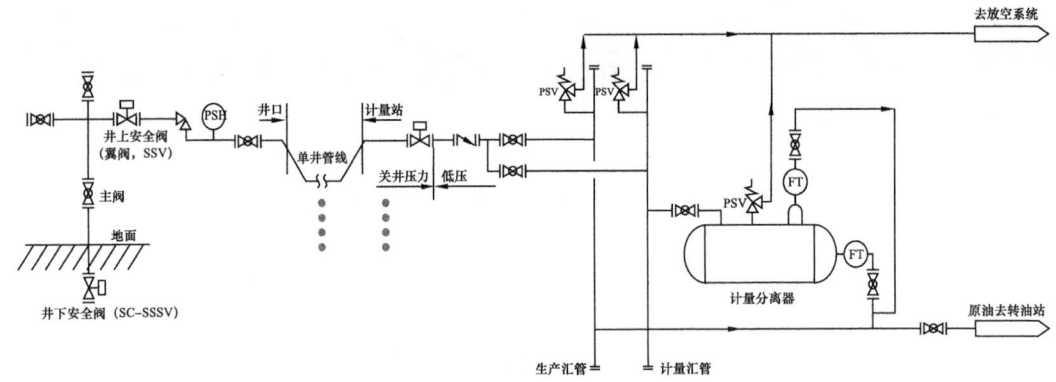

图 4-2　单井管线超压保护推荐方案配置图

全压设计方案中，单井管线全段的设计压力均大于井筒关闭压力，压力分界位于计量站内手动球阀下游。管线超压时，没有关断和泄放动作，管线自身的设计压力可保证单井管线在超压状态下安全运行。

对于泄漏这一意外事件，一般有两种解决办法：一种是通过采油树上的低压保护系统来实现，即采油树上设置低压检测装置（PSL），一旦低于低压设定值，采油树上的某个阀门就会动作，切断采油树；另外一种是在井口附近设置 PSL 报警装置，并将报警信号上传至中控室，人工现场确认之后采取相应的措施；如果井口信号不能上传至中控室，则可以依靠人工巡井来发现泄漏并采取措施。

全压设计方案简单、可靠，但投资较高。同时，在项目改造等一些情况下，全压设计方案缺乏灵活性。此时可以考虑替代方案一或替代方案二。

（一）替代方案一

对于超压意外事件，替代方案一有三道保护，第一道和第二道保护均由设置在油嘴后的两个 SDV 来实现，第三道保护是设置在管线末端的 PSV。其中，第一道和第二道 SDV 均应单独设置 PSH，且第一道 SDV 的 PSH 设定值要低于第二道 SDV 的设定值，这样，就可以进行逐级切断，并尽量避免使用第二道保护。PSV 用于 SDV 发生故障（如泄漏）的时候进行紧急放空，因此 PSV 的泄放量只需要考虑 SDV 或 SSV 的泄漏量，口径很小的 PSV 即可满足要求。具体配置如图 4-3 所示。

使用本方案的前提条件如下：

（1）单井管线末端截断阀上游管段的容积足够，能使 SDV 有足够的时间在系统压力超过最大允许工作压力之前切断井口。

（2）两个 SDV 均应为开关型阀门，并符合 API 14D 标准要求。

（3）两个 SDV 均应定期进行现场检测，以确定其无泄漏发生。

另外，如果单井管线可由下游设备的 PSV 保护，该下游设备没有和单井管线隔离开，并且在单井管线和 PSV 之间没有节流装置和限制物，则可以取消管线末端 PSV。对于泄漏意外事件，可以在设置 PSH 的同时设置 PSL，并在达到 PSL 的设定值时关闭 SDV。本方案中的一个 SDV 可以由采油树上的一个 SSV 来代替，这样地面管线上就可以少安装一个 SDV，但这需要和油藏部门进行协商确定。另外，在确定 SDV、SSV 和 PSV 的压力设定值时，要考虑单井管线从井口到计量站的压降。

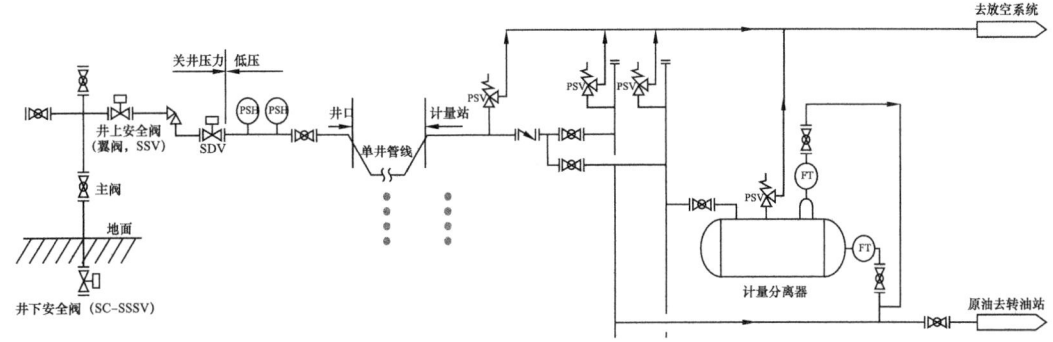

图 4-3　单井管线超压保护替代方案一配置图

总之，如果选用替代方案一，则需要和油藏部门进行紧密协作，因为地面管线上的 PSH 和 PSL 等信号需要接入采油树的控制盘内。

（二）替代方案二

替代方案二是在替代方案一的基础上发展而来的。具体配置如图 4-4 所示。

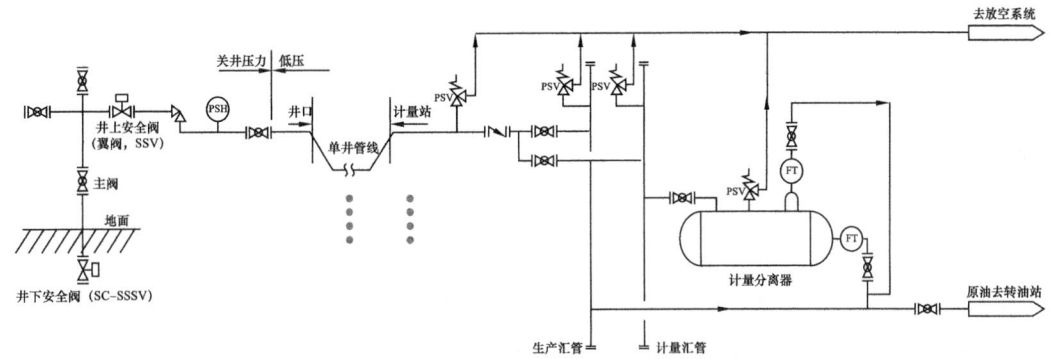

图 4-4　单井管线超压保护替代方案二配置图

与替代方案一相比，替代方案二有以下不同点：

（1）取消了一个 SDV，只剩下单 SDV 和 PSV 两道保护。

（2）SDV 失效时，完全依靠 PSV 的泄放进行超压保护，其泄放量应该按照全部井流物量来进行考虑，泄放时间取决于 SDV 的维修时间。

（3）PSV 动作频率高于替代方案一，对环境造成的潜在危害也较大。

（4）此方案中的管线末端 PSV 不可以取消。在确定 SSV 和 PSV 的压力设定值时，同样要考虑单井管线从井口到计量站的压降。

（5）对于泄漏意外事件，可以在设置 PSH 的同时设置 PSL，并在达到 PSL 的设定值时关闭 SDV。

二、高压完整性保护方案（HIPPS）

（一）HIPPS 简介

高完整性压力保护系统（High-integrity pressure protection system，HIPPS）是一种符合 SIL3 认证的安全仪表系统。HIPPS 一般由压力检测元件、控制器和执行元件组成，其中压力检测元件为三选二表决，执行元件由两个串联的关断阀组成，原理图如图 4-5 所示。

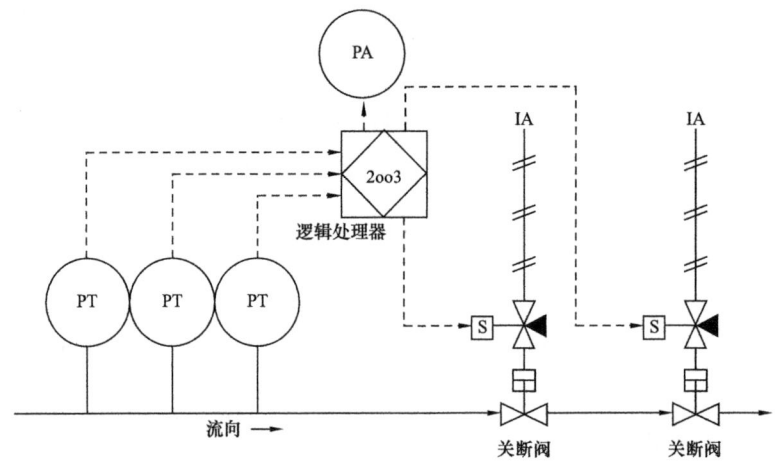

图 4-5 HIPPS 系统原理图

它有以下主要特点：

（1）为满足切断时间的要求（≤2s），切断阀一般为 SIL3 认证的直行程液动失效安全型切断阀。

（2）控制器为 SIL4 认证的固态逻辑控制器，可室外安装，可采用太阳能供电。

（3）使用 HIPPS 之后可取消后续的超压泄放系统，避免放空对环境及人员造成不利影响。

HIPPS 本身具有的高完整性和高可靠性，使其在事故状态下能够进行 100% 的切断，从而保护管线和下游设备的安全。正是基于此，HIPPS 价格也比较昂贵，且供货商也很少，著名的有德国 HIMA 和日本横河。

HIPPS 系统的设计、投产、运行和操作维护应严格遵循以下规范：

（1）IEC 61508《电气/电子/可编程电子安全相关系统的功能安全》。

（2）IEC 61511《流程工业领域安全仪表系统的功能安全》。

（3）GB/T 20438《电气/电子/可编程电子安全相关系统的功能安全》。

（二）HIPPS 应用

传统的超压保护通过泄放系统来完成。事先在管线上安装泄放系统，并设定某个泄放压力，当系统压力升高达到设定值后，泄放系统自动启动，将系统多余的压力泄放掉（通常是泄放到火炬或者是放空管），从而达到保护系统的目的。传统的泄放方法将大量的可燃、有毒流体或者是其燃烧产物排到了大气中，对环境造成了破坏。

而 HIPPS 系统能及时切断上游流体，避免超压流体的排放，更为环保。但是 HIPPS 目前主要还是应用在海上平台上。其中挪威石油标准化组织（NORSOK）的工艺设计标准中提道："只有在泄放装置不切实际时才应使用 HIPPS 系统"。

另外，由于 HIPPS 系统安全性很高，现场中的微小故障都可能触发 HIPPS 系统的关断，从而导致整个油田停产。这说明 HIPPS 系统有可能给现场生产管理带来很多麻烦，特别是在油田投产初期或油田生产不稳定时期，频繁关断不仅会影响油田产量，也会给操作人员带来很大工作量，提高了对油田操作管理人员的要求。

第二节　计量站安全保护方案

计量站是对所辖油区各油井油气水产量进行计量的场所。计量站不要求太高的计量精度，油气水的计量误差容许在 ±10% 以内。计量站对各油井进行轮流计量，每口井每次连续计量时间为 4~8h。计量站管辖的油井数一般少于 20 口，多于 20 口时应在站内增设第二套计量装置。

一个典型计量站内主要的设施有收发球筒、进站管汇、计量分离器和闭排罐。计量站内的阀组将测试油井的井流导入计量分离器，计量分离器将井流分成气、液两相，分别计量气、液两相的流量并测定液相中原油的水含率，即可求得该油井的油、气、水的产量。计量后的气体或者进入油田的集气管网，或者和计量后液相重新混合，并和其他油井的井流汇合后送往集中处理站。某些计量站将不进行计量的油井井流在阀组混合，导入生产分离器计量气、液流量，通过测试油井的气、液流量并相加即可求得该计量站所辖油区的油、气、水产量。

20 世纪末 90 年代以来，经过多年研究，国内外开发出数种多相流量计可同时计量管道内油、气、水流量，无须将井流通过分离器分成气液两相后进行计量。作为一种新型仪表，多相流量计对复杂井流的适应性和计量精度尚有待提高，价格也有待降低。多相流量计目前仅用于海洋、沙漠油田等自然环境极其恶劣的场合。下面对其安全保护方案进行分述。

一、管汇

计量站内的管汇接收来自两个或多个井口产出的流体，并把这些产出流体分配到所要求的工艺系统中，即测试分离设施和生产管线。影响管汇的意外事件是超压和泄漏。管汇的安全分析表及安全分析检查单参考第三章第四节。通常情况下，应在能检测整个管汇压力的地方安装压力安全装置PSH和PSL传感器或PSV。如果管汇的各段压力不同，则每段都应设置保护装置。如果管汇安装了PSH和PSL传感器，则传感器信号应能关断所有进入管汇的输入源。

（1）如果满足下列条件之一，则不用安装PSH：

① 每个输入源都已安装PSH，PSH的设定压力小于管汇的最大允许工作压力。

② 管汇由下游的PSH保护，并且不能和管汇隔离开。

（2）如果满足下列条件，则不用安装PSL：

每个输入源都已由PSL保护，并且在PSL和管汇之间没有压力控制装置或节流装置。

（3）如果满足下列条件之一，则不用安装PSV：

① 管汇的最大允许工作压力大于任一接入井的最大关井压力。

② 在每个输入源都已有泄压保护，输入源的最大关闭压力小于管汇的最大允许工作压力。

③ 管汇由下游的PSV保护，PSV不能和管汇隔离开。

④ 输入源是井口，井口压力大于管汇最大允许工作压力，井口安装两个由独立的PSH控制的SDV（其中一个可以是SSV），PSH与隔离继电器和检测点相接。压力大于管汇最大允许工作压力的其他输入源由PSV保护。

图4-6为典型管汇推荐的安全装置。

二、计量分离器

计量分离器是计量站内的主要设备。影响计量分离器的意外事件是超压、负压、溢流、气窜、泄漏和超温（如果容器被加热）。计量分离器的安全分析表和安全分析检查单可参考第三章第四节的压力容器或常压容器。图4-7与图4-8为典型计量分离器推荐的安全装置。

（一）压力保护

计量分离器接收来自井口的压力流体，由PSH传感器提供超压保护，及时切断分离器进料。当计量分离器泄漏大到足够使计量分离器降压时，PSL传感器检测到设定值并切断分离器进料。PSV则在PSH失效时对计量分离器进行泄压。如果计量分离器可能承受负压，则计量分离器应安装补气系统，以使计量分离器维持合适的压力状态。PSH和PSL传感器及

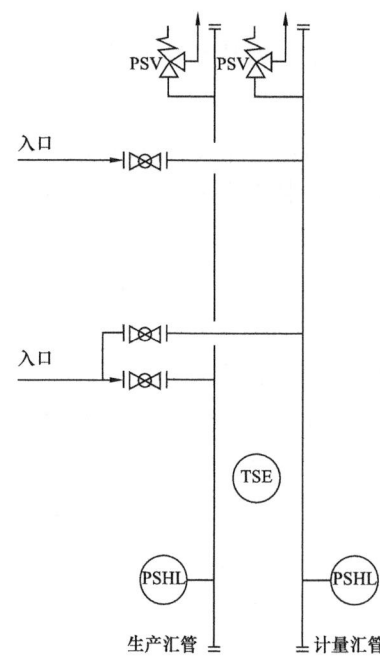

图4-6 典型管汇推荐的安全装置
注：TSE为符号，不反映实际的位置和数量。

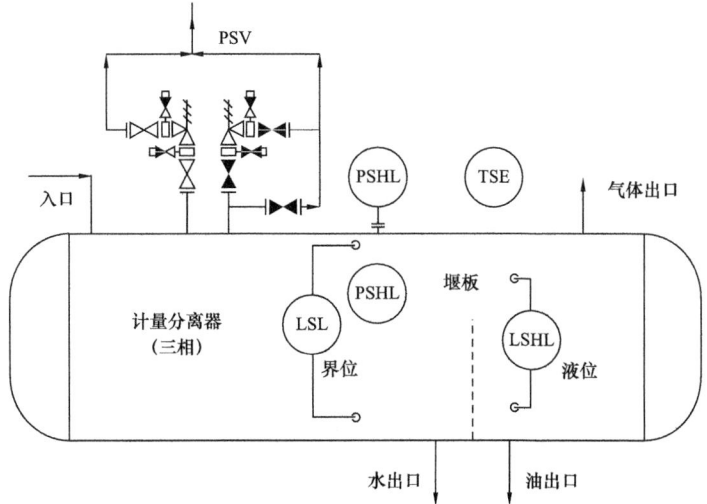

图 4-7 典型计量分离器推荐的安全装置（三相）

注1：TSE 为符号，不反映实际的位置和数量。

注2：如果计量分离器需要加热，必须安装 TSH。

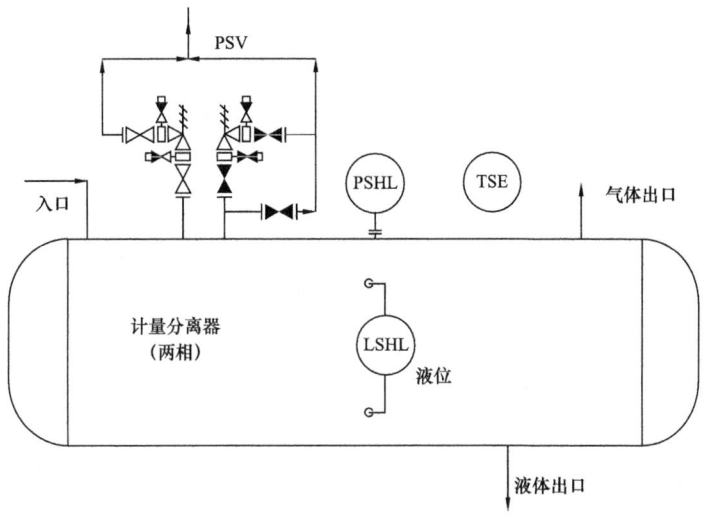

图 4-8 典型计量分离器推荐的安全装置（两相）

注1：TSE 为符号，不反映实际的位置和数量。

注2：如果计量分离器需要加热，必须安装 TSH。

PSV 安装的位置应能检测或泄放计量分离器气体的压力，这通常都在或接近计量分离器的顶部。如果计量分离器到监测点的压降可忽略，并且这些安全装置不能与计量分离器隔离开，则这些装置可以安装在气体管线的出口上。一些外部（如气体出口阀门关闭）或内部（如捕雾器堵塞）的原因可能会隔离安全装置和计量分离器。

（1）如果满足下列条件之一，则不用安装 PSH：

①计量分离器上游流体产生的最大压力不可能大于计量分离器的最大允许工作压力。

②每个输入源都安装了PSH，PSH的设定压力小于计量分离器的最大允许工作压力。

③气体出口用不带截断阀或调节阀的合适管线连接到下游设备，该下游设备由一个同时保护计量分离器的PSH保护。

④计量分离器在常压下操作并有适当的放空系统。

（2）如果满足下列条件，则不用安装PSL：

①每个输入源都由PSL保护，并且在PSL和管汇之间没有压力控制装置或节流装置。

②操作时最小操作压力为大气压。

③气体出口用不带截断阀或调节阀的适当的管线连接到下游设备，该设备由一个同时保护计量分离器的PSL保护。

（3）如果满足下列条件之一，则不用安装PSV：

①每个输入源由一个PSV保护，其设定压力不高于计量分离器的最大允许工作压力，并且在计量分离器上已安装一个PSV以保护火灾受热和热膨胀。

②每个输入源由一个PSV保护，其设定压力不高于计量分离器最大允许工作压力，其中至少有一个不会与计量分离器隔断开。

③下游设备上的PSV能满足计量分离器的泄压要求并且不会与计量分离器隔断开。

（二）溢流与泄漏保护

LSH能够切断分离器进料以避免计量分离器发生溢流。LSL传感器则能够切断计量分离器进料或关闭液体出口保护其免受气窜的影响。如果计量分离器内设有浸没式的加热元件，则LSL传感器还应能够切断燃料供应。

LSH传感器所处的位置应高于最高操作液位一段足够的距离以防止误关断，但在LSH传感器之上应有适当的容器空间以防止关断生效前发生溢流。LSL传感器所处的位置应低于最低操作液位一段足够的距离，以防止误关断，但在LSL传感器和液体出口之间应有适当液体空间以防止关断生效前发生气窜。在火管式加热设备中，LSH应位于火管之上。LSH和LSL传感器最好安装在容器外面，可以和容器隔断。这样就可以在不中断工艺系统的情况下测试这些装置。

（1）如果满足下列条件之一，则不用安装LSH：

①气体出口的下游设备不是火炬或放空系统，并且能安全地处理最大液体携带量。

②容器特性不要求处理已被分离的液相。

（2）如果满足下列条件之一，则不用安装LSL：

①容器中液位不是自动维持，并且容器没有承受超温的浸没式加热元件。

②液体出口的下游设备可以安全地处理能通过液体出口排放的最大气体流量，计量

分离器中没有承受超温的浸没式加热元件。在排出管线上的节流装置可以用来限制气体流量。

(三) 超温保护

如果计量分离器需要加热，则应安装 TSH 传感器，以便工艺流体超温时切断热源。如果热源不可能引起超温，则不用安装 TSH。

(四) 回流保护

如果发生泄漏事故时大量流体可能从下游设备回流，则应在每根气体和液体出口管线上安装止回阀（FSV）。如果满足下列条件之一，则不用安装 FSV：
（1）从下游设备可能回流的烃类物质的最大量可忽略不计。
（2）管线上的控制装置可以有效地减少回流。

三、闭排罐

闭排罐是计量站内用来收集排污液体的设备，可以理解为用于泄放的最后一级气体洗涤器。一般情况下，闭排罐均埋置于地下，靠液体的自流收集液体。

影响闭排罐的意外事件是超压、负压、溢流、气窜、泄漏和超温（如果容器被加热）。闭排罐的安全分析表和安全分析检查单可参考第三章第四节的压力容器或常压容器。图 4-9 为典型闭排罐推荐的安全装置。

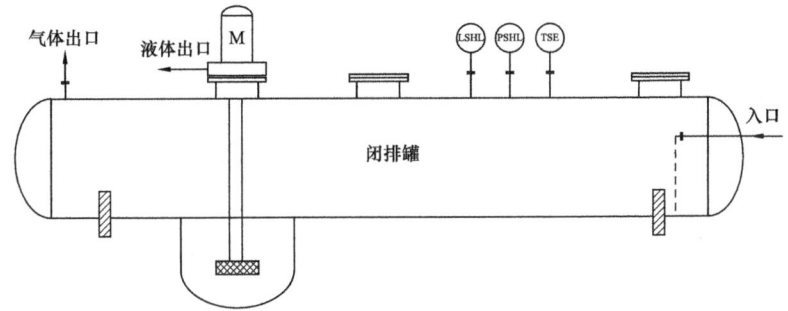

图 4-9 典型闭排罐推荐的安全装置

(一) 压力保护

（1）满足以下任一条件，闭排罐可以不安装 PSH：
① 其设计压力能承受最大积聚压力。
② 闭排罐配有适当的放空系统，且保证不会被切断。
（2）闭排罐通常在常压、微正压或由微正压变到常压下运行，通常在闭排罐入口提供锁定装置，保证入口不被切断，从而可以不安装 PSL。
（3）设计压力能承受最大积聚压力，且罐内部没有或气体出口没有阻碍物，如捕雾器、背压阀和阻火器时，闭排罐可不安装 PSV。

PSH 传感器和 PSV 安装的位置应能检测或泄放闭排罐气体的压力，这通常都在或接近计量分离器的顶部。然而，如果闭排罐到监测点的压降可忽略，并且这些安全装置不能与闭排罐隔离开，则这些装置可以安装在气体管线的出口上。这些安全装置与闭排罐隔离可能由外部（如气体出口阀门关闭）或内部（如捕雾器堵塞）原因引起。

（二）溢流与泄漏保护

LSH 能够及时启动闭排泵以避免闭排罐发生溢流，导致上游设备不能正常排污，影响上游设备的正常操作，或者是液体溢流到下游设备。LSL 传感器则能够切断闭排泵，以防止闭排泵发生气蚀。如果闭排罐内设有浸没式的加热元件，则 LSL 传感器还应能够切断能量来源的供应，防止加热元件干烧。

LSH 传感器所处的位置应低于容器顶部一段足够的距离，以防止满罐和溢流的发生。LSL 传感器所处的位置应低于最低操作液位一段足够的距离，以防止排出过多液体，从而防止闭排泵发生气蚀。如果闭排罐内设有浸没式的加热元件，则 LSL 传感器所处的位置还应高于加热元件一段距离，以避免干烧。一般情况下，LSH 和 LSL 传感器均安装在闭排罐外部，可以和闭排罐进行隔断。这样就可以在不中断工艺系统的情况下测试这些装置。

（1）如果满足下列条件之一，则不用安装 LSH：

① 气体出口的下游设备不是火炬或放空系统，并且能安全地处理最大液体携带量，且不影响上游设备的正常排污。

② 罐内液体可手动排放，且不影响上游设备的正常排污。

（2）如果满足下列条件之一，则不用安装 LSL：

① 容器中液位不是自动维持，并且容器没有承受超温的浸没式加热元件。

② 液体出口的下游设备可以安全地处理能通过液体出口排放的最大气体流量，罐内没有承受超温的浸没式加热元件。在排出管线上的节流装置可以用来限制气体流量。

（三）超温保护

如果闭排罐需要加热，则应安装 TSH 传感器，以便当工艺流体超温时它能切断热源。如果热源不可能引起超温，则不用安装 TSH。

（四）回流保护

如果发生泄漏事故时大量流体可能从下游设备回流，则应在每根气体和液体出口管线上安装止回阀（FSV）。如果满足下列条件之一，则不用安装 FSV：

（1）从下游设备可能回流的烃类物质的最大量可忽略不计。

（2）管线上的控制装置可以有效地减少回流。

第三节 转油站安全保护方案

一个典型转油站内的主要设施有收发球筒、进站管汇、计量分离器、生产分离器、外输泵、开闭排罐和火炬或放空管。下面对其安全保护方案进行分述。

一、进站管汇

转油站内的管汇主要接收来自计量站的流体，很多时候还同时接收附近油井来的流体，并把这些产出流体分配到所要求的工艺系统中，即计量设施和生产设施。影响进站管汇的意外事件是超压和泄漏。管汇的安全分析表及安全分析检查单参见第三章第四节。

通常情况下，应在能检测整个管汇压力的地方安装压力安全装置 PSH 和 PSL 传感器或 PSV。如果管汇的各段压力不同，则每段应有所需要的保护装置。如果管汇需要 PSH 和 PSL 传感器，传感器来的信号应能关断所有进入管汇的输入源。

（1）如果满足下列条件之一，则不用安装 PSH：

① 每个输入源都安装 PSH，PSH 的设定压力小于管汇的最大允许工作压力。

② 管汇由下游的 PSH 保护，并且不能和管汇隔离开。

（2）如果每个输入源都由 PSL 保护，并且在 PSL 和管汇之间没有压力控制装置或节流装置，则不用安装 PSL。

（3）如果满足下列条件之一，则不用安装 PSV：

① 管汇的最大允许工作压力大于任一接入井的最大关井压力。

② 在每个输入源都提供泄压保护，输入源的最大关闭压力小于管汇的最大允许工作压力。

③ 管汇由下游的 PSV 保护，PSV 不能和管汇隔离开。

④ 输入源是井口，井口压力大于管汇最大允许工作压力，井口安装两个由独立的 PSH 控制的 SDV（其中一个可以是 SSV），PSH 与隔离继电器和检测点相接。压力大于管汇最大允许工作压力的其他输入源由 PSV 保护。

图 4-10 为典型管汇推荐的安全装置。

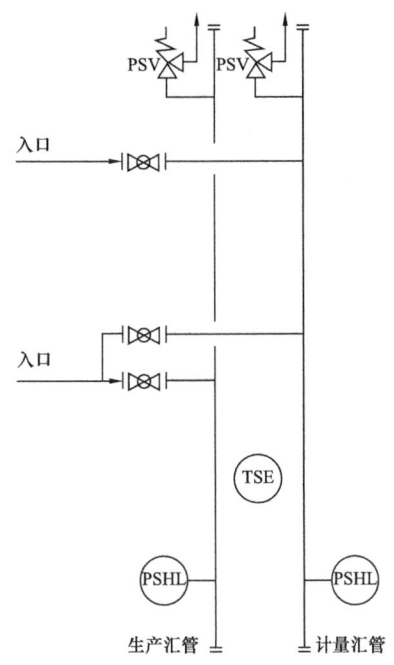

图 4-10 典型管汇推荐的安全装置
注：TSE 为符号，不反映实际的位置和数量。

二、计量分离器

如果转油站还接收附近油井来液，则需要设置计量分离器。影响计量分离器的意外事件是超压、负压、溢流、气窜、泄漏和超温（如果容器被加热）。计量分离器的安全分析表和安全分析检查单可参考第三章第四节的压力容器或常压容器。

（一）压力保护

计量分离器接收来自井口的压力流体，如引起超压，则由 PSH 传感器提供保护，及时切断容器的进口流。当计量分离器泄漏大到足够使计量分离器降压时，PSL 传感器检测到设定值并切断容器的进口流体。PSV 则在 PSH 失效时对计量分离器进行泄压。

如果计量分离器可能承受负压，则计量分离器应安装补气系统，以使计量分离器维持合适的压力状态。

PSH 和 PSL 传感器及 PSV 安装的位置应能检测或泄放计量分离器气体的压力，这通常都在或接近计量分离器的顶部。然而，如果计量分离器到监测点的压降可忽略，并且这些安全装置不能与计量分离器隔离，则这些装置可以安装在气体管线的出口上。这些安全装置与计量分离器隔离可能由外部（如气体出口阀门关闭）或内部（如捕雾器堵塞）原因引起。

（1）如果满足下列条件之一，则不用安装 PSH：

① 计量分离器上游流体产生的最大压力不可能大于计量分离器的最大允许工作压力。

② 每个输入源都安装了 PSH，PSH 的设定压力小于计量分离器的最大允许工作压力。

③ 气体出口用不带截断阀或调节阀的合适管线连接到下游设备，该设备由一个同时保护计量分离器的 PSH 保护。

④ 计量分离器在常压下操作并有适当的放空系统。

（2）如果满足下列条件，则不用安装 PSL：

① 每个输入源都已由 PSL 保护，并且在 PSL 和管汇之间没有压力控制装置或节流装置。

② 操作时最小操作压力为大气压。

③ 气体出口用不带截断阀或调节阀的适当的管线连接到下游设备，该设备由一个同时保护计量分离器的 PSL 保护。

（3）如果满足下列条件之一，则不用安装 PSV：

① 每个输入源由一个 PSV 保护，其设定压力不高于计量分离器的最大允许工作压力，并且在计量分离器上已安装一个 PSV 以保护火灾受热和热膨胀。

② 每个输入源由一个 PSV 保护，其设定压力不高于计量分离器最大允许工作压力，其中至少有一个不会与计量分离器隔断。

③ 下游设备上的 PSV 能满足计量分离器的泄压要求并且不会与计量分离器隔断。

（二）溢流与泄漏保护

LSH 能够切断容器的进口流体以保护计量分离器，避免发生溢流。LSL 传感器则能够切断计量分离器的进口流体或关闭液体出口保护其免受气窜的影响。如果计量分离器内设有浸没式的加热元件，则 LSL 传感器还应能切断燃料供应。

LSH 传感器所处的位置应高于最高操作液位一段足够的距离，以防止误关断，但在 LSH 传感器之上应有适当的容器空间以防止关断作用生效前发生溢流。LSL 传感器所处的位置应低于最低操作液位一段足够的距离，以防止误关断，但在 LSL 传感器和液体出口之间应有适当的液体空间以防止关断作用生效前发生气窜。在火管式加热设备中，LSH 应位于火管之上。LSH 和 LSL 传感器最好安装在容器外面，可以和容器隔断。这样就可以在不中断工艺系统的情况下测试这些装置。

（1）如果满足下列条件之一，则不用安装 LSH：
① 气体出口的下游设备不是火炬或放空系统，并且能安全地处理最大液体携带量。
② 容器的特性不要求处理已被分离的液相。
（2）如果满足下列条件之一，则不用安装 LSL：
① 容器中液位不是自动维持，并且容器没有承受超温的浸没式加热元件。
② 液体出口的下游设备可以安全地处理能通过液体出口排放的最大气体流量，计量分离器中没有承受超温的浸没式加热元件。在排出管线上的节流装置可以用来限制气体流量。

（三）超温保护

如果计量分离器需要加热，则应安装 TSH 传感器，以便当工艺流体超温时它能切断热源。如果热源不可能引起超温，则不用安装 TSH。

（四）回流保护

（1）如果发生泄漏事故时大量流体可能从下游设备回流，则应在每条气体和液体出口管线上安装止回阀（FSV）。
（2）如果满足下列条件之一，则不用安装 FSV：
① 从下游设备可能回流的烃类物质的最大量可忽略不计。
② 管线上的控制装置可以有效地减少回流。
图 4-11 和图 4-12 为典型计量分离器推荐的安全装置。

三、生产分离器

生产分离器是转油站内的重要设备，通常用于气液两相流的分离。影响生产分离器的意外事件是超压、负压、溢流、气窜、泄漏和超温（如果容器被加热）。生产分离器的安全分析表和安全分析检查单可参考第三章第四节的压力容器或常压容器。

生产分离器接收来自计量站和（或）井口的压力流体，如引起超压，则由 PSH 传感器提供保护，及时切断容器的进口流。当生产分离器泄漏大到足够使生产分离器降压时，PSL 传感器检测到设定值并切断容器的进口流体。PSV 则在 PSH 失效时对生产分离器进行泄压。如果生产分离器可能承受把它挤毁的负压，则生产分离器应安装气体补给系统，它可以使生产分离器维持合适的压力状态。

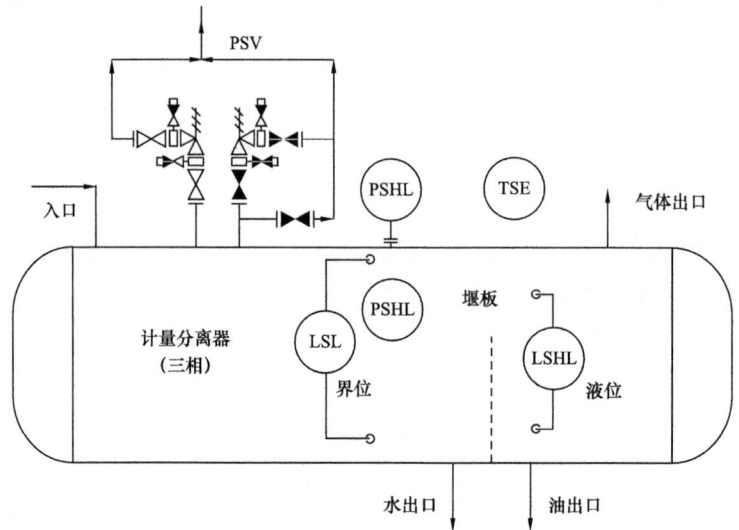

图 4-11　典型计量分离器推荐的安全装置（三相）

注 1：TSE 为符号，不反映实际的位置和数量。
注 2：如果计量分离器需要加热，必须安装 TSH。

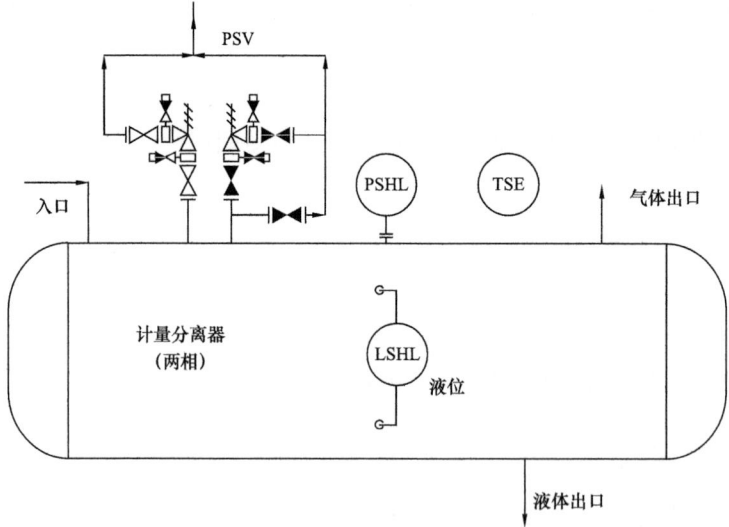

图 4-12　典型计量分离器推荐的安全装置（两相）

注 1：TSE 为符号，不反映实际的位置和数量。
注 2：如果计量分离器需要加热，必须安装 TSH。

（一）压力保护

PSH 和 PSL 传感器及 PSV 安装的位置应能检测或泄放生产分离器气体的压力，这通常都在或接近生产分离器的顶部。然而，如果生产分离器到监测点的压降可忽略，并且这些安全装置不能与生产分离器隔离，则这些装置可以安装在气体管线的出口上。这些安全装置与生产分离器隔离可能由外部（如气体出口阀门关闭）或内部（如捕雾器堵塞）原因引起。

（1）如果满足下列条件之一，则不用安装 PSH：

① 生产分离器上游流体产生的最大压力不可能大于生产分离器的最大允许工作压力。

② 每个输入源都安装了 PSH，PSH 的设定压力小于生产分离器的最大允许工作压力。

③ 气体出口用不带截断阀或调节阀的合适管线连接到下游设备，该设备由一个同时保护生产分离器的 PSH 保护。

④ 生产分离器在常压下操作并有适当的放空系统。

（2）如果满足下列条件，则不用安装 PSL：

① 每个输入源都由 PSL 保护，并且在 PSL 和管汇之间没有压力控制装置或节流装置。

② 操作时最小操作压力为大气压。

③ 气体出口用不带截断阀或调节阀的适当的管线连接到下游设备，该设备由一个同时保护计量分离器的 PSL 保护。

（3）如果满足下列条件之一，则不用安装 PSV：

① 每个输入源由一个 PSV 保护，其设定压力不高于生产分离器的最大允许工作压力，并且在生产分离器上已安装一个 PSV 以保护火灾受热和热膨胀。

② 每个输入源由一个 PSV 保护，其设定压力不高于生产分离器最大允许工作压力，其中至少有一个不会与生产分离器隔断开。

③ 下游设备上的 PSV 能满足生产分离器的泄压要求并且不会与生产分离器隔断开。

（二）溢流与泄漏保护

LSH 能够切断容器的进口流体以保护生产分离器，避免发生溢流。LSL 传感器则能够切断生产分离器的进口流体或关闭液体出口保护其免受气窜的影响。如果生产分离器内设有浸没式的加热元件，则 LSL 传感器还应能够切断燃料的供应。

LSH 传感器所处的位置应高于最高操作液位足够距离，以防止误关断，但在 LSH 传感器之上应有适当的容器空间以防止关断作用生效前发生溢流。LSL 传感器所处的位置应低于最低操作液位足够距离，以防止误关断，但在 LSL 传感器和液体出口之间应有适当液体空间以防止关断作用生效前发生气窜。在火管式加热设备中，LSH 应位于火管之上。LSH 和 LSL 传感器最好安装在容器外面，可以和容器隔断。这样就可以在不中断工艺系统的情况下测试这些装置。

（1）如果满足下列条件之一，则不用安装 LSH：

① 气体出口的下游设备不是火炬或放空系统，并且能安全地处理最大液体携带量。

② 容器的特性不要求处理已被分离的液相。

（2）如果满足下列条件之一，则不用安装 LSL：

① 容器中液位不是自动维持，并且容器没有承受超温的浸没式加热元件。

② 液体出口的下游设备可以安全地处理能通过液体出口排放的最大气体流量，生产分离器中没有承受超温的浸没式加热元件。在排出管线上的节流装置可以用来限制气体流量。

（三）超温保护

如果生产分离器需要加热，则应安装 TSH 传感器，以便当工艺流体超温时能切断热源。如果热源不可能引起超温，则不用安装 TSH。

（四）回流保护

（1）如果发生泄漏事故时大量流体可能从下游设备回流，则应在每条气体和液体出口管线上安装止回阀（FSV）。

（2）如果满足下列条件之一，则不用安装 FSV：

① 从下游设备可能回流的烃类物质的最大量可忽略不计。

② 管线上的控制装置可以有效地减少回流。

图 4-13 和图 4-14 为典型生产分离器推荐的安全装置。

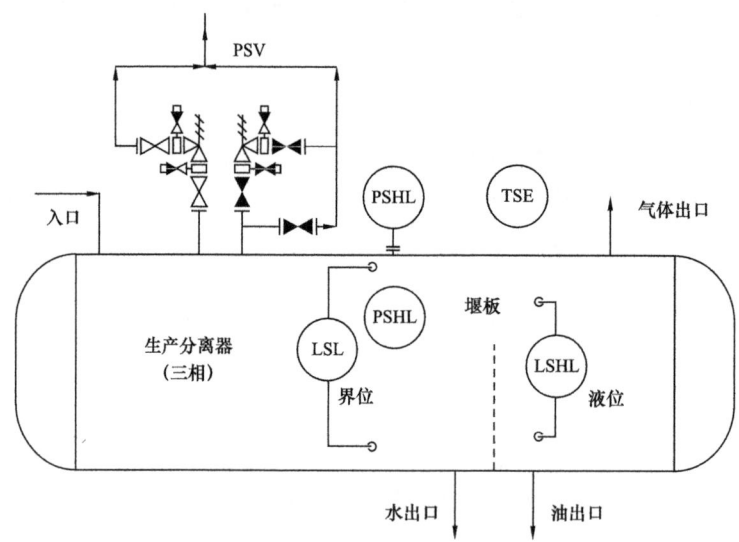

图 4-13　典型生产分离器推荐的安全装置（三相）

注1：TSE 为符号，不反映实际的位置和数量。

注2：如果生产分离器需要加热，必须安装 TSH。

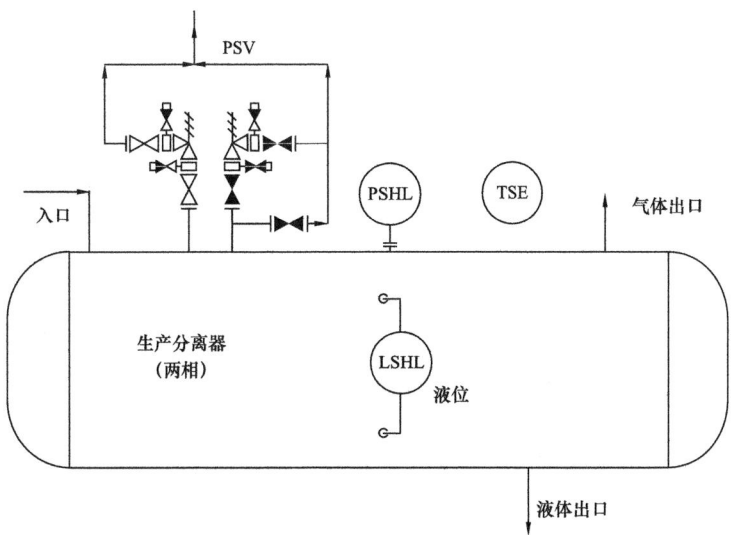

图 4-14 典型生产分离器推荐的安全装置（两相）

注 1：TSE 为符号，不反映实际的位置和数量。
注 2：如果计量分离器需要加热，必须安装 TSH。

第五章
集中处理站安全保护系统方案

经集输系统输送来的原油,在集中处理站内进行深度处理,主要包括原油分离、原油加热、原油电脱水、原油电脱盐、原油储存和合格油外输几大系统。随着环保标准的不断提升,生产出来的伴生气一般都经处理后增压并外输。

第一节 进站管汇

计量站内的管汇接收来自两个或多个井口产出的流体,并把这些产出流体分配到所要求的工艺系统中,即测试分离设施和生产管线。

影响管汇的意外事件是过压和泄漏。管汇的安全分析表见第三章第四节。通常情况下,应在能检测整个管汇压力的地方安装压力安全装置 PSH 和 PSL 传感器或 PSV。如果管汇的各段压力不同,则每段应有所需要的保护装置。如果管汇需要 PSH 和 PSL 传感器,传感器来的信号应能关断所有进入管汇的输入源。

(1)如果满足下列条件之一,则不用安装 PSH:

① 每个输入源都安装 PSH,PSH 的设定压力小于管汇的最大允许工作压力。

② 管汇由下游的 PSH 保护,并且不能和管汇隔离开。

(2)如果每个输入源都由 PSL 保护,并且在 PSL 和管汇之间没有压力控制装置或节流装置,则不用安装 PSL。

(3)如果满足下列条件之一,则不用安装 PSV:

① 管汇的最大允许工作压力大于任一相接井的最大关井压力。

② 在每个输入源都提供泄压保护,输入源的最大关闭压力大于管汇的最大允许工作压力。

③ 管汇由下游的 PSV 保护,PSV 不能和管汇隔离开。

④ 输入源是井口,井口压力大于管汇最大允许工作压力,井口安装两个由独立的 PSH 控制的 SDV(其中一个可以是 SSV),PSH 与隔离继电器和检测点相接。压力大于管汇最大允许工作压力的其他输入源由 PSV 保护。图 5-1 为典型管汇推荐的安全装置。

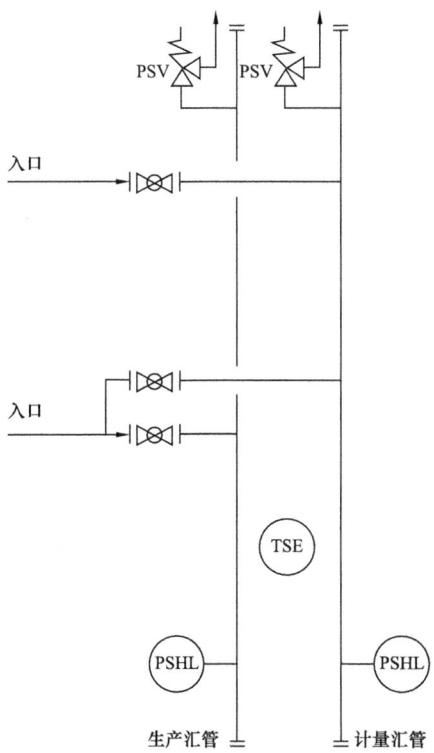

图 5-1 典型管汇推荐的安全装置

注：TSE 为符号，不反映实际的位置和数量。

第二节 生产分离器

生产分离器是转油站内的重要设备，通常用于气液两相流的分离。影响生产分离器的意外事件是过压、负压、溢流、气窜、泄漏和超温（如果容器被加热）。生产分离器的安全分析表见第三章第四节压力容器部分。

生产分离器接收来自计量站和（或）井口的压力流体，如引起过压，则由 PSH 传感器提供保护，及时切断容器的进口流。当生产分离器泄漏大到足够使生产分离器降压时，PSL 传感器检测到设定值并切断容器的进口流体。PSV 则在 PSH 失效时对生产分离器进行泄压。如果生产分离器可能承受把它挤毁的负压，则生产分离器应安装气体补给系统，它可以使生产分离器维持合适的压力状态。

一、压力保护

PSH 和 PSL 传感器及 PSV 安装的位置应能检测或泄放生产分离器气体的压力，这通常都在或接近生产分离器的顶部。然而，如果生产分离器到监测点的压降可忽略，并且这些安全装置不能与生产分离器隔离开，则这些装置可以安装在气体管线的出口上。这些安全装置与生产分离器隔离可能由外部（例如：气体出口阀门关闭）或内部（例如：捕雾器堵塞）原因引起。

（1）如果满足下列条件之一，则不用安装 PSH：

① 生产分离器上游流体产生的最大压力不可能大于生产分离器的最大允许工作压力。

② 每个输入源都安装了 PSH，PSH 的设定压力小于生产分离器的最大允许工作压力。

③ 气体出口用不带截断阀或调节阀的合适管线连接到下游设备，该设备由一个同时保护生产分离器的 PSH 保护。

④ 生产分离器在常压下操作并有适当的放空系统。

（2）如果满足下列条件的，则不用安装 PSL：

① 每个输入源都由 PSL 保护，并且在 PSL 和管汇之间没有压力控制装置或节流装置。

② 操作时最小操作压力为大气压。

③ 气体出口用不带截断阀或调节阀的适当的管线连接到下游设备，该设备由一个同时保护计量分离器的 PSL 保护。

（3）如果满足下列条件之一，则不用安装 PSV：

① 每个输入源由一个 PSV 保护，其设定压力不高于生产分离器的最大允许工作压力，并且在生产分离器上已安装一个 PSV 以保护火灾受热和热膨胀。

② 每个输入源由一个 PSV 保护，其设定压力不高于生产分离器最大允许工作压力，其中至少有一个不会与生产分离器隔断开。

③ 下游设备上的 PSV 能满足生产分离器的泄压要求并且不会与生产分离器隔断开。

二、溢流与泄漏保护

LSH 能够切断容器的进口流体以保护生产分离器发生溢流。LSL 传感器则能够切断生产分离器的进口流体或关闭液体出口保护其免受气窜的影响。如果生产分离器内设有浸没式的加热元件，则 LSL 传感器还应能够切断燃料的供应。

LSH 传感器所处的位置应高于最高操作液位一段足够的距离，以防止误关断，但在 LSH 传感器之上应有适当的容器空间以防止关断作用生效前发生溢流。LSL 传感器所处的位置应低于最低操作液位一段足够的距离，以防止误关断，但在 LSL 传感器和液体出口之间应有适当液体空间以防止关断作用生效前发生气窜。在火管式加热设备中，LSH 应位于火管之上。LSH 和 LSL 传感器最好安装在容器外面，可以和容器隔断。这样就可以在不中断工艺系统的情况下测试这些装置。

（1）如果满足下列条件之一，则不用安装 LSH：

① 气体出口的下游设备不是火炬或放空系统，并且能安全地处理最大液体携带量。

② 容器的特性不要求处理已被分离的液相。

（2）如果满足下列条件之一，则不用安装 LSL：

① 容器中液位不是自动维持，并且容器没有承受超温的浸没式加热元件。

② 液体出口的下游设备可以安全地处理能通过液体出口排放的最大气体流量，生产分离器中没有承受超温的浸没式加热元件。在排出管线上的节流装置可以用来限制气体流量。

三、超温保护

如果生产分离器需要加热，则应安装 TSH 传感器，以便当工艺流体超温时它能切断热源。如果热源不可能引起超温，则不用安装 TSH。

四、回流保护

如果发生泄漏事故时大量流体可能从下游设备回流，则应在每条气体和液体出口管线上安装止回阀（FSV）。如果满足下列条件之一，则不用安装 FSV：

（1）从下游设备可能回流的烃类物质的最大量可忽略不计。

（2）管线上的控制装置可以有效地减少回流。

图 5-2 与图 5-3 为典型生产分离器推荐的安全装置。

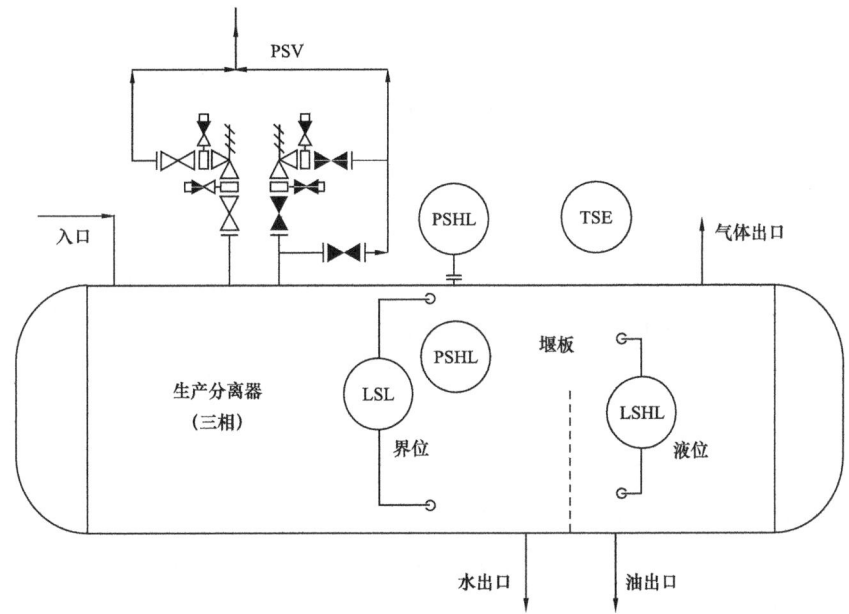

图 5-2 典型生产分离器推荐的安全装置（三相）

注1：TSE 为符号，不反映实际的位置和数量。
注2：如果生产分离器需要加热，必须安装 TSH。

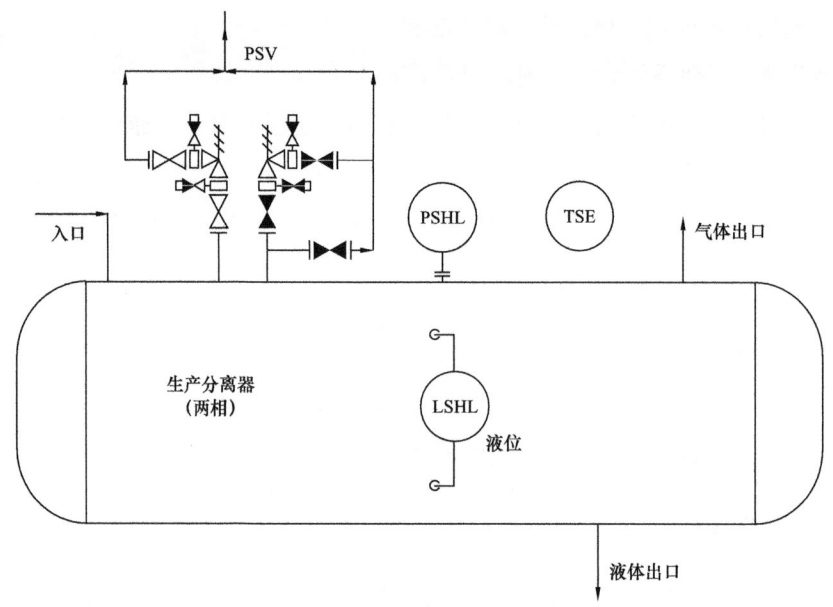

图 5-3　典型生产分离器推荐的安全装置（两相）

注 1：TSE 为符号，不反映实际的位置和数量。

注 2：如果计量分离器需要加热，必须安装 TSH。

第三节　换热器（管壳式）

换热器用来在两个相互隔离的流体间传递热能，是油田生产的重要设备，通常用于处理后热油和进站冷油之间的热交换。影响换热器的意外事件是过压和泄漏。换热器的安全分析见第三章第四节。

一、压力保护

换热器有两个受压部分，即受热部分和供热部分，在进行压力安全装置分析时，应单独分析，因为这两部分设计可能不同，对操作压力的要求也可能不同。如果某输入源可能引起过压，则换热器中接收该输入源的那一部分应由 PSH 传感器保护，以切断过压流体的流入。另外，如果换热器的某一部分会因另一部分的破裂或泄漏而导致过压，则可能导致过压的部分应由 PSV 保护，以切断过压流体的流入。换热器中包含烃类物质的部分应装设 PSL 传感器，以在泄漏大到足以降低压力时切断流入。

PSH、PSL 传感器和 PSV 应位于能对换热器的每个部分进行检测和泄压的位置上。如从换热器部分到检测点的压力降很小，并且这些安全装置与换热器部分始终贯通，则这些安全装置可以安装在进口或出口管线上。

（1）如果满足下列条件之一，则不用安装 PSH：

① 换热器这部分的输入源不会产生高于换热器该部分最高允许工作压力的压力。

② 每一输入源都有 PSH 保护，并且该 PSH 同时也保护换热器的这一部分。

③ 换热器下游设备上安装有 PSH，并且该 PSH 与换热器的这一部分不会因截断阀或调节阀而隔断。

（2）如果满足下列条件的，则不用安装 PSL：

① 工作时最低操作压力是大气压。

② 安装在其他设备上的 PSL 将对换热器这一部分提供必要的保护，并且在换热器工作时与该部分始终贯通。

（3）如果满足下列条件之一，则不用安装 PSV：

① 每一输入源都由 PSV 装置保护，其压力不超过换热器这一部分的最高允许操作压力；并且在换热器该部分上，为释放由于热膨胀和受火而产生的压力，安装了 PSV。

② 每一输入源都由 PSV 装置保护，其压力不超过换热器这一部分的最高允许操作压力，并且每一输入源应与换热器该部分始终贯通。

③ 下游设备上的 PSV 能满足换热器这一部分的释放要求，并且与换热器该部分始终贯通。

④ 换热器这一部分的输入源不会产生高于换热器该部分最高允许工作压力的压力，并且换热器的这一部分不会因其他部分的温度或压力而过压。

⑤ 每一输入源都由 PSV 装置保护，其压力不超过换热器这一部分的最高允许操作压力，并且换热器该部分不会因其他部分的温度或压力而过压。

二、超温保护

由于管壳式换热器的设计通常使其两部分均适应热介质的最高温度，因此一般在管壳式换热器上不需要 TSH。

图 5-4 为典型换热器推荐的安全装置。

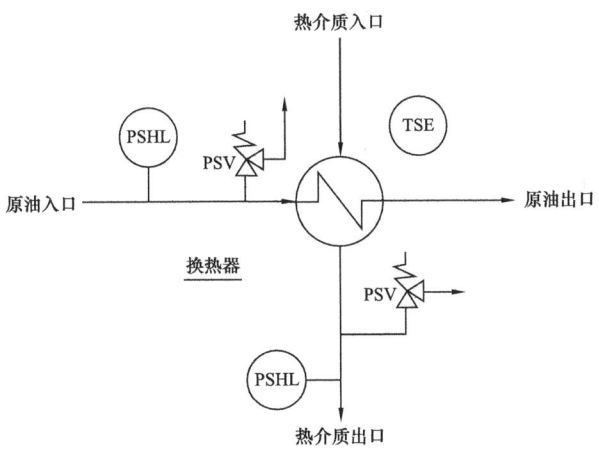

图 5-4　典型换热器推荐的安全装置

注：TSE 为符号，不反映实际的位置和数量。

第四节 加热设备

加热设备用来处理和加热烃类物质，加热设备的安全分析见第三章第四节。

一、温度安全装置（TSHH）

（1）加热设备中的介质或工艺流体温度应由 TSHH 传感器来监测以切断燃料供应和可燃流体流入。由 PSHH 传感器和 LSLL 传感器保护的蒸汽锅炉不需要安装 TSE 传感器，因为 PSHH 传感器可以检测由高温引起的高压，LSLL 传感器可以检测能引起高温的低液位状态。对于常压操作的间接水浴加热器，通常不需要设置 TSHH 传感器来监测介质或工艺流体的温度，因为水浴水的沸点限制了介质的最高温度。

（2）在封闭的传热系统中，可燃介质在位于燃烧室的盘管中循环，可燃介质的流动在燃烧室变冷前不能切断。如果在该区域发生了不能控制的火灾或介质从封闭系统中逸出，那么 ESD 系统和易熔塞回路应立即切断介质流动。

二、流动安全装置（FSL 和 FSV）

如果燃料介质在燃烧室盘管中循环，介质的流量应由自 FSL 传感器来监测以切断加热设备的燃料供应。在这种形式的设备中，在被位于加热器外边的 TSHH 传感器（安装在介质管线上）检测出以前，介质可能产生高温状态。在其他形式的加热容器中，不需要 FSL 传感器，因为传感器（安装在介质管线上）位于介质段，它能迅速检查到高温状态。止回阀（FSV）应安装在盘管出口管线上，以防止在盘管破裂时介质回流进入燃烧室或加热室。

三、压力安全装置（PSHH，PSLL 和 PSV）

燃料供应管线的压力应由 PSHH 传感器来监测以切断燃烧器的燃料供应。在自然通风燃烧器中不需要 PSLL 传感器，因为进风压力较低。位于管式加热器或烟道气加热室中的流体盘管应由 PSV 来保护，以防止介质或工艺流体膨胀造成的过压。

四、引燃安全装置

（1）自然通风燃烧器的进风口应安装阻火器，以防止火焰进入进风口。

（2）自然通风燃烧器的烟道上必须安装烟道阻火器，以防止火花射出。如果加热设备除燃料外不处理可燃物质，并且位于隔离区域，则不需要安装阻火器。如果被加热流体是易燃的或燃烧器的排放压力在换热部分出口处低于流体的压力（压头），则需要安装烟道阻火器。

（3）燃烧室中的火焰应由 BSLL 或 TSLL 传感器来监测，它检测到火焰不足时立即引燃进入燃烧室的可燃物质并切断燃料供应。

推荐的加热设备安全装置如图 5-5 所示。

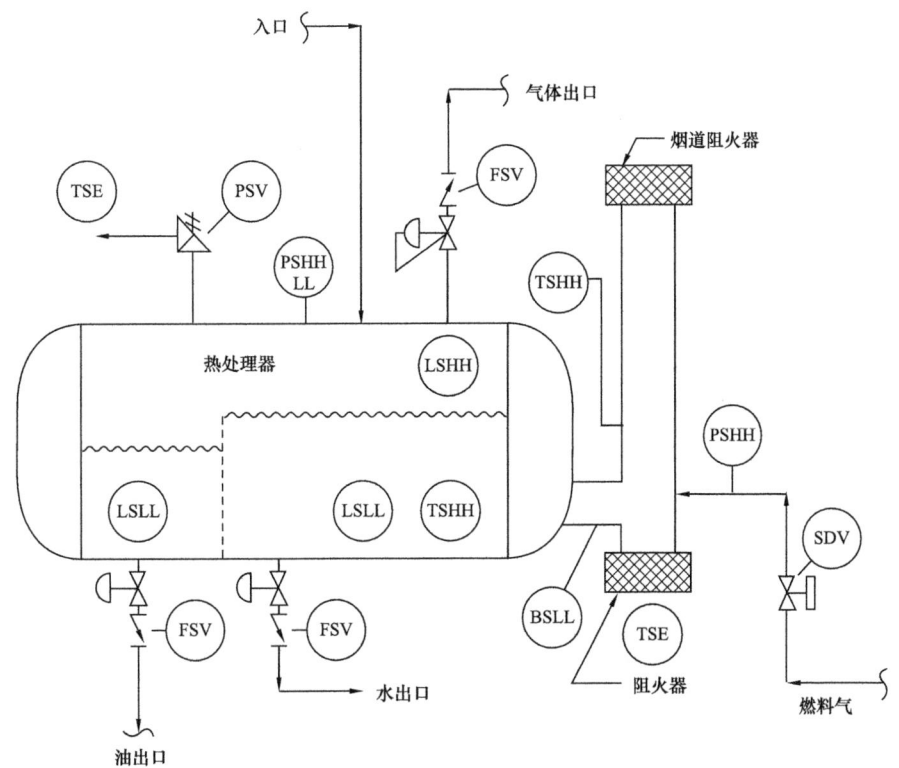

图 5-5　典型加热设备推荐的安全装置
注1：TSE 为符号，不反映实际的位置和数量。
注2：容器部分应根据前面相应分析确定。

第五节　增　压　泵

由于地层压力受限或者是出于原油产量的考虑，很多时候，井流物进入集中处理站内时，压力控制在 0.5MPa（表压）左右，这样，原油经过两级分离之后，还需要设置增压泵，以满足下游的压力需求。

影响增压泵的意外事件是过压和泄漏。增压泵的安全分析表见第三章第四节。

增压泵用于原油处理级间的增压，如引起过压，则由 PSH 传感器提供保护，及时切断进流并关泵。如果泵下游管线发生泄漏而引起压力下降，则由 PSL 传感器提供保护，及时关泵。PSV 则在 PSH 失效时进行泄压以保护增压泵和下游管线。

泵排出管线上应设止回阀（FSV），以将回流降至最低限度。

PSH 和 PSL 传感器应位于泵排出管线的 FSV 或任何截断阀的上游。PSV 应位于泵排出管线上的任何截断阀的上游。SDV 应设置在靠近分离器出口端的位置，以防止在下游管道上出现泄漏时原油经增压泵流入下游管道。

（1）如果满足下列条件之一，则不用安装 PSH：

① 增压泵的最高排放压力不超过排出管线最高允许工作压力的 70%。

② 增压泵是由人工操作，并处于连续监视之下。

（2）如果满足下列条件的，则不用安装 PSL：

① 增压泵为人工操作，并处于连续监视之下。

② 具有良好的泄漏物收集和排放系统。

（3）如果满足下列条件之一，则不用安装 PSV：

① 增压泵最高排出压力低于排出管线最高允许工作压力。

② 增压泵具有内部泄压的能力。

在任何情况下，增压泵的出口均应安装 FSV。

图 5-6 为典型增压泵推荐的安全装置。

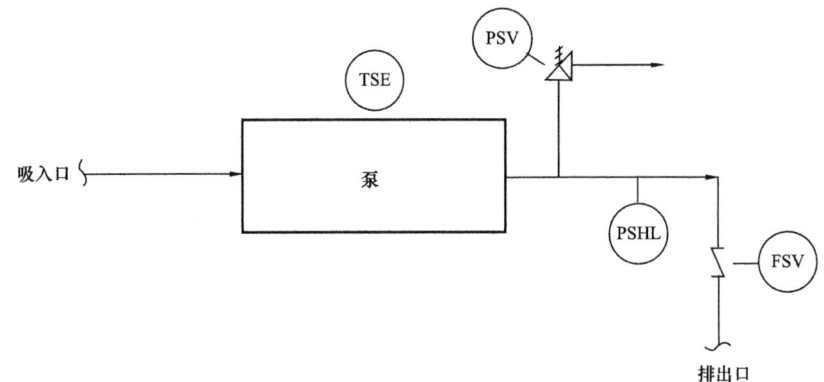

图 5-6　典型增压泵推荐的安全装置

注：TSE 为符号，不反映实际的位置和数量。

第六节　电脱水／电脱盐器

电脱水（盐）设备是国际流行的深度脱水、脱盐设备，原油在经过一二级分离器初级脱水之后进入两级电脱水（盐）设备进行深度脱盐，从而使处理后原油达到合格油指标。

电脱水（盐）器借助外加的高压电场和破乳剂的双重作用，在一定温度下，脱除原油中的乳化水。电脱水（盐）器内部悬挂有电极板，通过外加电流在电极板间及其周围产生高低压电场，从而使得乳化水发生电泳、聚合，直至分离。

电脱水（盐）器一般为满罐操作，禁止在其内分离气体。影响电脱水（盐）器的意外事件是过压、负压、溢流、泄漏和超温（如果容器被加热）。电脱水（盐）器的安全分析表见第三章第四节压力容器。

一、压力保护

如引起过压,电脱水(盐)器则由 PSH 传感器提供保护,及时切断容器的进口流体。当电脱水(盐)器泄漏大到足够使生产分离器降压时,PSL 传感器检测到设定值并切断容器的进口流体。PSV 则在 PSH 失效时对电脱水(盐)器进行泄压。

PSH 和 PSL 传感器及 PSV 安装的位置应能检测或泄放电脱水(盐)器内液体的压力,这通常都在或接近电脱水(盐)器的顶部。然而,如果电脱水(盐)器到监测点的压降可忽略,并且这些安全装置不能与电脱水(盐)器隔离开,则这些装置可以安装在原油出口管线上。这些安全装置与电脱水(盐)器隔离可能由外部(例如:原油出口阀门关闭)原因引起。

(1)如果满足下列条件之一,则不用安装 PSH:

① 电脱水(盐)器上游流体产生的最大压力不可能大于电脱水(盐)器的最大允许工作压力。

② 每个输入源都安装了 PSH,PSH 的设定压力小于电脱水(盐)器的最大允许工作压力。

③ 气体出口用不带截断阀或调节阀的合适管线连接到下游设备,该设备由一个同时保护电脱水(盐)器的 PSH 保护。

④ 电脱水(盐)器在常压下操作并有适当的放空系统。

(2)如果满足下列条件的,则不用安装 PSL:

① 每个输入源都由 PSL 保护,并且在 PSL 和管汇之间没有压力控制装置或节流装置。

② 操作时最小操作压力为大气压。

③ 原油出口用不带截断阀或调节阀的适当的管线连接到下游设备,该设备由一个同时保护电脱水(盐)器的 PSL 保护。

(3)如果满足下列条件之一,则不用安装 PSV:

① 每个输入源由一个 PSV 保护,其设定压力不高于电脱水(盐)器的最大允许工作压力,并且在电脱水(盐)器上已安装一个 PSV 以保护火灾受热和热膨胀。

② 每个输入源由一个 PSV 保护,其设定压力不高于电脱水(盐)器最大允许工作压力,其中至少有一个不会与电脱水(盐)器隔断开。

③ 下游设备上的 PSV 能满足电脱水(盐)器的泄压要求并且不会与电脱水(盐)器隔断开。

二、溢流与泄漏保护

与生产分离器不同的是,电脱水(盐)器要求满罐操作,因此不需要安装 LSH。其在操作时,要求电极完全浸没在油水界位上部液体中,因此需要安装 LSL,以对液位进行实时监测,一旦液位降低,就需要切断电机,以免击穿电极。

LSL 传感器所处的位置应低于容器顶部一段距离,这段距离需要和供货商共同确定。LSL 传感器最好安装在容器外面,可以和容器隔断,这样就可以在不中断工艺系统的情况下测试这些装置。

三、超温保护

如果电脱水(盐)器需要加热,则应安装 TSH 传感器,以便当工艺流体超温时能切断热源。如果热源不可能引起超温,则不用安装 TSH。

图 5-7 为典型电脱水(盐)器推荐的安全装置。

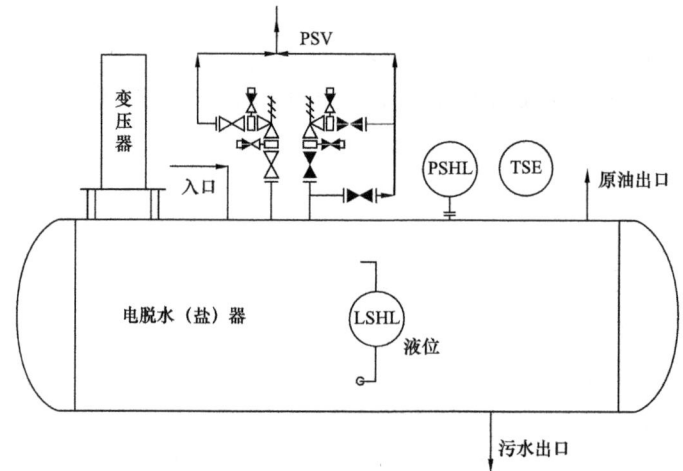

图 5-7 典型电脱水(盐)器推荐的安全装置
注 1:TSE 为符号,不反映实际的位置和数量。
注 2:如果电脱水(盐)器需要加热,必须安装 TSH。

第七节 外 输 泵

外输泵用于将处理后的合格原油从工艺系统送入外输管道。影响外输泵的意外事件是过压和泄漏。外输泵的安全分析表见第三章第四节。

一、压力保护

外输泵用于原油外输的增压,如引起过压则由 PSH 传感器提供保护,及时切断进流并关泵。如果泵下油管线发生泄漏而引起压力下降,则由 PSL 传感器提供保护,及时关泵。PSV 则在 PSH 失效时进行泄压以保护外输泵和下游管线。

泵排出管线上应设止回阀(FSV),以将回流降至最低限度。

PSH 和 PSL 传感器应位于泵排出管线的 FSV 或任何截断阀的上游。PSV 应位于泵排出管线上的任何截断阀的上游。在向外输泵供给产品的储存设备（如罐）上，SDV 应靠近其出口端设置，以防止在外输管道上出现泄漏时原油经外输泵流入外输管道。

（1）如果满足下列条件之一，则不用安装 PSH：
① 外输泵的最高排放压力不超过排出管线最高允许工作压力的 70%。
② 外输泵为人工操作，并处于连续监视之下。
（2）如果满足下列条件的，则不用安装 PSL：
① 外输泵为人工操作，并处于连续监视之下。
② 具有良好的泄漏物收集和排放系统。
（3）如果满足下列条件之一，则不用安装 PSV：
① 外输泵最高排出压力低于排出管线最高允许工作压力。
② 外输泵具有内部泄压的能力。

二、回流保护

在任何情况下，外输泵的出口均应安装 FSV。
图 5-8 为典型外输泵推荐的安全装置。

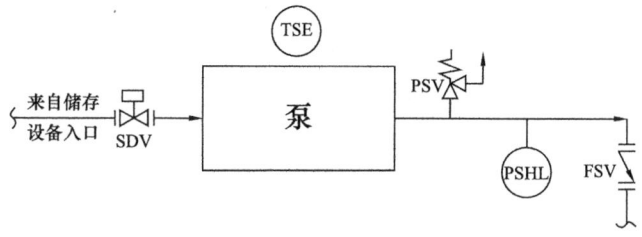

图 5-8　典型外输泵推荐的安全装置
注：TSE 为符号，不反映实际的位置和数量。

第八节　原 油 储 罐

原油储罐属于常压容器，用来储存合格原油。有时候需要对原油储罐进行加热以维持某个温度。这里仅讨论热输入对原油储罐处理段的影响。

影响原油储罐的意外事件是过压、负压、溢流、泄漏和超温（如果容器被加热）。原油储罐的安全分析表见第三章第四节常压容器。

一、压力保护

原油储罐应由合适尺寸的放空系统来保护，以防止过压和负压。API Std 2000 *Venting atmospheric and low-pressure storage tanks* 可用来作为计算放空系统尺寸的指南。在放空系统中应安装阻火器以防止回火。一旦形成超压，则由 PSH 传感器提供保护，及时切断容器的进口流。当原油储罐泄漏大到足够使其降压时，PSL 传感器检测到设定值并切断容器的进口流体。PSV 则在 PSH 失效时对原油储罐进行泄压。

放空和 PSV 应位于常压容器的顶部（蒸汽段的最高可能位置上）。满足下列条件，可不安装 PSV：

（1）容器有能够处理最大气体量的第二级放空系统。

（2）原油储罐设计成了不可能发生挤毁的压力容器，在常压下操作并安装有合适尺寸的放空系统。

（3）原油储罐没有压力源（补气和/或手动排放除外），并安装有合适尺寸的放空系统。

二、溢流与泄漏保护

原油储罐应由 LSH 传感器提供保护，以切断进口流体并防止液体溢流。如果原油储罐中装有承受超温的浸没式加热元件，应安装 LSL 传感器，以便切断热源。应由 LSL 传感器切断进口流体以防止泄漏，除非原油储罐中的液位不是自动维持的。当液体的正常输入可能妨碍传感器的泄漏检测时，使用泄漏物收集和排放系统收集泄漏液体比低液位传感器好。

LSH 传感器所处的位置应高于最高操作液位一段足够的距离以防止误关断，但在 LSH 传感器之上要留有适当的容器空间以接纳关断期间流入的液体。LSL 传感器所处的最低位置应低于最低操作液位一段足够的距离，以避免误关断。在火管加热的设备中，LSL 应位于火管之上。LSH 和 LSL 传感器最好安装在容器的外边，以便于测试时不中断工艺系统运行。然而，如果固体沉积或泡沫使外部的安全装置产生污垢或错误指示，则液位传感器可以直接设在容器内。

（1）如果满足下列条件之一，则不用安装 LSH：

① 液体流入时有操作人员连续监测。

② 溢流可输入或储存在其他工艺设备中。

（2）如果满足下列条件之一，则不用安装 LSL：

① 已安装合适的泄漏物收集和排放系统。

② 原油储罐中的液位不是自动维持，并且罐中没有承受超温的浸没式加热元件。

③ 原油储罐是泄漏物收集和排放系统中的最终容器，泄漏物收集和排放系统的设计是用于收集原油并将其排放到安全的地方。

三、超温保护

如果常压容器需要加热，应安装 TSH 传感器，当工艺流体超温时它可以切断热源。温度传感器，除易熔型或表面接触型外，应安装在热偶套管中，以便于取出和测试。热偶套管应安装在操作者易于接近的地方，并使其能一直浸没在热流体中。

如果热源不可能引起超温，则不用安装 TSH。

图 5-9 为典型原油储罐推荐的安全装置。

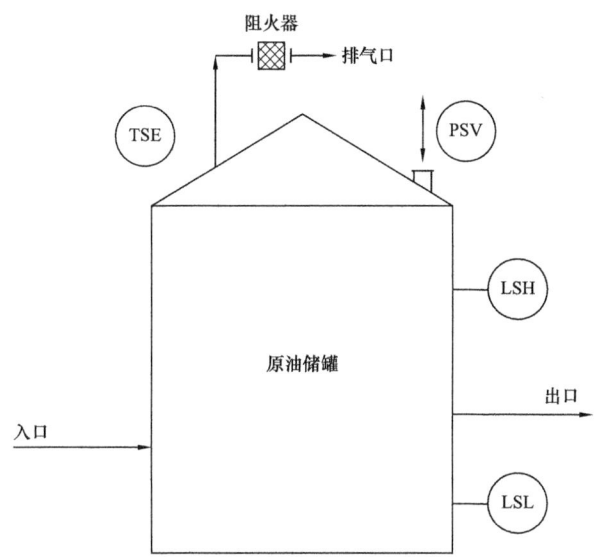

图 5-9　典型原油储罐推荐的安全装置

注 1：TSE 为符号，不反映实际的位置和数量。
注 2：在放空管线上可设置压力和 / 或真空泄放装置。
注 3：可安装第二条放空管线以代替压力—真空释放装置。

第九节　压　缩　机

压缩机组用于在生产工艺系统内部输送气态烃，压缩机和原动机通常装备有防止机械损坏的装置。过压、泄漏和超温是影响压缩机正常运行的意外事件。压缩机的安全分析表见第三章第四节。

（1）压力安全装置（PSH、PSL 和 PSV）。压缩机组每一吸入管线上都应安装 PSH 和 PSL 传感器，除非每一个输入源都有 PSH、PSL 传感器保护，并且同时也能保护压缩机。压缩机每一排出管线上也都应安装 PSH 和 PSL 传感器。PSH 和 PSL 传感器应切断压缩机所有工艺输入管线和燃料气管线。压缩机每一吸入管线上都应安装 PSV，除非每一个输入源都有 PSV 保护，并且同时也能保护压缩机。压缩机每条出口管线上也都应安装 PSV。如果压缩机为动能型的，并且不可能产生超过压缩机或排出管线最高允许工作压力的压力，则在压缩机出口上无须安装 PSV。

（2）流动安全装置（FSV）。每条最终的排出管线上都应装设止回阀（FSV），以将回流降至最低限度。

（3）气体探测装置（ASH）。如果压缩机组安装在通风不良的建筑物或围墙内，应装设气体探测装置（ASH），以切断所有工艺输入管线和燃料气管线，并使压缩机放空。

（4）温度安全装置（TSH）。应安装 TSH 传感器以保护所有压缩机气缸和机壳。TSH 传感器应切断所有工艺输入管线和燃料气管线。

图 5-10 为典型伴生气压缩机推荐的安全装置。

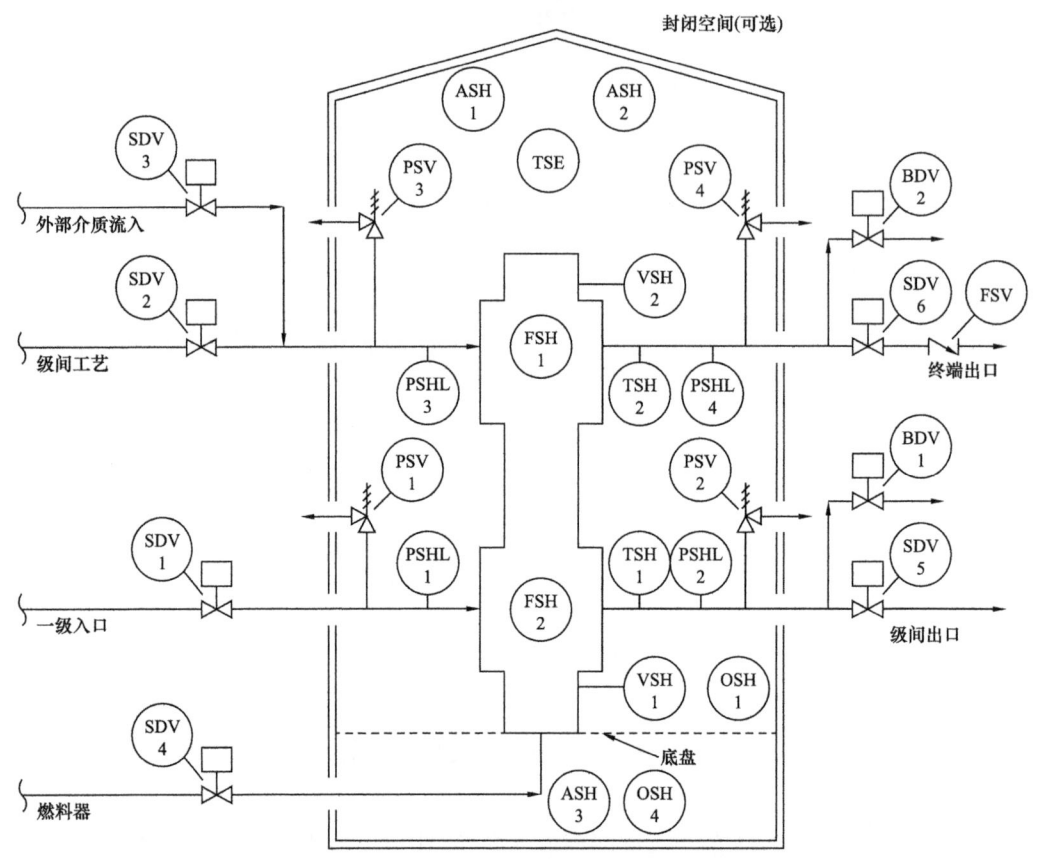

图 5-10　典型伴生气压缩机推荐的安全装置

注 1：TSE 仅为符号，不反映实际位置和数量。

注 2：如果压缩机没有被安放在封闭建筑物内，则无须 ASH1 和 ASH2 和 OSH1 和 OSH2。

注 3：如果压缩机在坚固的底层下不设管线或无其他潜在漏气源，则无须 ASH3。

第六章

安全阀的设计与计算

安全阀是一种自动阀门,它不借助任何外力,而利用介质本身的力来排出额定数量的流体,以防止压力超过额定的安全值。当压力恢复正常后,阀门再行关闭并阻止介质继续流出。

对安全阀的描述在国际上多遵循美国的 ASME 标准,在该标准中"安全阀"仅指用于蒸气或气体工况的泄压设施,"泄放阀"主要用于不可压缩流体,"安全泄压阀"表示包含安全阀、泄压阀、安全泄压阀在内的全部泄压设施。本节仍按现行的国家标准来命名,以安全阀代表 ASME 的安全泄压阀的全部含义。

本节所介绍的安全阀选用内容,仅适用于石油化工企业,用于保护压力容器和管道不出现超压事故,不适用于其他行业的压力容器及管道的保护。

有关安全阀的专业名词主要有:

(1)实际排放面积:实际排放面积是实际测定的决定阀门流量的最小净面积。

(2)有效排放面积:有效排放面积不同于实际排放面积,它是介质流经安全阀的名义面积或计算面积,用于确定安全阀排量的流量计算公式中。

(3)积聚:在安全阀泄放过程中,超过容器的最大允许工作压力(当压力容器的设计文件没有给出最大允许工作压力时,则可认为该容器的设计压力即最大允许工作压力)的值,用压力单位或百分数表示。

(4)背压:是指由于泄放系统有压力而存在于安全阀出口处的压力。背压有固定的和变化的两种形式。背压是附加背压和积聚背压之和。

(5)附加背压:是指当安全阀启动时,存在于安全阀出口的静压,它是由于其他阀排放而造成的压力。

(6)积聚背压:泄压阀打开后由于流动使泄放主管中增加的压力。

(7)设定压力:又称动作压力,是指压力泄放设施在运行工况下打开时的入口压力。

(8)最大允许工作压力:是指在设计温度下,容器顶部所允许承受的最大压力。此压力基于设备计算中的正常厚度、金属腐蚀裕度、负载和压力。最大允许工作压力是设定安全阀压力保护设备的基础。

(9)超压:超过安全阀设定压力的压力,用压力单位或百分数表示。它与容器设定的最大允许工作压力时的积聚一样，假设安全阀入口没有管路损失。

（10）安全阀的泄放压力：安全阀的阀芯升到最大高度后阀入口处的压力。泄放压力等于设定压力加超压。

（11）安全阀的回座压力：安全阀起跳后，随着被保护系统内压力的下降，阀芯重新回到阀座时的压力。

第一节　安全阀的分类

本书所涉及的安全阀皆为 ASME BPVC Section Ⅷ 中的安全元件，主要包括常规安全阀、波纹管式安全阀和先导式安全阀。各类安全阀在油田地面工程中根据背压进行选用。

按照 API Std 521 *Pressure-relieving and depressuring systems* 的推荐，对不同型式安全阀的最大背压要求如下：

（1）常规式安全阀：最大背压为设定压力的 10%。

（2）平衡式安全阀：最大背压为设定压力的 30%。

（3）先导式安全阀：最大背压为设定压力的 50%。

安全泄压阀的背压应根据放空工况，在放空管网中进行综合计算。

一、常规式安全阀

常规式安全阀是由弹簧作用的安全阀，其定压由弹簧控制。由阀瓣和阀座组成密封面，阀瓣与阀杆相连，阀杆的总位移量必须满足阀门从关闭到全开的要求。安全阀的整定压力主要是通过调整螺栓改变弹簧压力来调整。当安全阀的进口压力小于定压时，安全阀是关闭的；当安全阀进口的压力大于或等于定压时，系统的压力能够平衡安全阀弹簧的力，阀瓣开始慢慢打开，介质开始慢慢释放；随着阀瓣的打开，介质产生的压力作用到阀瓣更大的面积上，使得阀瓣继续向上提升，直至完全打开；随着介质不断的排出，系统内的压力逐渐减小，弹簧的作用力将克服作用于阀瓣上介质产生的反作用力，从而关闭安全阀（图 6-1）。

二、平衡式安全阀

平衡式安全阀是由弹簧作用的安全阀，其定压由弹簧控制。用活塞或波纹管减少背压对安全阀的动作性能的影响。波纹管式安全阀是指在阀门的阀盘支撑和导承之间加入波纹管，主要平衡阀盘上下背压作用的面积，波纹管的形状有点类似老式洗衣机的排水管。当然，波纹管的作用不只是平衡背压，它也可以让介质没有机会进入弹簧腔室中，在阀体腔室和弹簧腔室之间起到更好的密封效果，降低背压的影响（图 6-2）。

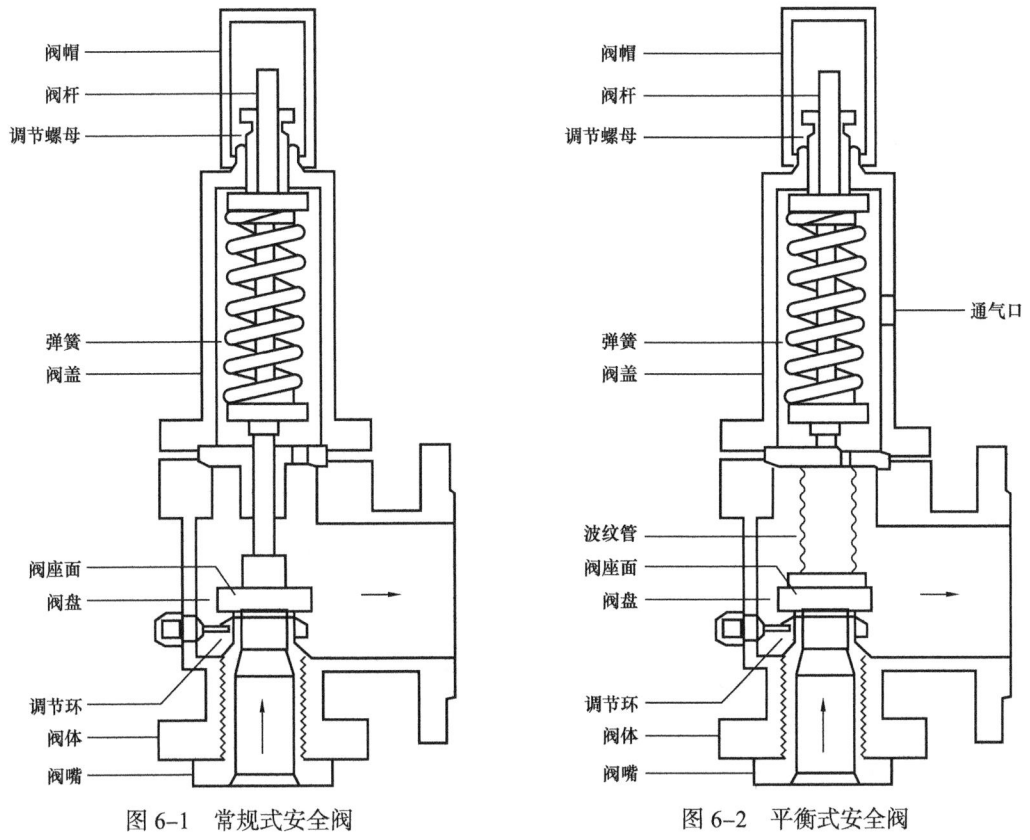

图 6-1　常规式安全阀　　　　　　　图 6-2　平衡式安全阀

三、先导式安全阀

先导式安全阀是由导阀控制的安全阀，其定压由导阀控制，动作特性基本上不受背压的影响。带导阀的安全阀又分快开型（全启）和调节型（渐启）两种，导阀又分流动式和不流动两种。先导式安全阀由主阀、导阀、泄防阀、接头盒导管等组成，导阀响应系统介质压力自身动作从而控制主阀的开关动作。

在正常工况下，系统的介质压力既作用于主阀瓣的下方，又作用于主阀瓣的上方，由于主阀瓣上方气室介质作用面积大于下方介质作用面积，在压力差的作用下，主阀瓣处于关闭状态；当管道介质压力异常，达到或超过整定压力时，系统压力克服了导阀的弹簧力，导阀开启且滑梭封闭导阀进气通道，主阀气室的压力通过导阀泄压；由于系统压力高于回坐压力，滑梭封闭进气通道从而阻断流体在导阀中的流动，这时主阀气室的压力急剧下降，主阀阀瓣完全打开，流体通过主阀泄放降压；随着介质的不断排出，系统内的压力逐渐减小，导阀弹簧的作用力将克服作用于滑梭上介质产生的反作用力，滑梭下移，介质又能通过导阀进入主阀气室，主阀阀瓣下移，主阀关闭（图 6-3）。

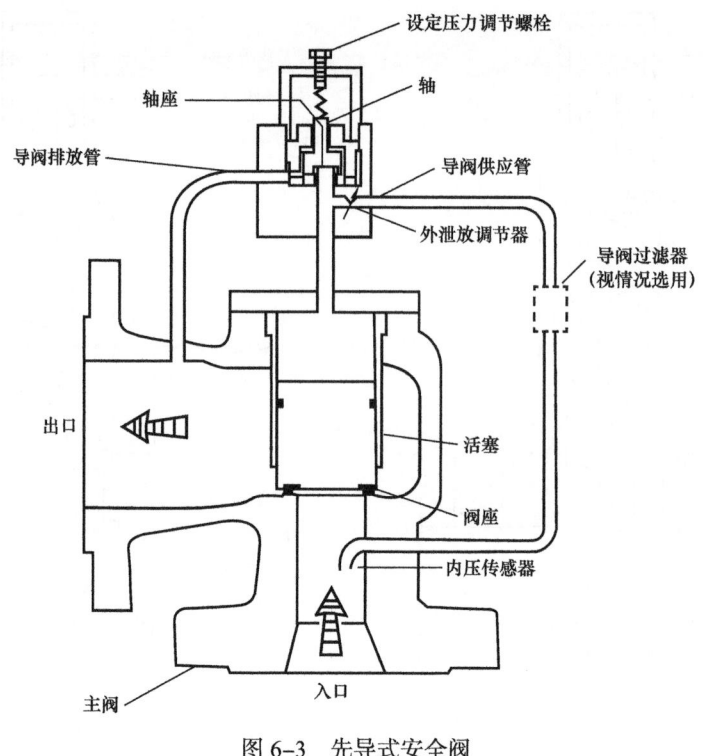

图 6–3 先导式安全阀

第二节 安全阀的设置

安全阀适用于清洁、无颗粒、低黏度流体。凡必须安装安全泄压装置而又不适合安装安全阀的场所，应安装爆破片或安全阀与爆破片串联使用。凡属下列情况之一的容器必须安装安全阀。

一、压力容器

（1）所有独立的压力系统都需要设置泄压设施。

（2）当一个安全阀用于保护多个压力容器时，必须满足：连接容器、换热器和塔的管道上，不可装有阀门、调节阀等可把设备和安全阀断开的设施，并且连接的管道尺寸满足泄压要求；当容器与换热器相接时，换热器管线上的切断阀需铅封，正常操作时保持在开启状态。

二、换热器

（1）换热器的管程或壳程如果设计成可承受泵出口阀门关闭时的压力，该侧可不再设置安全阀。

（2）换热器低温侧如果进出口设有阀门，操作时低温侧阀门可能全部或部分关闭，则低温侧需设置安全阀进行超温保护。

（3）在高温侧，如果被冷凝液体在常温下的蒸气压力可能超过设备设计压力的110%，需设置安全阀。

（4）换热器两侧压差较大时（超过50%），需在低压侧设置安全阀，进行换热管破裂压力保护。

（5）管壳式换热器冷侧介质出口阀关闭，热侧介质仍处于操作状态，冷侧可能会发生气化引起超压。若冷侧介质在热侧介质入口温度下的饱和蒸气压不超过冷侧设计压力的1.3倍，可不考虑该工况。否则，冷侧需要设置安全阀。

三、加热炉

加热炉出口管道上如设有切断阀或控制阀时，在该阀上游应设置安全阀，这样在安全阀排放时，介质一定要流经炉管，可保护炉管不致过热。

四、泵

（1）往复泵出口阀门关闭时的压力有可能超过泵体能承受的最高压力时，要设安全阀。一般情况下，往复泵安全阀的设定压力为泵体的最大允许工作压力，并不超过下游管线最大允许工作压力的121%。泵安全阀出口一般与泵吸入口相接。

（2）在非正常吸入工况下，离心泵的压力可能超过泵体能承受的最高压力，或者高于下游管线最大允许工作压力的133%时，要设安全阀。

（3）某些情况下，由于泵出口止回阀的泄漏，则需在泵的入口管道上设置安全阀。

五、压缩机

往复式压缩机各级出口都要设安全阀，并排往同级的吸入口。

六、管道系统

（1）装置内的一般管道不需考虑由于液体热膨胀造成的超压。操作温度低于常温的管道，当两端阀门可能被切断，且环境温度下介质的蒸气压力可能超过管道的最大允许工作压力的133%时，需设置安全阀。

（2）装置外的架空液体管道，当直径大于或等于200mm，长度超过30m，且可能被切断阀在两端切断时，需设置安全阀，进行液体膨胀泄压保护。切断阀如果设有带止回阀的旁通，当管线内压力升高时，止回阀能起到泄压的作用，可不设置安全阀。

七、其他应设置安全阀的地方

当容器暴露于火灾环境下，由于辐射、对流传热和火焰的直接接触，容器内储存的物质被加热，可导致压力升高。根据HG/T 20570.2《安全阀的设置和选用》的规定，距地面 7.5m 或距地面能形成大面积火焰平台之上 7.5m 高度范围内的容器，需要设置安全阀。

八、安全阀的泄放压力

（1）对于压力容器类设备，非火灾工况泄放时，最大允许泄放压力不能超过最大允许工作压力的 10%（单阀，多阀为 16%）；火灾工况泄放时，最大允许泄放压力不能超过最大允许工作压力的 21%。

（2）对于锅炉类设备最大允许泄放压力不能超过最大允许工作压力的 6%。

（3）安全阀并非到设定压力才开启，一般在接近设定压力 90% 时，安全阀就会有泄漏，在设置压力高报警时要注意。安全阀相关压力关系如图 6-4 所示。

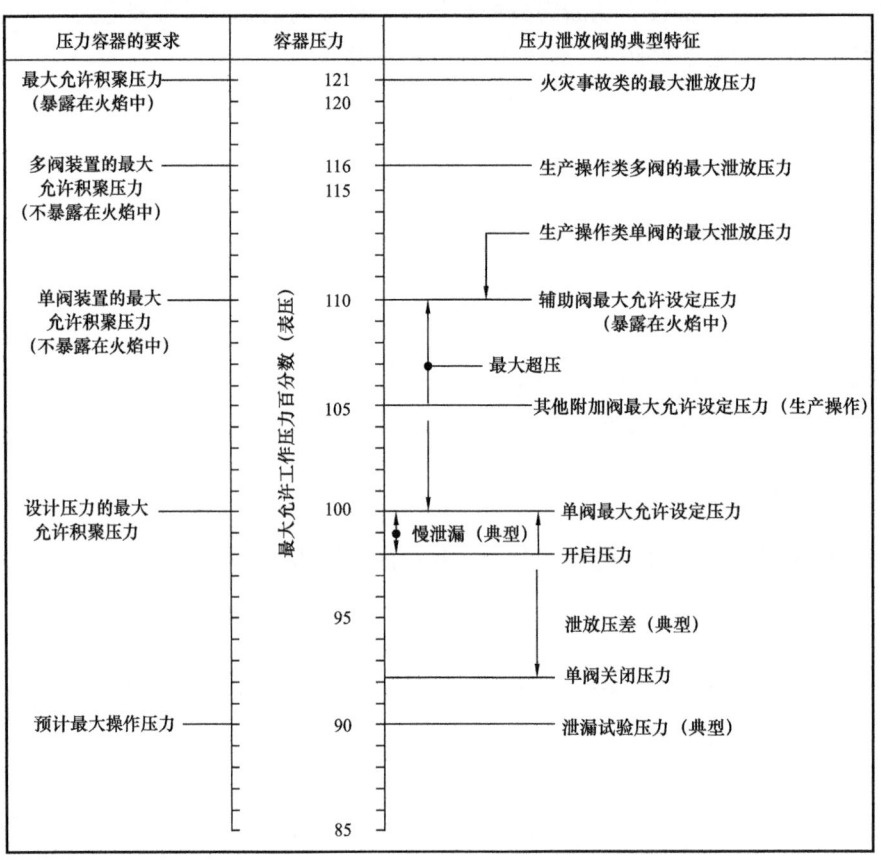

图 6-4 安全阀相关压力关系

安全阀的设定压力宜取设备的设计压力，且应高于设备的最高操作压力。

按照标准设计原则（亦即设备和管道系统、安全泄放装置及安全泄放系统的总费用最小的设计）确定安全阀设定压力的下限，它等于最大正常操作压力加安全泄放阀的最小操作压差。当设定压力小于此下限时，安全泄放阀会发生微泄放，甚至导致阀座和阀瓣表面沉积物积聚，可能使阀门粘结，在设定压力下打不开，造成超压事故。ASME BPVC Section Ⅲ提出最小操作压差的推荐值见表6-1。

表6-1 ASME BPVC Section Ⅲ推荐的安全泄放阀最小操作压差

设定压力，MPa	最小操作压差
≤0.485	35kPa
0.490~6.90	10%设定压力
>6.90	7%设定压力

各个制造厂有更详细的建议，且安全阀最小操作压差与阀门型式、设定压力和密封面结构等因素有关。

先导型安全阀的最小操作压差较小。对于同一种型式的安全泄放阀，设定压力较大时，需要的最小操作压差较小。在相同的设定压力下，软密封需要的最小操作压差比金属密封的小，直径较小的阀座需要较大的最小操作压差。

按照ASME BPVC Section Ⅷ规定，安装一个安全阀时，设定压力上限为最大允许工作压力；安装多个安全阀时，至少一个安全阀的设定压力不得超过最大允许工作压力，其余附加安全阀的设定压力不得超过最大允许工作压力的5%；用于火灾事故的辅助安全阀的设定压力不得超过最大允许工作压力的10%（表6-2）。

表6-2 压力泄放阀的设定压力和积聚压力的限制

故障		单阀装置		多阀装置	
		设定压力，%	最大积聚压力，%	设定压力，%	最大积聚压力，%
非火灾	第一个阀	100	110	100	116
	附加阀	—	—	105	116
火灾	第一个阀	100	121	100	121
	附加阀	—	—	105	121
	辅助阀	—	—	110	121

注：以上数据均为最大允许工作压力的百分数。

第三节 安全阀的工况分析

TSG 21《固定式压力容器安全技术监察规程》中对计算安全阀在不同工况下的排放量有明确规定，在规定以外的内容可参见美国石油学会API Std 520 *Sizing, selection, and installation of pressure-relieving devices* 和 API Std 521 *Pressure-relieving and depressuring systems* 的有关部分。本节所介绍的方法考虑了工程的处理和我国有关规定的推荐方法，总地来说，与 API Std 520 *Sizing, selection, and installation of pressure-relieving devices* 和 API Std 521 *Pressure-relieving and depressuring systems* 推荐的方法一致或更安全些，同时也满足了我国 TSG 21《固定式压力容器安全技术监察规程》的要求。

API Std 521 *Pressure-relieving and depressuring systems* 标准分两部分去讲解如何对一个压力泄放系统定出所需的处理能力。首先讲述设计时应考虑的各种可能导致超压的起因，其次是对一些常见的压力情况下泄放量应如何决定做出指引。也明确了不考虑双重事故危害、需要考虑操作人员错误导致的超压、一般情况下不考虑仪表对泄压产生的保护作用等原则。本节所介绍的工况分析方法在 API Std 521 *Pressure-relieving and depressuring systems* 基础上，还参考了一定的工程经验。

一、出口堵塞

出口堵塞工况可能由以下情况导致：
（1）自动控制故障，关闭控制阀。
（2）阀门意外关闭。
（3）由于电力损失、物流损失导致泵或压缩机故障，机械故障等。
（4）失去仪表风导致阀门关闭。
（5）错误的安装，如管线盲板盲死、操作顺序错误、止回阀装反等。
（6）阀门的机械故障，如闸门下降、止回阀挡板卡住（应注意铅封开的阀门安装方向，确保故障不会使闸门下降以阻止流量）。
（7）堵塞、冻结、生成水合物、聚合、结焦、盐沉积。
（8）容器内部构件故障。

（一）阀门堵塞

为确定泄压负荷，每个阀门堵塞工况，应按完全关闭单独考虑，分析对下游设备的影响。这可能导致逆流，产生不利影响。

（二）液相堵塞

液体堵塞会导致上游容器液位升高。如果容器的设计压力高于上游液体的最大压力，则容器溢流可能不会导致泄压情况。应尽可能避免液体泄放，防止液体排放到气相或泄放系统。如果无法避免液体泄放，则必须在泄放系统中提供足够体积的液体处理装置。

（三）加热器出口堵塞

不建议在加热器工艺管道上安装阀门，除非带有铅封阀或锁开，确保不会意外关闭。必要时可增加泄压装置。

（四）捕雾装置堵塞

除雾装置必须确保泄压路径不会发生堵塞（内件堵塞或内件脱落导致的泄压阀堵塞等）。如果除雾装置安装在下游带有减压阀的容器中，减压阀的位置应基于以下标准：

（1）如果要求不允许发生堵塞，安全阀应安装于除雾装置上游。

（2）如果有堵塞趋势或堵塞趋势未知，则必须在除雾元件下游安装安全阀。

（3）在所有情况下，尤其是当安全阀位于除雾装置上方时，装置必须安装牢固，以防移位。

仅有入口物流时，应确保其可以打开安全阀。泄压流量为每个入口物流的流量。对于来自离心泵的物流，应根据泵的特性曲线确定较高排放压力下的泄压流量。对于容积泵和压缩机，应根据其设计容量确定泄压流量。对于蒸汽轮机，燃气轮机和水力涡轮机，应根据最大吞吐量确定泄压流量。

首先应考虑提高罐的设计压力至上游压力以应对溢流工况。如果溢流会导致超压，可设置安全阀避免某些工况，如上游高压进料阀故障打开，可能导致液体溢流，随后产生大量体积蒸气。还可安装足够高 SIL 等级的安全仪表系统以降低风险。

最薄弱的保护措施是操作人员干预，其包括仪器检测到状况、人员识别状况并确定操作、部署人员行动等步骤，会耗费相当长的时间。

二、冷却水失效或回流故障

冷却水失效通常是由于其他事故工况引起的。冷却水故障应视为单个换热器或机械设备的局部故障。

（一）冷却水局部故障原因

冷却水的局部故障可能由以下原因造成：
（1）阀门意外关闭。
（2）自动控制故障。
（3）气相锁死。

（二）冷却水系统故障原因

冷却水系统故障可能是由于以下根本原因造成的：
（1）由于电力损失、蒸汽损失（蒸汽驱动泵）、机械故障等导致的冷却介质泵故障。
（2）冷却塔风扇断电。
（3）阀门意外关闭。
（4）自动控制故障（补充水损失，高排污流量）。
（5）冷却水补给不足导致冷却塔低液位。

（三）冷却水系统故障后果

冷却水系统故障可能导致如下后果：

（1）某工艺单元无冷却水供给。

（2）某冷却水汇管无冷却水供给。

（3）海拔较高的换热器无冷却水供给。

（4）完全失去冷却水。

为了将冷却水系统故障风险降至最低，设计中应考虑多种方案，如设置自启动的备用泵；增大冷却塔低液位警报下的缓冲容量，以延长操作人员响应时间；设置补给水供应管线及场外循环冷却水汇管低流量报警等。

（四）泄放量

所需泄放量由系统所处泄放压力下的热量平衡和物料平衡决定。

（1）全凝：所需泄放量是冷凝器的总的蒸汽进料量，要按泄放工况对应的新的蒸汽组成下的温度和泄放时刻流入的热量重新计算泄放量。

（2）部分冷凝：所需的泄放量是泄放工况下进出冷凝器的蒸汽量的差值。

（3）空冷器风扇故障：由于自然对流的作用，除非泄放工况有重大改变，否则通常按空冷器正常负荷的 20%～30% 计入部分冷凝能力，所需泄放量的计算是基于剩余的 70%～80% 的正常负荷，取决于不同的场合，也可利用 HTRI 或 EDR，结合空冷器的设计参数，计算自然对流带走的实际有效负荷。

（4）空冷器百叶窗关闭：空冷器百叶窗关闭，被认为会导致冷却作用完全丧失。百叶窗关闭的原因可能是自动控制系统发生故障，也可能是机械联动装置发生故障，或者手动调节的百叶窗因破坏性振动发生故障。

（5）塔顶循环回流：在很多情况下，例如泵停车或阀门关闭导致的塔顶回流故障会引起塔顶冷凝器液泛，这种情况与冷却功能完全丧失的情况相当。回流故障引起的组分变化会产生不同的气相性质，从而影响所需的泄放量。

（6）中段循环回流：所需的泄放量等于被中段循环回流移除的热量加热所产生的汽化量。汽化潜热与泄放工况下泄放时刻的温度和压力对应的汽化潜热相当。

（7）塔顶回流故障：当发生塔顶回流故障时，初期的排放量是在正常操作温度下进入顶层塔盘的蒸气量减去塔顶冷凝器的冷凝量。一旦冷凝器充满液体，泄压排放量是正常温度下进入顶层塔盘的正常进料量。

（8）塔底出料故障：塔底出料泵停止运行或者阀门关闭时，产生的蒸气量相当于泵抽出流量所带走热量产生的蒸气。

三、易挥发性介质进入系统

水或轻烃进入热油系统，是潜在的超压根源。以水为例，如果出现的水量和工艺物流中的可利用热量是已知的，那么压力泄放设施的尺寸就可以像蒸汽阀门一样通过计算确定。但实际情况是水量几乎不可能知道，甚至连大小范围都不知道；并且水从液体变到气体时，体积膨胀很大（常压下接近1：1400），蒸汽的生成速率是瞬间的，导致压力泄放设施无法足够快速地打开起到保护作用。因此，通常针对这种意外事故不需要提供压力泄放设施，而应通过合理的的工艺系统设计避免，如采用下列设计：

（1）水侧的操作压力要设计得比热油侧的低。
（2）避免出现水（液）袋。
（3）在水管线和热工艺管线连接处设置双切断阀及放净阀。
（4）设置联锁装置，当发生原料被水污染时切断热源。

四、溢流

很多工艺容器或缓冲罐，都有在正常操作、开车或停车等工况下对液位进行控制的要求。但是以往经验表明，在某些特定的条件下，这些设备可能会发生溢出。如果液体进料和供应管线来源处的压力超过泄放设施的设定压力和/或设备的设计压力，那么就要对溢流进行具体分析。解决溢出的系统设计选项应考虑但不限于下列措施。

（1）在压力设计规范允许的情况下，提高系统设计压力和/或压力泄放设施的设定压力。
（2）设计一个能够安全容纳溢出介质的泄压系统，包括操作人员干预响应的影响（通常考虑10~30min）。
（3）安装安全仪表系统，以避免液体溢出。

对采用的措施仍要评估所有工况，尤其要关注开车阶段和工艺条件（例如流量、温度和密度）偏离正常值，以及与正常操作相比更容易导致溢流的非正常操作工况。

五、调节阀故障

虽然 API Std 520 *Sizing, selection, and installation of pressure-relieving devices* 规定"工艺用自控调节阀一般安装在设备的入口或出口处，当安装在设备入口的调节阀发生故障而关闭时，不必考虑设备超压时的泄压措施"，但实际工程中常按"所有的调节阀假定事故时阀门常开，而不管设计时的事故假设"，比较保守地处理这个问题。若发生故障时，入口阀门全开或部分开启，则有可能需要设置泄压措施以防超压。若同一事故使一个或几个出口阀门关闭，而入口阀门仍开着，则需要的泄放量就是最大入口流量和仍开着的出口阀门的最大流出量的差值。

一般情况下，一个调节阀的故障不致影响其他调节阀。若有故障调节阀的开、闭影响其他调节阀的功能的话，则需要增加安全阀的泄放量。造成调节阀故障的原因有两个，即仪表压缩空气故障和弹簧故障。

有时情况要复杂得多。如一个高压容器，其底部有液面控制，液体排入低压系统。正常运行时,高压气体不会进入低压系统,高压液体排入低压系统,部分液体闪蒸。但设计时要考虑容器在高压下失去液面而导致高压气体进入低压系统的可能。若进入低压系统的气体量相当大,或者高压气源是"无限"的,则低压系统可能很快超压。这样,低压系统的泄压措施需要满足通过液面控制调节阀进入低压系统的全部气体量。当高压气体量不大,而低压系统的容量又较大时,高压气体进入低压侧使低压侧压力升高,同时高压侧的压力随之下降;这时,考虑高压气体正常补给工况下的泄放量,再加上一定的富余量即可。

因临时开车、事故处理或由于排放量等原因,部分打开旁通阀时,在调节阀全开情况下可按旁通阀开启25%考虑。调节阀故障时安全阀的泄放量的计算,可采用计算调节阀流量系数 c_v 值的公式进行反算。

六、装置停电故障

考虑装置停电故障所需安全阀大小时,必须详细分析停电的范围及影响生产的情况。因为停电时,可能影响泵、风机、压缩机和阀门等的电动执行机构的工作,有时还会影响仪表压缩空气的工作。

七、不正常的工艺热量输入

异常热输入的原因有要有:
(1)加热介质(蒸汽、导热油等)控制阀异常打开。
(2)燃油热值增加或燃油加热器的控制阀异常打开。
(3)需清洁换热器。
(4)换热器热传递失效,将高温介质传递到下一个换热器。

在决定安全阀的尺寸时,要考虑过程热量输入的潜在能力,即设计余量,不能只考虑正常的热量输入。例如,炉子燃烧器的设计余量为25%,需按炉子铭牌负荷的125%计算最大蒸汽发生量减去正常冷凝量或蒸汽流出量选用安全阀。进行系统设计时,若考虑到将来扩建,则安全阀和配管尺寸应满足扩建后的需要,但安全阀喷嘴的尺寸必须按当前的设计量考虑。对于用蒸汽加热的再沸器和类似的管式换热器,在决定调节阀故障时的换热工况时,应假设管子是清洁无污垢的。

八、液体膨胀

装置内的一般管道不需考虑由于液体热膨胀造成的超压。操作温度低于常温的管道,当两端阀门可能被切断,且环境温度下介质(如液化石油气,制冷剂等)的蒸气压力可能超过管道的最大允许工作压力的133%时,要设保护措施。

装置外的架空液体管道,当直径大于或等于200mm,长度超过30m,且可能被切断阀在两端切断时,要设液体膨胀泄压用安全阀。安全阀的入口管径为DN20mm,定压为工作温度下管线法兰所允许的最高工作压力。

若在切断阀旁设一带止回阀的旁通，当管线内压力升高时，止回阀能起到泄压的作用，可免设液体膨胀用安全阀。

应同时考虑以热膨胀和流体的汽化（如果热源在减压装置设置的压力下是足以汽化换热器低温侧的流体）。分析应考虑流动变化规律。过渡期可包括两相流，可使所需的孔板面积增大。

需要泄放量是在泄压条件下的最大蒸气生成速率，包括过热产生的任何不凝物，其小于正常冷凝或蒸气流出的速率。应该考虑系统及其每个组件的潜在可能，例如燃料或热介质控制阀或管热通量可能被限制的因素。与其他超压原因的实践相一致，设计值应该用于阀门尺寸的选取；然而，预留的富余容量（因为在一般的做法，燃烧器有125%的加热器设计热输入）必须被考虑。

在阀门上安装限制开关时，应使用宽开通量，而不是被限制的通量。在管壳式换热设备中，热输入的计算应根据清洁状态，而不是有污垢的条件。

当蒸馏系统或储存容器中有挥发性液体时，一旦有热输入时，就有可能使液体汽化。汽化会引起蒸气体积的大量增加。蒸气的冷凝，需要去除热源或冷却。对于失去冷却的蒸馏系统或储罐，可能导致大增量的非冷凝蒸气。如果工艺系统的正常蒸气处理能力因流体体积的大幅度增加而超载，则压力释放系统必须泄放多余的蒸气，以防止设备的超压。

液体膨胀所需泄放量的计算公式见式（6-1）：

$$W=BH/c_p \tag{6-1}$$

式中　W——质量流量，kg/h；

　　　B——体积膨胀系数，℃$^{-1}$，见表6-3；

　　　H——总传热量，kJ/h，对于换热器，可取操作时最大热负荷；

　　　c_p——比定压热容，kJ/(kg·℃)。

表6-3　15.6℃时烃类液体和水的膨胀系数

液体重度，°API	数值，℃$^{-1}$
3~34.9	0.00072
35~50.9	0.00090
51~63.9	0.00108
64~78.9	0.00126
79~88.9	0.00144
89~93.9	0.00153
94及更轻的	0.00162
水	0.00018

九、外部火灾

易燃液体处理厂的设备可能暴露于外部火灾中，导致液体蒸发和气体膨胀超压。为确定泄压系统尺寸，需假定工艺设备进出口切断，与其他物流隔离。若泄压系统可以确保设备不会超过设计压力，且切断阀带有锁或铅封，则单个泄压装置可以保护多个设备。

液体烃类物质的贮存压力应大于或等于与贮存温度相对应的蒸气压力，当储罐暴露于火焰前时，由于辐射、对流传热和火焰的直接接触，容器内贮存的物质被加热，压力升高，直到安全阀开启，使容器内压力不超过最大允许压力。若安全阀的泄放能力小于产生的蒸气量，则容器内的压力就会升高到最大允许压力以上，这是不安全的。

容器暴露于火焰前，须按传入容器的热量计算安全阀所需的排放量。API Std 520 *Sizing, selection, and installation of pressure-relieving devices* 根据试验数据给出了贮罐在火灾时的安全阀计算方法，按容器的含液表面（称为湿表面）在火灾时吸热来计算，而忽略不含液容器表面的受热。只需考虑火焰高度在 7.5m（25ft）以下的设备，火焰的高度是以地面式可积存液体物料的装置平台（能形成相当大火焰）为基准。如果平台是格栅，不能积存液体，则不能作为计算基准。

十、换热管破裂

管程破裂的定义是一根换热管突然完全断裂，从而使高压液体从壳程侧或管程侧流过开口处，该开口等于换热管内横截面积的两倍。

除非校正的低压侧水压试验压力超过高压侧的设计压力，否则所有换热器均应假定换热管破裂。在某些情况下，低压侧的设计压力已增加到高于高压侧的最大可能系统压力，在这种情况下，可以将高压侧的最大可能系统压力用于计算。对于按照当前规范制造的设备，这意味着如果低压侧设计压力为高压侧设计压力的 10~13 倍，则不需要泄压保护。请注意必须检查低压侧所有可能承受超压的组件，以确认在换热管破裂中可能的压力，而不仅是换热器，同时还需要考虑其他影响，例如静压头。

若破裂引起的高速流动导致的停留时间短，则可以忽略管程破裂内的热传递。因此，管程破裂的计算应以绝热为基础。如果从管程破裂计算得出的流入量超过了正常高压侧的工作流量，应验证可以在系统的高压侧能维持该流量。如果流量无法持续，则使用正常流量。对于除管壳式外的其他类型的换热器，包括容器中的内部盘管，必须使用合理的工程判断来确定是否应考虑两种流体之间的密闭性破裂。

对于非常高压的情况，有些客户有一个标准来计算流量，就好像两个或多个换热管同时破裂一样。这是由于经验表明，破裂的换热管可能与相邻的换热管发生碰撞，从而损坏它们。

在计算通过破裂换热管的流量时，应遵循客户的方法。在没有客户的方法的情况下，除了 API Std 521 *Pressure-relieving and depressuring systems* 中讨论的因素外，还应考虑以下因素：

（1）如果管板厚度小于4in，并且高压侧流体为两相流或闪蒸流，则HEM假设可能不够保守。对于这些情况，假定换热管破裂发生在管板上。那么流体一个分支的路径长度仅跨过管板，因此应考虑可能导致更大流量的非平衡效应。

（2）对于沿管程的流体分支，可以考虑沿管程的摩擦力来实现可能的负载减少。对于U形管束，假定路径长度为直管长度的两倍；对于单通管，假定路径长度等于直管长度。

（3）长管程路径的摩擦效应通常比通过整个管板路径的非平衡效应产生的额外负荷更能显著降低负载，因此通常都可以对两个路径使用理想的管嘴HEM分析，而忽略非平衡和摩擦效应。

（4）流动的驱动力是高压侧的最大可能系统压力与低压侧的累积释放压力之间的差。

（5）对于流入或流出破裂的换热管的处理是相同的，即壳体侧或管程侧可以是高压侧。

（6）确定高压流体向低压侧加压时的效果。设备或管道中的较高压力可能会阻碍介质的正常流动。一个示例是冷却水管网，其中高压流体通过冷却水管道释放，从而取代了正常的冷却水流。如果压力足够高，则可能会阻止或停止冷却水的流动。这将导致冷却意外事故的损失，可能涉及多个情况。

（7）如果将破裂的换热管当作限流孔板处理，则合理的孔口系数应假定临界气体流量为0.84，液体流量为0.65。

十一、仪表风或电动仪表故障

局部故障即控制阀或开关阀失去仪表风或电源，此时阀门将进入故障位置。仪表风系统故障可能导致如下后果：

（1）某工艺单元无仪表风供给。
（2）主汇管某部分无仪表风供给。
（3）完全无仪表风供给。

为了将仪表风系统故障风险降至最低，设计中应考虑多种方案，如增大仪表空气储罐尺寸、设多台仪表风压缩机和干燥器、采用环形仪表风汇管、设应急备用仪表风（工厂风或氮气）等。

十二、机械设备故障

机械设备故障可被视为单点故障，示例如下：

（1）泵故障（失电或汽轮机失气）。
（2）压缩机故障（失电或汽轮机失气）。
（3）换热器故障（管壳换热器的管程破裂等）。
（4）容器内件故障。

每个设备故障可能导致的后果,需根据事故发生原因单独分析。单个安全阀泄放量确定汇总表见表6-4。

表6-4 单个安全阀泄放量

序号	工况	液体泄放	气体泄放
1	容器出口阀门关闭	最大泵送液体的流量	总的蒸气和蒸气进料量加上泄放工况下产生的蒸气量
2	冷凝器的冷却水发生故障	—	泄放工况下进入冷凝器的总蒸气量
3	塔顶回流发生故障	—	总的蒸气和蒸气进料量加上泄放工况下产生的因侧线回流故障而被减少冷凝的蒸气量
4	侧线回流发生故障	—	泄放工况下进出设备的蒸气量的差值
5	不凝气积聚	—	对塔的影响同序号2,对除塔外的其他容器的影响同序号1
6	高挥发性物质的进入; 水进入热油中; 轻烃进入热油中	—	采用可供选择的保护措施以避免此工况的发生。换热器破裂的指导意见参见序号15
7	溢出	最大泵送液体的流量	—
8	自动控制系统发生故障: (1)进口控制设施和旁路; (2)出口控制设施; (3)发生故障时保持状态的阀门; (4)节流阀	—	在每个工况分析的基础上
9	非正常工艺热量或蒸气输入: (1)非正常工艺热量的输入; (2)阀门因疏忽被打开; (3)止逆阀故障	—	估算最大的蒸气产生量,包括因过热产生的不凝性气体
10	热膨胀: (1)冷源被切断; (2)工艺区域外管线被切断	见前面相关章节的叙述内容	—
11	外部火灾	见前面相关章节的叙述内容	
12	换热器管破裂	从两倍于一根换热管截面积的破裂处通过的液体流量	从两倍于一根换热管截面积的破裂处通过的蒸气流量
13	电力故障(蒸气、电力或其他原因)	—	研究整套装置以确定停电的影响,根据可能发生的最坏工况以确定安全阀的大小
14	空冷器	—	风扇停止转动,安全阀大小按正常热负荷和事故时的热负荷差值确定
15	缓冲罐	—	最大的液体进入量

第四节 安全阀的计算

一、气体泄放

在 API 涉及的安全泄放阀泄压计算中,遵循式（6-2）,即绝热可逆过程：

$$pV^k = 常数 \tag{6-2}$$

式中 p——压力；
V——体积；
k——理想气体的比热比（c_p/c_V）。

（一）临界压力（绝对压力）

临界压力按式（6-3）计算。

$$\frac{p_{cf}}{p_1} = \left[\frac{2}{k+1}\right]^{\frac{k}{k-1}} \tag{6-3}$$

式中 p_{cf}——阀嘴临界流动压力（绝压）,psi；
p_1——泄放压力（绝压）,psi；
k——理想气体的比热比。

阀嘴处流速达到声速时的压力为临界压力。临界流动时,即使阀嘴下游压力（阀的背压）非常低,阀嘴处的实际压力也不会低于临界流动压力,从阀嘴到阀嘴下游发生不可逆的膨胀过程并随着涡流向周围流体有能量扩散。

（二）临界流动

临界流动指阀嘴下游压力小于或等于临界压力,有式（6-4）至式（6-7）：

$$A = \frac{W}{CK_d p_1 K_b K_c}\sqrt{\frac{TZ}{M}} \tag{6-4}$$

$$A = \frac{2.676V\sqrt{TZM}}{CK_d p_1 K_b K_c} \tag{6-5}$$

$$A = \frac{14.41V\sqrt{TZG_v}}{CK_d p_1 K_b K_c} \tag{6-6}$$

$$C = 0.03948\sqrt{k\left(\frac{2}{k+1}\right)^{\frac{(k+1)}{(k-1)}}} \tag{6-7}$$

式中　A——泄压孔的直径，mm；

W——泄压流量，kg/h；

V——泄压流量（标况），m³/min；

C——在泄放阀进口温度下，理想气体比热确定的系数，可由式（6-7）确定；

k——理想气体在泄放温度下比热比（c_p/c_V）；

K_d——有效排出系数，用以上公式计算时取 0.975；

K_b——背压校正系数，此系数对于常规安全阀和先导式安全阀来说取 1，对于平衡波纹管式安全阀可由厂家提供，或根据 API Std 520 *Sizing, selection, and installation of pressure-relieving devices* 的图 30 查出；

K_c——与爆破片有关的组合系数，无爆破片时取 1，安装爆破片时取 0.1；

p_1——安全泄放阀进口压力，此压力应该是安全泄放阀设定压力加超压加大气压，kPa；

Z——安全泄放阀进口条件下的压缩因子；

M——安全泄放阀进口条件下的相对分子质量；

T——安全泄放阀进口温度，K；

G_V——气体在泄放条件下相对于空气在 1bar 和 15.6℃条件下的相对密度。

（三）亚临界流动

亚临界流动指阀嘴下游压力大于临界压力。

（1）（非水蒸气）计算见式（6-8）至式（6-11）：

$$A = \frac{17.9W}{F_2 K_d K_c} \sqrt{\frac{ZT}{M p_1 (p_1 - p_2)}} \tag{6-8}$$

$$A = \frac{47.95V}{F_2 K_d K_c} \sqrt{\frac{ZTM}{p_1 (p_1 - p_2)}} \tag{6-9}$$

$$A = \frac{258V}{F_2 K_d K_c} \sqrt{\frac{ZTG_V}{p_1 (p_1 - p_2)}} \tag{6-10}$$

$$F_2 = \sqrt{\left(\frac{k}{k-1}\right) r^{\left(\frac{2}{k}\right)} \left[\frac{1 - r^{\left(\frac{k-1}{k}\right)}}{1 - r}\right]} \tag{6-11}$$

式中　F_2——亚临界流动系数，由式（6-11）计算；

r——背压与上游泄放压力的比值，p_2/p_1；

p_2——泄压阀的背压，kPa；

k——理想气体在泄放温度下比热比（c_p/c_V）。

（2）对于水蒸气，按式（6-12）计算：

$$A = \frac{190.5W}{p_1 K_d K_b K_c K_N K_{SH}} \quad (6-12)$$

式（6-12）中，K_{SH} 为过热水蒸气校正系数，且对于任何压力的饱和水蒸气，$K_{SH}=1$。K_N 为 naiper 方程校正因子，当 $p_1<10339\text{kPa}$ 时，$K_N=1$；当 $10339\text{kPa}<p_1\leqslant22057\text{kPa}$ 时，K_N 按式（6-13）计算。

$$K_N = \frac{0.02764p_1 - 1000}{0.03324p_1 - 1061} \quad (6-13)$$

二、液体泄放

（一）确认泄放阀的液体泄放能力

确认液体泄放能力的方法包括确定按照 10% 超压设计的液体泄放阀的排出系数，根据 ASME 规范要求的泄放能力，尺寸计算按式（6-14）至式（6-16）：

$$A = \frac{11.78Q}{K_d K_w K_c K_v} \sqrt{\frac{G_1}{p_1 - p_2}} \quad (6-14)$$

$$K_v = \left(0.9935 + \frac{2.878}{Re^{0.5}} + \frac{342.75}{Re^{1.5}}\right)^{-1.0} \quad (6-15)$$

$$Re = \frac{Q(18800G_1)}{\mu\sqrt{A}} \quad (6-16)$$

式中　Q——流量，L/min；

K_d——有效排出系数，有爆破片时取 0.65，无爆破片时取 0.62；

K_v——黏度校正系数，可从 API Std 520 *Sizing, selection, and installation of pressure-relieving devices* 图 37 中查出，或由式（6-15）计算得出；

K_w——背压校正系数，背压为大气压，$K_w=1$；平衡波纹管泄压阀见 API Std 520 *Sizing, selection, and installation of pressure-relieving devices* 图 31；

p_1——安全泄放阀进口压力（表压），kPa；

p_2——泄压阀的背压（表压），kPa；

G_1——流动状态下的液体相对于 21℃水的相对密度；

Re——雷诺数，按式（6-16）计算；

μ——液体在流动温度下的黏度，cP。

（二）不需要确认泄放阀的液体泄放能力

在 ASME 规范对确认泄放阀的泄放能力做出统一规定之前，液体泄放通常使用式（6-17）计算泄放阀的尺寸，这种方法假设排出系数 K_d=0.62 和 25% 超压，对于 25% 以外的超压，附加的 K_p 可从 API Std 520 *Sizing, selection, and installation of pressure-relieving devices* 图 38 中查出。

$$A = \frac{11.78Q}{K_d K_w K_c K_v K_p} \sqrt{\frac{G}{1.25 p_s - p_2}} \quad (6-17)$$

式中　p_s——设定压力（表压），kPa；

　　　K_p——超压校正系数，超压 25%，K_p=1；超过 25% 时，由 API Std 520 *Sizing, selection, and installation of pressure-relieving devices* 图 38 查出。

三、两相泄放

当安全泄压阀同时泄放气体和液体时，可按下列步骤进行计算：
（1）确定泄放的气体和液体流量。
（2）按前述方法，算出泄放气体所需的阀孔面积。
（3）按前述方法，算出泄放液体所需的阀孔面积。
（4）把计算得到的气体和液体面积相加，得到所需要的总阀孔面积。

四、火灾泄放

根据 API Std 521 *Pressure-relieving and depressuring systems* 的要求，对于火灾安全泄放阀的泄放，气体膨胀和液体蒸发只选择其中一种工况计算，计算公式如下：

（一）吸热量的计算

吸热量计算按式（6-18）：

$$Q = C_1 \cdot F \cdot A_{ws}^{0.82} \quad (6-18)$$

式中　Q——吸热量，W；

　　　C_1——在有消防设施及适当的排放能力（从一个区域排到另一个区域）时，
　　　　　　C_1=43200；在没有消防设施及适当的排放能力时，C_1=70900；

　　　F——环境系数，见表 6-5；

　　　A_{ws}——湿润面积，m²。

表 6-5 环境系数 F

设备类型		环境系数 F
裸露容器		1
隔热容器 （暴露在火灾条件下的 隔热材料的导热系数）， W/（m²·K）	22.71	0.3
	11.36	0.15
	5.68	0.075
	3.80	0.05
	2.84	0.0376
	2.27	0.03
	1.87	0.2026
裸露容器上有冷却水设施		1.0
减压和倒空设施		1.0
储罐覆土		0.03
地下储存		0.00

注：据 API Std 521 *Pressure-relieving and depressuring systems*。

（二）泄放孔径计算

对于暴露于明火中的超临界流体、气体或蒸气的泄放阀孔径按式（6-19）计算：

$$A = \frac{F' \cdot A'}{\sqrt{p_1}} \quad （6-19）$$

式中　A——阀门有效排放面积，in²；

　　　A'——容器暴露于火中的面积，ft²；

　　　p_1——阀门泄放压力（绝压），为设定压力加上允许超压加上大气压，psi。

式（6-19）中的 F' 可由式（6-20）、式（6-21）计算，当计算结果小于 182，则取 182；若数据不全不能用式（6-20）计算，则粗取 821。

$$F' = \frac{0.2772}{C \cdot K_D} \cdot \left[\frac{(T_w - T_1)^{1.25}}{T_1^{0.6506}} \right] \quad （6-20）$$

$$T_1 = \frac{p_1}{p_n} \cdot T_n \quad （6-21）$$

式中　T_w——容器壁所能承受的最高温度，K；对于普通碳钢，推荐的最大容器壁温为 866.16K（593℃）；

T_1——气体在泄放状态下的绝热温度,由式(6-21)计算;

p_n——正常的操作压力,psi;

T_n——正常的操作温度,K。

(三)泄放量计算

泄放量可按式(6-22)计算。

$$q_{m,relief} = 0.2772\sqrt{M \cdot p_1} \cdot \left[\frac{A'(T_w - T_1)^{1.25}}{T_1^{1.1506}}\right] \quad (6-22)$$

五、动态计算

火灾工况下,随容器内蒸气的泄放,容器内的蒸气及液体组成是变化的,温度和潜热值也是变化的。最大泄放量不仅取决于吸热率,也取决于容器内各种组分的实际组成,因此采用常规方法,PSV 的最大泄放量及泄放流体的特性参数都是很难确定的。对于有着宽沸点范围的多元混合物,可以建立与时间有关的模型,计算出蒸气最大的泄放量。

陈文峰等利用 HYSYS 动态模拟,针对某三相分离器[尺寸:4000mm(I.D)×16000mm(T/T);设计参数:1.1MPa/105℃;操作参数:0.45MPa/75℃;操作液位高度:2000mm;压力安全阀设定点:1.1MPa]进行火灾工况动态模拟,得出泄放量和泄放物质特性等随时间的动态变化,对整个生产设施及人员的安全保护都具有重要意义(图 6-5 至图 6-8)。

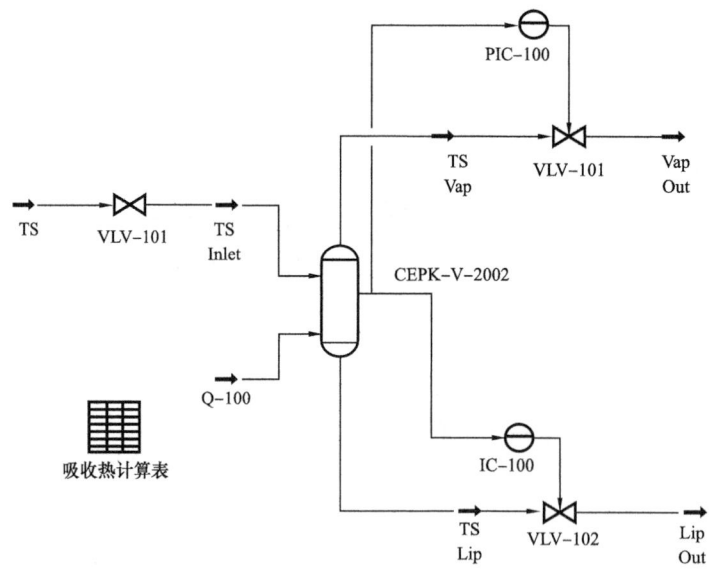

图 6-5 分离器 PSV 火灾工况 HYSYS 动态模型

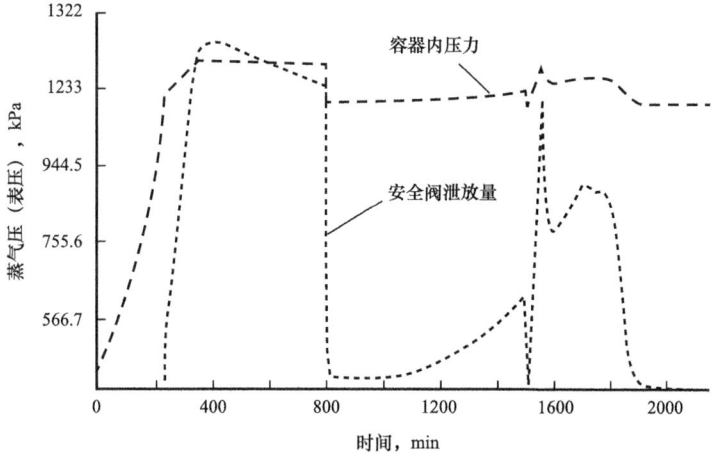

图 6-6 泄放过程中容器内压力的变化

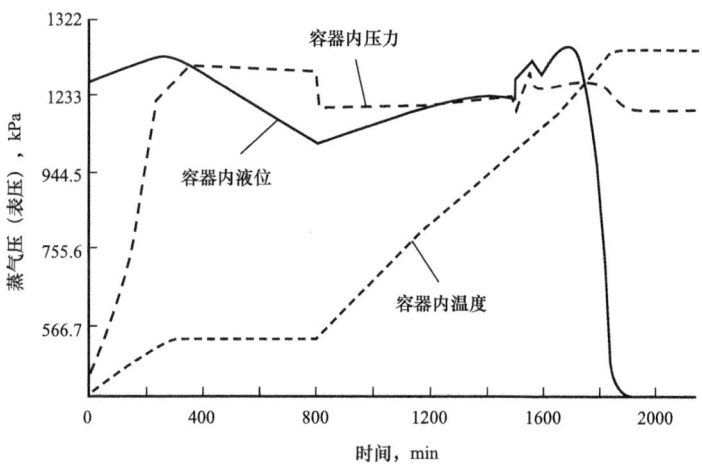

图 6-7 泄放过程中容器内流体液位和温度的变化

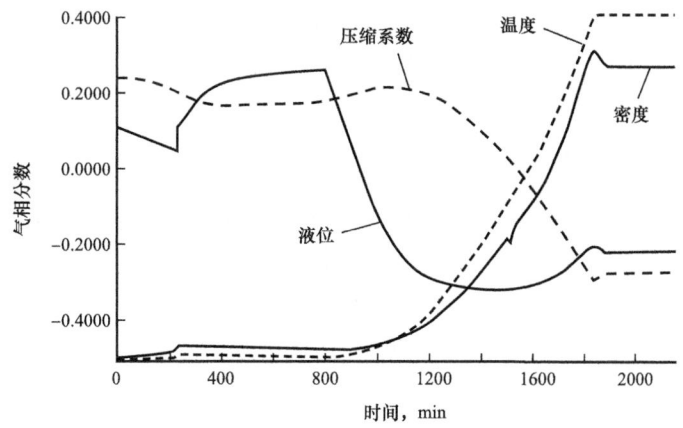

图 6-8 泄放物质特性的变化

六、PSV 计算示例

入口三相分离器需要配备适当的压力安全阀（PSV）以处理几种潜在超压工况。使用 HYSYS 安全分析环境可以在一个 PSV 中定义各种超压情况。以下示例的 PSV 用于同时处理出口控制阀堵塞和火灾两种情况。

选择 HYSYS 窗口左下角的 Safety Analysis 按钮，进入安全分析环境（图 6-9）。

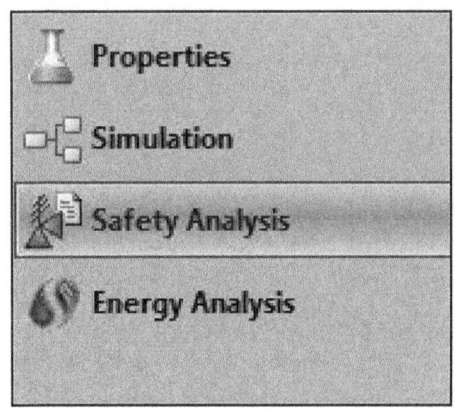

图 6-9　进入安全分析环境

点击 Home 菜单栏，有两种方法可以将 PSV 添加到模拟中。在功能区的 Home 选项卡上选择 Add PSV 图标并将其连接到适当的流程图对象，或者在导航窗格中的单元操作上单击鼠标右键并选择适当的连接（图 6-10）。

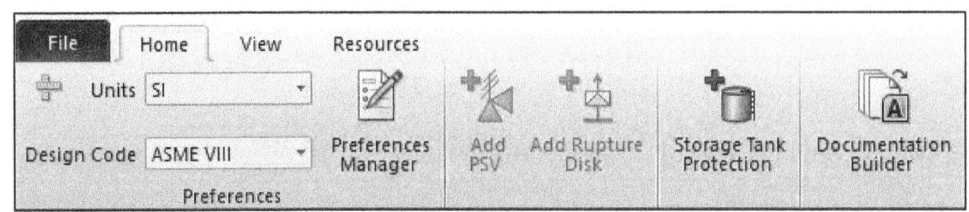

图 6-10　添加 PSV

展开导航窗格中的 Unit Operations 菜单项（图 6-11）。

找到并右击 Inlet Sep 单元操作（图 6-12）。

展开 Create PSV 菜单项并选择 Inlet Sep Vap。这将在入口分离器的气相出口侧添加一个 PSV。在安全分析环境的主流程图上，PSV 将被连接到 Inlet Sep Vap 流股上（图 6-13）。

双击流程图上的 PSV 图标，查看 100 PSV 001 菜单的 Equipment 选项卡，输入被保护装置的设计条件。设计温度为 40℃(104°F)，设计压力假定值（表压）为 37bar(536.6psi)。设计温度和设计压力为希望保护设备的条件，应该低于或等于所保护设备的最大允许操作温度和压力。默认情况下，PSV 的设定压力将等于设备设计压力。如果用户希望有不同的设定压力，也可以自定义设定压力（图 6-14）。

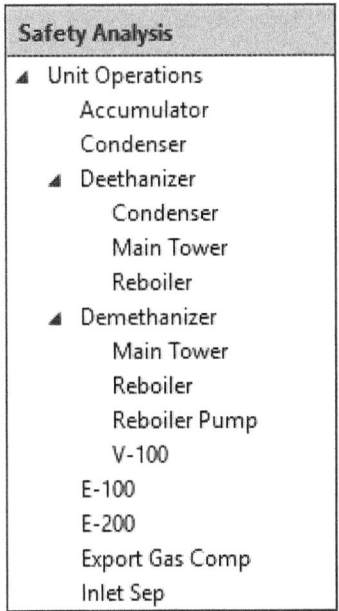

图 6-11　展开 Unit Operation 菜单项

图 6-12　Inlet Sep 单元操作

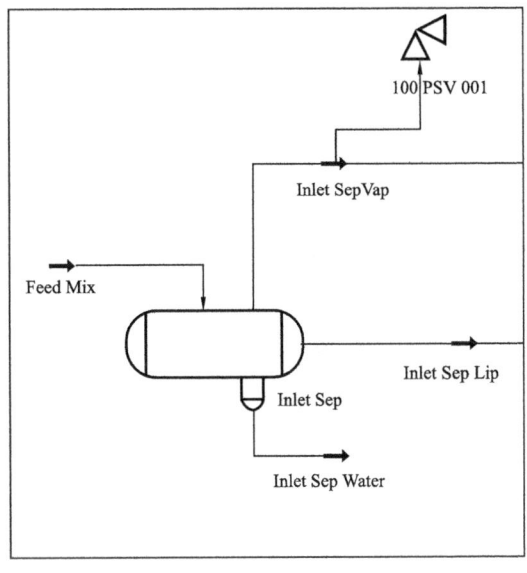

图 6-13　PSV 被连接到 Inlet Sep Vap

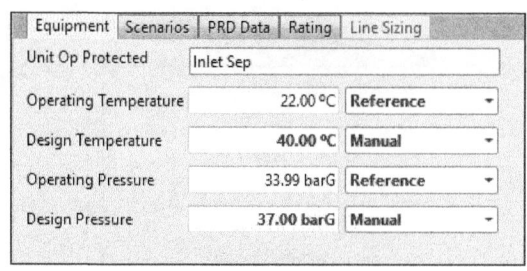

图 6-14　Equipment 选项卡

此时，被保护容器的最小输入条件应该都已完成。要在某些泄压条件下设计安全阀尺寸，工况表示超压情况，例如电源故障、控制阀关闭、工厂火灾等。向给定 PSV 添加任意多个工况，并对每个工况的 PSV 尺寸要求进行计算。从这些结果中选择一个 PSV 尺寸来处理所有的工况。

选择 Scenarios 选项卡，添加该 PSV 考虑的泄压工况。点击 Create Scenario，定义一个泄压阀尺寸计算工况（图 6-15）。

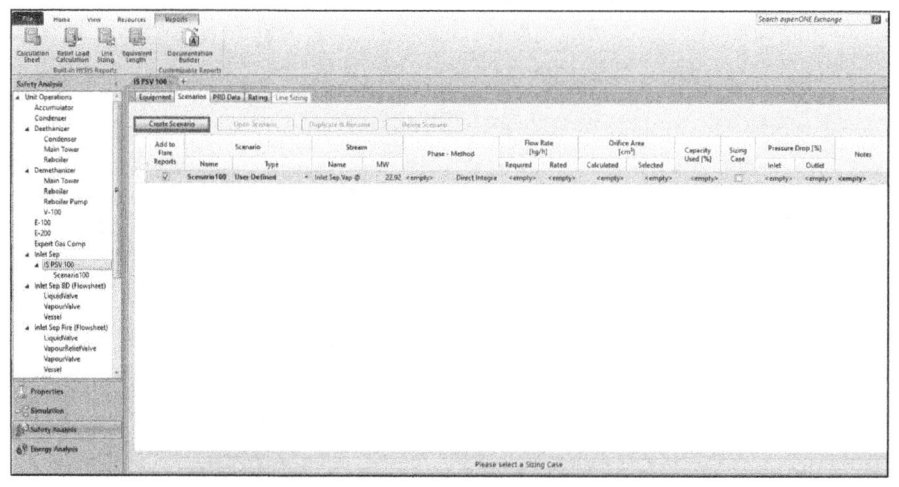

图 6-15　定义泄压阀尺寸计算工况

（一）堵塞工况

点击 Scenario Type 区的下拉菜单，选择 Blocked Outlet 选项（图 6-16）。

该方案将评估入口 Inlet Sep Vap 流股上的出口控制阀发生故障时的泄压要求。假设该阀门失效关闭，需要释放 Inlet Sep 流股的气相流量。要设置泄放流体的流率（相当于 Inlet Sep Vap 流股流率），单击表单底部的 Reference 按钮。这将通过 PSV 的 Reference Stream 调用流率（本案例中为 Inlet Vapor 物流）。

在 Relieving Temperature 下拉菜单选择 Reference（图 6-17）。选择"Reference"作为泄放温度和流量意味着稳态工艺流条件将传递到 PSV 尺寸计算中。这些输入也可以被用户定义的值覆盖。此外，对于许多类别的紧急工况，对于如何确定所需的泄放流量，业界很少达成共识。因此需要检查并确保程序的输入是合理的，并遵循设计标准和规范。

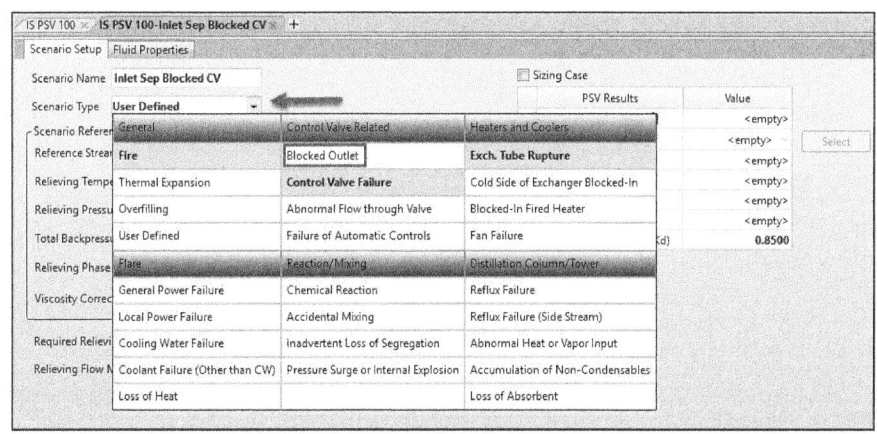

图 6-16　选择 Blocked Outlet 选项

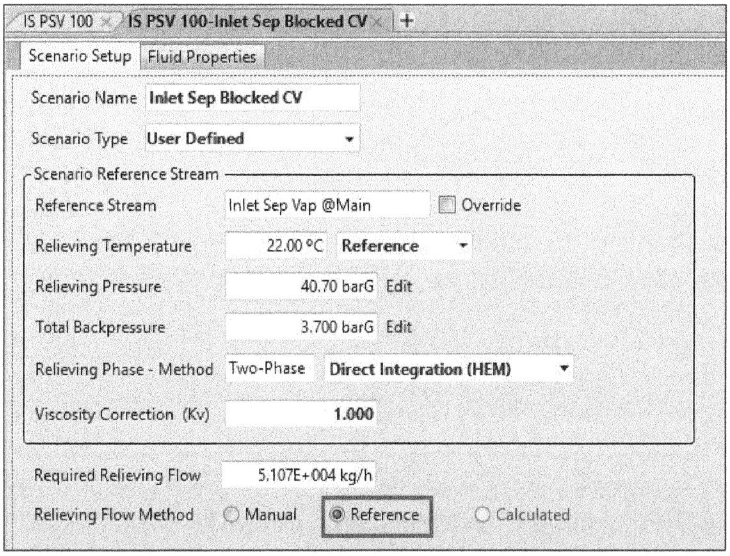

图 6-17　选择 Reference

点击 Relieving Pressure 旁边的 Edit 按钮。保持默认的 Allowable Overpressure 为设定压力的 10%，点击 OK（图 6-18）。

点击 Total Backpressure 旁边的 Edit 按钮。定义 Variable Superimposed BP 压力为 2.2bar（31.91psi）。假定由于系统中其他 PSVs 引起的一些背压波动。设置结束后点击 OK（图 6-19）。

HYSYS 会显示计算已完成。窗口右上角的 Valve Results 表应显示计算的孔板面积。选择大于计算孔板面积的相邻的下一个孔板尺寸，该孔板面积应该是 23.225（M），如图 6-20 所示。

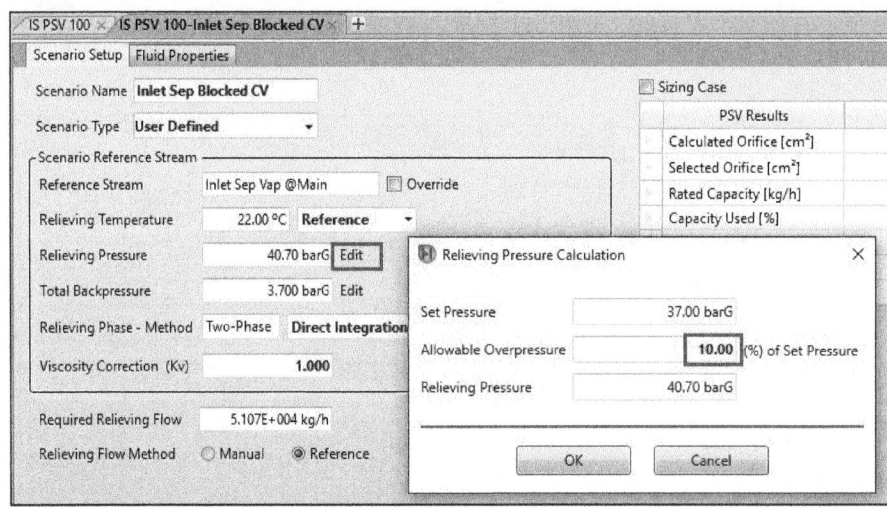

图 6-18　点击 Edit

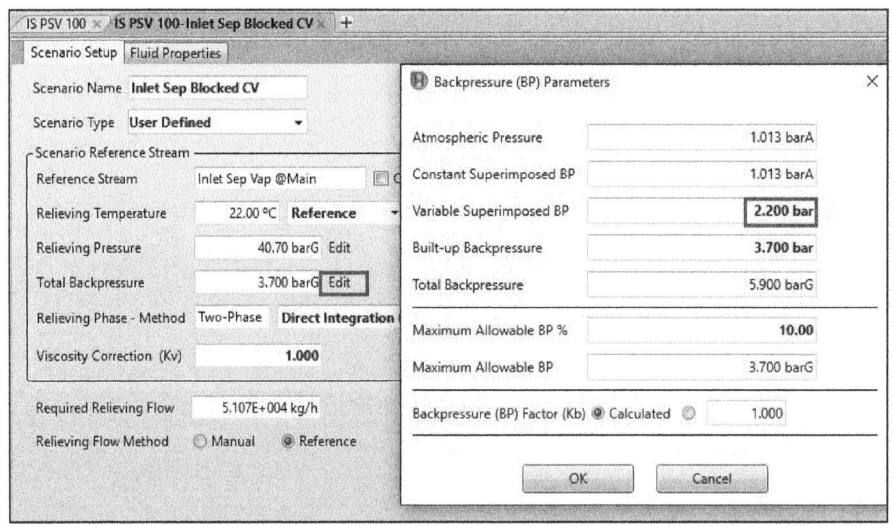

图 6-19　定义 Variable Superimposed BP 压力

PSV Results	Value
Calculated Orifice [cm²]	18.67
Selected Orifice [cm²]	23.225 (M)
Rated Capacity [kg/h]	6.352E+004
Capacity Used [%]	80.40
Orifice Designation	4 M 6
In/Out Flanges	300 x 150
Discharge Coefficient (Kd)	0.8500

图 6-20　Valve Results 表

(二)火灾工况

点击 Scenario Type 区的下拉菜单,选择 Fire 选项,进行入口分离器周围的潜在火灾情况分析(图 6–21)。

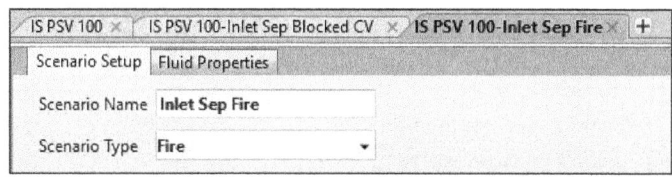

图 6–21　火灾情况分析

对于火灾工况,HYSYS 可以使用 API Std 521 *Pressure-relieving and depressuring systems* 方法,该方法适用于气体、液体或多相的容器。重要的是要确保工况引用最能代表进入受保护单元操作的适当物流。HYSYS 提供了几种计算所需泄放流量的方法。根据初始条件下的相态,程序将使用有合适选项的计算方法。

在本工况中,进入 Inlet Sep 分离器的入口流股(Feed Mix)应作为参考流股。由于是多相混合物流,API Std 521 *Pressure-relieving and depressuring systems* 计算标准将应用 Wetted API,Semi-Dynamic Flash,或 Supercritical models 模型。

Calculation Method 选择 Wetted(API)。在 Reference Stream 旁点击 Override 复选框,选择 Feed Mix 物流并点击 OK(图 6–22)。

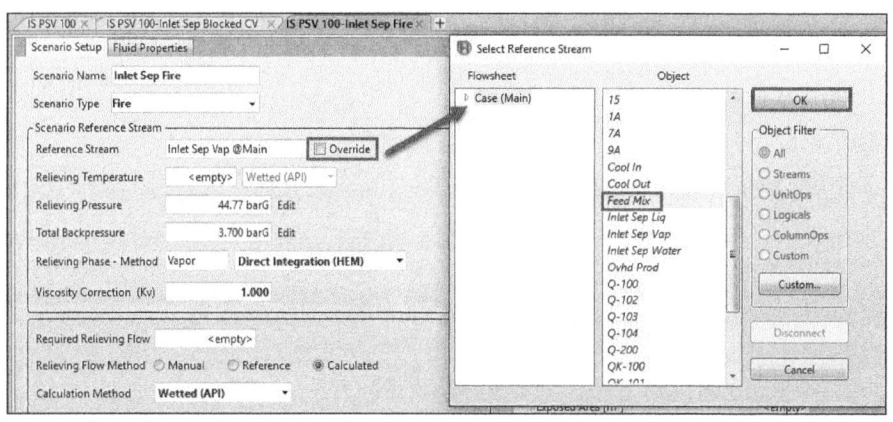

图 6–22　选择 Feed Mix 物流

请注意 Required Relieving Flow 是使用 Wetted(API)方法计算得出的。确认 Drainage & Firefighting 参数设为 Absent,Calculate Latent Heat 参数设为 Yes(图 6–23)。

在 Vessel Parameters 部分设定容器尺寸。Diameter 设为 1.524m(5ft),Vessel Tan/Tan 设为 5.486m(18ft),并假定 Liquid Level 为 0.6096m(2ft)。现在,此工况应该被解算完成(图 6–24)。

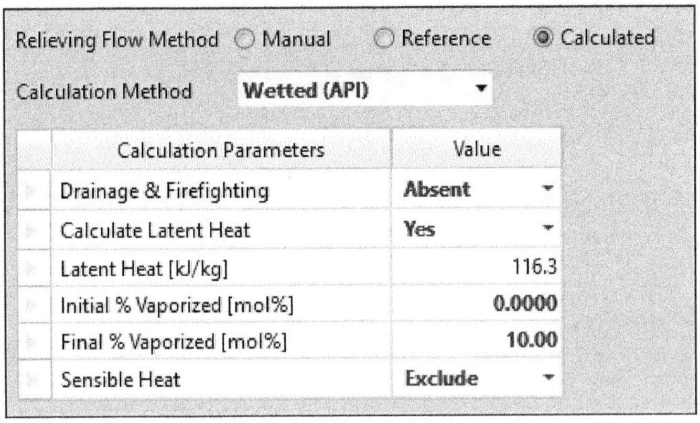

图 6-23　确认参数

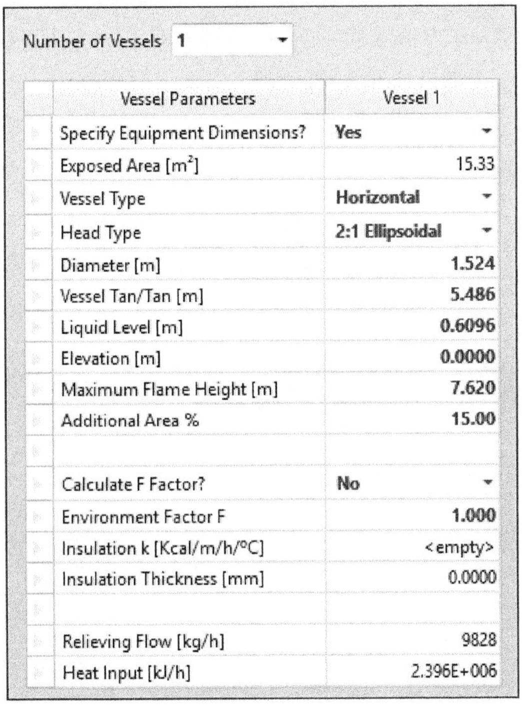

图 6-24　设定容器尺寸

在对 Inlet Sep 分离器的火灾和出口堵塞工况进行 PSV 尺寸计算后，发现出口堵塞工况比火灾工况需要更大的 PSV 孔板。由于容器必须在这两种工况下都被保护，因此必须选择一个 PSV 能处理最坏情况下的泄压。这可能会引起火灾工况泄压因为 PSV 尺寸过大出现问题，导致阀门抖动和其他不良反应。HYSYS 安全分析环境能够为给定校核工况设置多个安全阀。这种方法允许在超压情况下将泄放流量分流到多个 PSV。因此，两个阀门的组合面积可以支持较大的泄压情况（出口堵塞），而两个阀门中较小的可以支持较小的泄压情况（火灾工况）。

在 Scenarios 选项卡上，单击 Blocked Outlet 的 Sizing Case 复选框。将出口堵塞工况设置为计算最终阀门尺寸的校核工况。校核工况必须是泄放流量最大的紧急工况（图 6-25）。

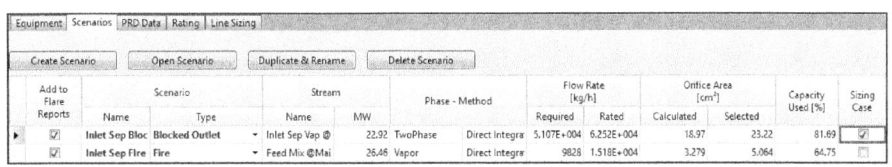

图 6-25　单击 Sizing Case 复选框

一旦选择了一个适当的 PSV 后，就在安全分析环境中应用 Line Sizing 选项来设计所选 PSV 的入口和出口管道尺寸。HYSYS 可以检查管道中是否有过多的压力损失。最后，在安全分析环境中使用 Documentation Builder 选项记录结果。安全分析环境还提供了管道尺寸计算功能，可以使用此功能定义 PSV 入口和出口管道规定，并确保它们的尺寸能够处理泄放流量。

点击 PSV 窗口上的 Line Sizing 选项卡。保持连接管道与 PSV 进出口法兰尺寸相同。输入管道规定（图 6-26）。

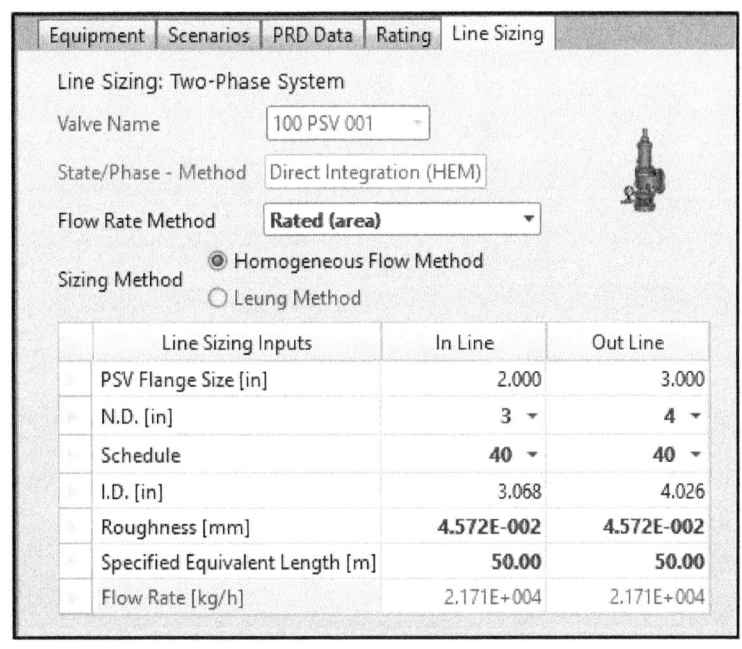

图 6-26　输入管道规定

通过单击 Constraint Setting 按钮，可以查看管道尺寸计算的约束条件（图 6-27），并可以修改入口管道压降、出口管道平均流速和出口管道出口速度的限制。

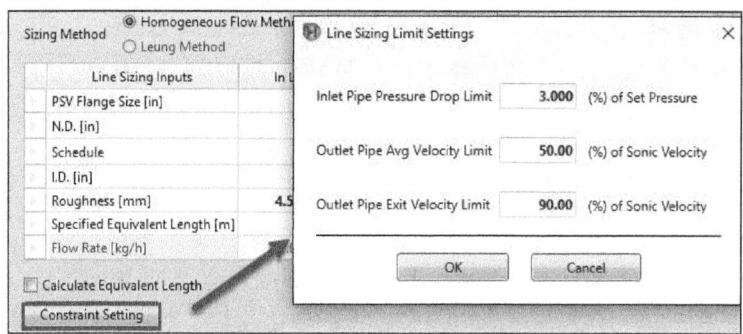

图 6-27 查看管道尺寸计算约束条件

管道尺寸设计功能还允许设计入口和出口管道的长度，以及这些管线上的任何管件。选中 Calculate Equivalent Length 复选框以查看用于计算入口和出口管道当量长度的选项。点击 Calculate Equivalent Length 复选框，查看出现在表格底部的选项（图 6-28、图 6-29），输入 PSV 进出口管道信息，如图 6-30 所示。

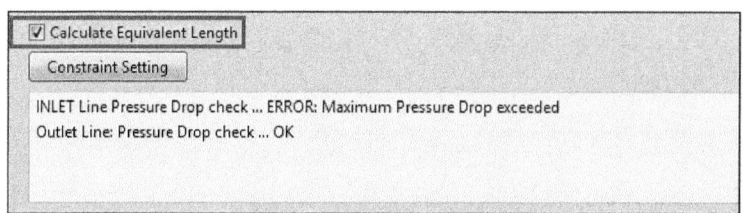

图 6-28 当量长度选项

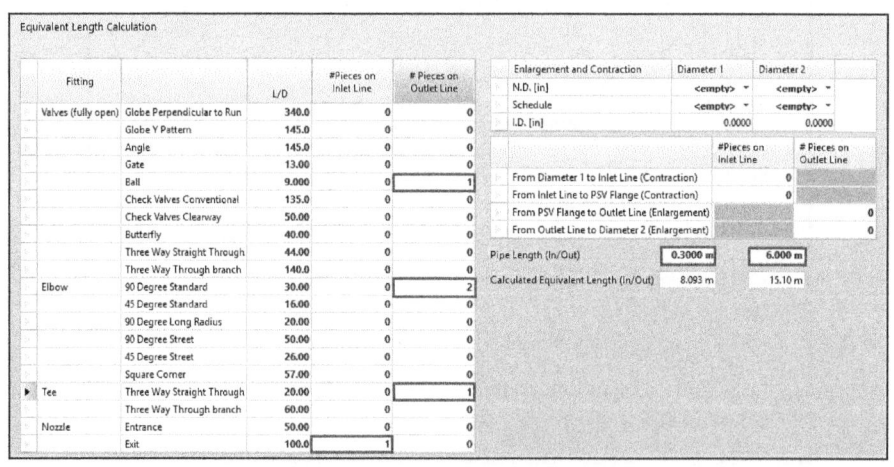

图 6-29 查看表格底部选项

适当和有效的泄压系统设计文件对遵守相应的法规是非常必要的。在安全分析环境中可以使用 ABE 数据表准备所有 PSV、爆破片和储罐的设计依据文档。在菜单栏的 Home 选项卡或 Reports 选项卡点击 Datasheets 选项（图 6-31）。

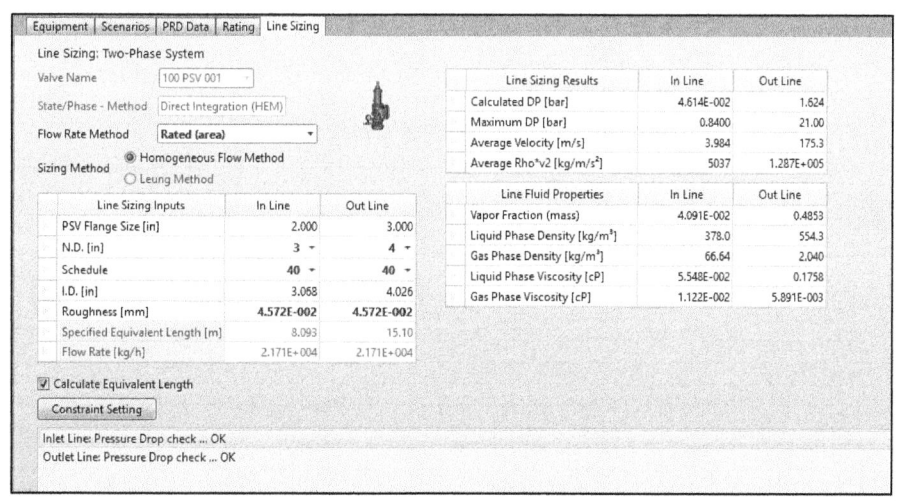

图 6-30　输入 PSV 进出口管道信息

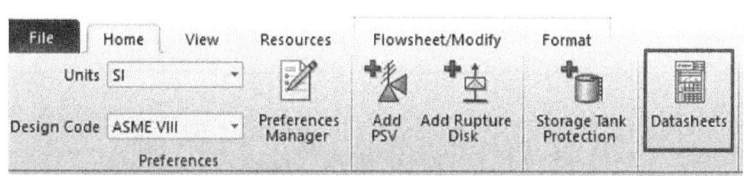

图 6-31　点击 Datasheets 选项

连接到 ABE 工作区后，会显示出 Datasheets Mapper 表。Datasheets Mapper 从 Aspen HYSYS 检索模拟数据，并允许将其映射到 Aspen Basic Engineering 数据库的相应对象中。可以传输有关流股、单元操作、组分和单元连接的结果。在 Mapper 表格上的第一列，确认选中要转移到工作区的复选框被选中。在建立数据表前，必须将模拟数据传递到工作区（图 6-32）。

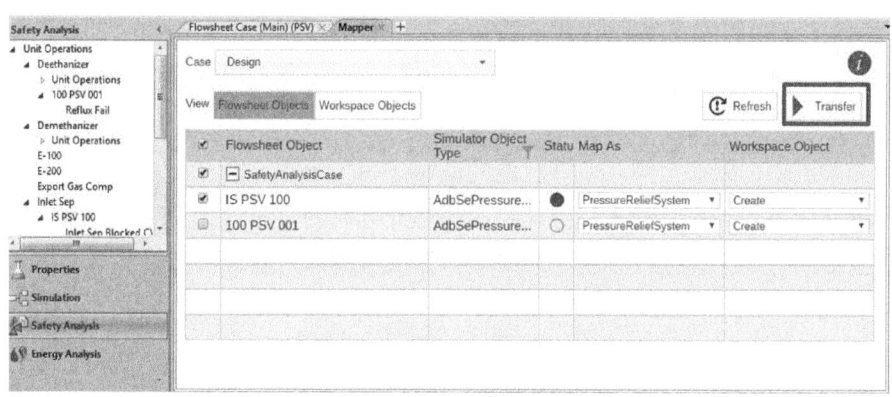

图 6-32　将模拟数据传递到工作区

单击 Transfer 后，将显示一个 notification window（通知窗口），通知数据已成功传输到工作区。单击 OK 以使通知窗口消失。在 Datasheets 功能选项卡上，点击 explorer。在

Workspace Objects 表，点击 IS PSV 100A 为此阀门新建一个数据表。

安全泄放阀计算后，应根据厂家具体要求确定喉径及接管尺寸，也可按表 6-6 粗选。

表 6-6　喉径及接管尺寸

		孔径尺寸 cm^2	孔径尺寸 in^2	阀门尺寸(内径×外径)										
标准孔板尺寸	D	0.710	0.110	•	•	•								
	E	1.265	0.196	•	•	•								
	F	1.981	0.307	•	•	•								
	G	3.245	0.503			•	•	•						
	H	5.065	0.785				•	•						
	J	8.303	1.287					•	•					
	K	11.858	1.838						•	•				
	L	18.406	2.853							•	•			
	M	23.226	3.60								•			
	N	28.000	4.34								•			
	P	41.161	6.38								•			
	Q	71.290	11.05									•	•	
	R	103.226	16.0									•	•	
	T	167.742	26.0											•
			in	1×2	1.5×2	1.5×2.5	1.5×3	2×3	2.5×4	3×4	4×6	6×8	6×10	8×10
			mm	25×50	38×50	38×62	38×75	50×75	38×100	75×100	100×150	150×200	150×250	200×250

第五节　安全阀进出口设置

安全阀的安装要仔细考虑入口管线、出口管线、压力传感管线（如有）和启动方法。

一、入口管线

安全压阀的入口管线设计特别重要。安装阀门时，应先考虑入口管线的压力损失，然后才可考虑操作位置方便。理想的安装位置是直接装在被保护设备上，使阀前损失最小。

当被保护容器或管线内的压力超过安全阀定压，安全阀开始排放前，安全阀入口静压力即为容器内的静压力；当安全阀开始排放后，由于安全阀入口管线内的动压头损失，使安全阀的入口静压力低于容器内的静压力；此时，若安全阀入口管线压降过大，安全阀入口静压力降至低于安全阀回座压力时，安全阀便即刻关闭。一旦安全阀关闭，安全阀入口管线内无介质流动，则安全阀入口管线内的动压头损失为零，安全阀入口静压力又再回升到容器内的静压力。当安全阀入口静压再次超过安全阀的定压时，安全阀再次开启。如此安全阀反复启闭，产生颤振或频跳。故必须控制安全阀入口管线的压降，以免颤振或频跳现象发生。

API Std 520，Part II *Sizing, Selection, and installation of pressure-relieving devices—Part II—Installation* 推荐最大的阀前压降是设置压力的 3%，ASME 相关规范也这样要求。阀前压力损失是阀入口压力损失、阀前管线压力损失与截断阀压力损失的总和，这一压力损失用通过安全阀的最大额定流量计算，流速不宜超过 40m/s。若安全阀入口管线的压力降超过 3%，可增大入口管径，改用多个较小的安全阀或改变管道布置以减少压力降。入口管径应大于或等于安全阀入口法兰管径；入口管线尽量缩短。采用带导阀的安全阀时，由于带导阀的安全阀有单独的取压管，因此不用考虑入口管线压降对安全阀动作性能的影响。

安全阀入口管线及出口管线可能堵塞时，需要采取防堵措施，如采用蒸汽或气体反吹、蒸汽伴热等措施来防堵。采用这些手段时要考虑加进蒸汽或气体对工艺的影响和如何检查供气故障。遇到这些情况要先考虑可否把安全阀安装在不会和堵塞物料接触的地方，如上或下游的容器上，在实际不可行时才可考虑防堵措施。

为了避免安全阀被输送管线及设备内的腐蚀性介质腐蚀或不让介质泄漏时，可在安全阀前加置爆破片。设有爆破片时，ASME BPVC Section Ⅷ规范要求在爆破片和安全阀之间要有压力表或其他可检查爆破片泄漏或已破裂的设施。GB 150.1《压力容器 第1部分：通用要求》B.6.1条则要求爆破安全装置与安全阀之间的腔体应设置压力表、排气口及报警指示器。

管线上安装的安全阀，应设置在流体压力比较稳定且距波动源有一定距离的地方，安全阀不应装在水平管道的死端，避免积聚液体或杂质。

安全阀进口管线不应有U形带，隔断阀应为全通径，并设置位置锁或铅封。

二、出口管线

相对分子质量小于80的气体，若对附近地面或装置不至于造成毒性、腐蚀性、难闻臭味及其他危害时，则可以考虑直接排入大气。视气体的性质不同，有可能需要取得环保部门的同意。安全阀向大气排放时排放管出口应垂直向上，切成方口，以免安全阀的排放带有明显的方向性，有利于安全阀排出物的扩散。根据GB 50160《石油化工企业设计防火标准》，排放管口应高出以排放口为中心的8m半径范围内的操作平台或建筑物3m以上。在安全阀出口弯头附近的低处需开一个直径6~10mm的小孔，以免雨、雪或冷凝液积聚在排出管内。直接排入大气时，排放管的流速不应低于60m/s。

常规式安全阀具有合适的出口管线尺寸很重要。如果尺寸不合理，就会导致阀门失灵。在出口汇管处可产生压力损失，导致阀门背压过高，从而可能使泄压阀关闭。排空至大气的先导式安全阀的开启与设置压力不受背压影响；当然，如果出口压力超过入口压力（如储存低蒸气压介质的储罐），需设置止回阀。平衡式安全阀与常规式安全阀相比，设置压力受背压的影响较小。如果出口压力超过临界流压力，任何泄压阀的泄放能力都受背压的限制。出口管线至少要与安全阀出口的尺寸相同，但一般都要比阀出口直径大些以限制背压。

对安全阀进出口管线进行管径计算时，由于安全泄放阀背压非常低，尾管（安全阀出口至支汇管或总汇管）内气体速度非常大，建议在安全阀出口法兰处根据尾管马赫数和背压设置大小头，增大尾管管径，从而降低尾管内气体的速度，尾管的马赫数不宜超过0.7。

安全阀出口管线不应有U形带，应有坡度（最小1∶500，坡向火炬汇管），隔断阀应为全通径,并设置位置锁或铅封。

如果安全阀泄放的流体在环境温度下可能结冰或者结蜡、结沥青,可在安全阀进口及出口尾管进行伴热,防止在微量介质泄漏时产生堵塞。对于湿气正常大量泄放时产生 JT 效应而形成的温降,由于流速很快,很难沉积形成冻堵。排放湿气体安全阀出口接往火炬泄压总管时,应由上部顺着流向以 45°角插入总管,以免总管内的凝液倒入支管,并可减少安全阀的背压。

安全选型时应注意安全阀泄放时的反作用力和振动,应提给配管专业或者要求厂家在计算书中提供,以便配管专业设置合适的固定和支撑。当安全阀的阀前管路的压力损失过大,阀前管路的固有声频接近阀门主要运动部件的固有机械频率,泄压阀就会产生共振。设置压力越高、阀门孔径越大、入口管线损失越大,共振就越容易发生。共振所产生的冲击力很大,可能会导致安全阀自行毁坏。

三、反作用力

泄压装置的泄放因流体的流动将会强加一个反作用力,这个力将被传递到泄压装置、安装孔及邻近的支撑容器壳体。载荷应力及诱导应力的精确大小取决于反作用力和管道系统的配置。反作用力的大小会因泄放系统是开放式还是封闭式而不同。

(1)开放式泄放系统中,对于气体和蒸气,可压缩流体以临界稳定状态通过弯头和垂直排放管排放到大气,反作用力(F)包括冲力和静压的影响,见式(6–23)。

$$F = 129W\sqrt{\frac{kT}{(k+1)M}} + \frac{(Ap)}{1000} \quad (6-23)$$

式中 F——向大气排放点的反作用力,N;

W——流率,kg/s;

k——比热比;

T——进口温度,K;

M——相对分子质量;

A——排放点的出口面积,mm²;

p——排放点的静压(表压),kPa。

开放式排放系统中,对于两相排放,假设两相混合物处于均匀流动状态,则按式(6–24)计算。

$$F = \frac{10^6 W^2}{A} \cdot \left(\frac{x}{\rho_g} + \frac{1-x}{\rho_1} \right) + \frac{Ap}{1000} \quad (6-24)$$

式中 F——向大气排放点的反作用力,N;

W——流率,kg/s;

x——出口条件下的气相质量分数；

ρ_g——出口条件下气相密度，kg/m^3；

ρ_l——出口条件下液相密度，kg/m^3；

A——排放点的出口面积，mm^2；

p——排放点的静压（表压），kPa。

（2）对于封闭式排放系统，如果是在稳定流动状态下进行泄放，压力泄放装置一般不会对排放系统产生大的作用力和弯矩，仅在排放管道中发生突然膨胀之处，计算得出的反作用力会比较大。该作用力的计算比较复杂，需要对配管系统的复杂时间关系进行分析。

第六节　爆破片的设置

凡必须安装安全泄压装置而又不适合安装安全阀的场所，应安装爆破片或安全阀与爆破片串联使用。爆破片是指能够因超压而迅速动作的压力敏感元件，用以封闭压力，起到控制爆破压力的作用。当爆破片两侧压力差达到预定温度下的预定值时，爆破片即刻动作（破裂或脱落），泄放出压力介质。爆破片装置是指由爆破片（或爆破片组件）和夹持器（或支撑圈）等装配组成的压力泄放安全装置。爆破片主要可分为正拱型和反拱型，其细分见表6-7。

表6-7　爆破片分类

型式	名称
正拱型	普通型 开缝型 背压托架型 加强环型 软垫型 刻槽型
反拱型	卡圈型 背压托架型 刀架型 鳄齿型 刻槽型

满足下列情况之一，应优先选用爆破片：

（1）压力有可能迅速上升的。

（2）泄放介质含有颗粒、易沉淀、易结晶、易聚合和介质黏度较大者。

（3）泄放介质有强腐蚀性，使用安全阀时其价值很高。

（4）工艺介质十分昂贵或有剧毒，在工作过程中不允许有任何泄漏，应与安全阀串联使用。

（5）工作压力很低或很高时，如选用安全阀则其制造比较困难。

（6）使用温度较低而影响安全阀工作特性。

（7）需要较大泄放面积。

对于一次性使用的管路系统（如开车吹扫的管路放空系统），爆破片的破裂不影响操作和生产的场合，可设置爆破片。为减少爆破片破裂后的工艺介质的损失，可安装在安全阀入口串联使用。爆破片的标定爆破压力与安全阀的设定压力相同。爆破片的公称直径不小于安全阀的入口管径。爆破片破裂后泄放面积应不小于安全阀进口面积，同时应保证爆破片破裂的碎片不影响安全阀的正常动作。

如果泄放总管有可能存在腐蚀性气体环境，爆破片应安装在安全阀的出口处，以保护安全阀不受腐蚀。此时容器内的介质应是洁净的，不含有胶着物质或阻塞物质。

爆破片的最大设计爆破压力不超过弹簧式安全阀设定压力的10%，爆破片的公称直径与安全阀出口管径相同，爆破片的泄放面积不得小于安全阀的进口面积。为防止在异常工况下压力容器内的压力迅速升高，或增加在火灾情况下的泄放面积，可安装一个或几个爆破片与安全阀并联使用。爆破片的标定爆破压力略高于安全阀的设定压力，并不得大于容器的设计压力。爆破片要有足够的泄放面积，以达到保护容器的要求。

第七节　水击泄压

水击又称为水锤，在管道中液体的运动状态突然改变的情况下发生（例如阀门的突然关闭或突然开启，水泵的突然启动或停止，水轮机或液压油缸突然变化负载等）。由于液体流速发生突然、迅速变化，流体惯性必然引起管内压强的剧烈波动，即压强的突然上升与突然下降，并在整个管长范围内传播。压强突变使管壁产生振动，并伴有似锤之声，故将这种现象称为管内水击现象或水锤现象。当阀门迅速关闭时，管内流速急剧下降，压强迅速上升，称为正水击，正水击可能使管道爆裂。而当阀门迅速开启时，管内流速急剧上升，压强迅速下降，称为负水击，负水击可使管道产生真空和汽蚀，使管道变形。水击现象所引起的压强上升轻微时，只表现为噪声与振动；严重时，压强变化可超过管内原有正常压强的几十倍、上百倍，甚至超过管壁材料的允许应力，造成管道和管件的变形乃至破裂。

水击波在管线油流中的传播速度按式（6-25）计算。

$$c = \sqrt{\frac{1}{\rho\left(\dfrac{1}{K} + \dfrac{d}{\delta \cdot E}\right)}} \qquad (6-25)$$

式中　c——水击波在管线油流中的传播速度，m/s；

　　　d——管线内径，m；

δ——管线壁厚，m；

E——管材的弹性模数，Pa，对于钢管 $E=2.06\times10^{11}$Pa；

K——管内液体的体积弹性系数，Pa，对于原油 $K=1.7\times10^{9}$Pa；

ρ——管内液体的密度，kg/m³。

水击引起的压力升高值 Δp 与管线中油流流速的变化值 Δv 成正比。可按式（6-26）计算：

$$\Delta p=\rho c\Delta v \tag{6-26}$$

按照式（6-26）计算出来的 Δp 是流速瞬时改变时产生的水击压力值。

第八节 声激振动分析

在管道系统中，特别是在减压阀、安全阀，以及其他压力变化的区域会由于声音脉动产生比较大的振动，造成管道损坏。因此，在天然气系统中有减压阀的地方应进行声激振动分析（AIV）。

声激振动（AIV）会导致作业管道或小管径连接的断裂损坏，并在500Hz到2000Hz频域内产生声音辐射。图6-33左图说明了声激振动激发了管壁振动，管壁振动引起了小口径管道振动。若不加以控制，AIV会导致重大管道故障（图6-33右图）这种内部声能，还会产生外部噪声，影响操作员安全（丧失听力）。

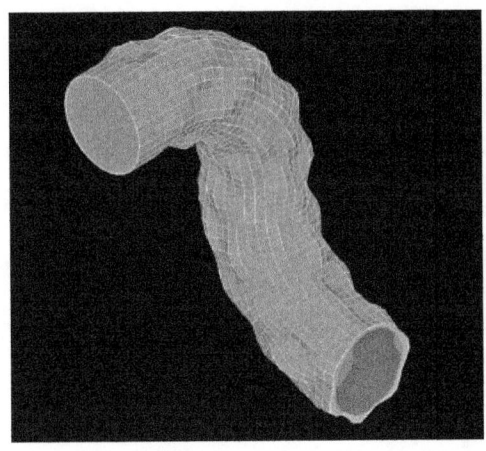 

图6-33 AIV管道故障示例

出现声激振动时，小口径管道连接处或分支管道焊接支撑点处的风险最大。在不同频率下的激励引起这些位置的共振可导致开裂和损耗损坏。AIV损耗损坏会在极短时间内发生（几分钟到几小时）。声功率级（PWL）可用来衡量通过减压阀或减压设备的流体产生的声能。声激振动研究（AIV设计研究）计算PWL并判断管道系统是否足以抵御AIV振动带来的损耗。若必要，则需要改变PWL或对管道系统进行改造。通常采用两种方法来评估 AIV：

（1）艾辛格或"D/t"法。该方法通过将实际直径（D）/厚度（t）比率与经验值比较，来检查管道和相应的声学损耗。PWL 是确定设计限制的参数，由艾辛格（Eisinger）、卡鲁奇（Carucci）和穆勒（Mueller）公布于 NORSOK 的（挪威石油标准化组织）标准中。

（2）美国能源研究所标准（2008）。该方法检查分支和焊接点。PWL 的计算和 D/t 法相似，但在推导损耗极限的方法上有一些差异。

第七章

紧急放空阀（BDV）的设计与计算

第一节　BDV 简介

紧急放空阀（BDV）和限流孔板配合使用作为系统的紧急泄压装置，其合理的选型设计对火灾或者事故工况的系统设置及管网的背压有着重要的影响。

目前系统中设置的 BDV 泄压介质仅为气相。火灾中，为降低容器的内部压力和容器壁压力，不至于向火源中增加更多的燃料，容器需泄压。按照 API Std 521 *Pressure-relieving and depressuring systems* 规定，应在 15min 内将设备压力降到 690kPa 或降到设备设计压力的 50% 以下，取其较低者。

BDV 和限流孔板配合使用作为系统的紧急泄压装置，能自动快速地对目标设备、单体、系统或管道进行泄压。其合理的选型设计，对火灾或者事故工况的系统设置及管网的背压有着重要的影响。

BDV 的触发可以是自动的，也可以经操作人员确认后开启。自动触发信号可以是压力高高、关断信号或是火灾报警信号。若是单体的紧急泄放可以自动触发，但若是系统或者全场的紧急泄放，建议经操作人员确认后触发。

在正常生产条件，油气处理设施充满了高压的烃类流体，当出现紧急工况，如火灾时，这些高压的烃类流体将引起着火或爆炸。设置自动泄放装置及时将高压烃类流体泄放到火炬收集系统，可降低操作危险性同时也保护了生产设施和人员的安全。

紧急泄放装置 BDV 的主要功能是在应急工况下如火灾、泄漏或出于设备检修的目的，对高压系统进行及时泄压。典型的紧急泄放装置主要由泄放阀、孔板，以及上下游的管线组成。当出现火灾时，中控室的火气探测信号触动分离器入口和出口关断阀并将其自动关闭，同时自动打开泄放阀，开始对高压系统进行泄压，当进行设备检修时，也可通过手动打开泄放阀进行泄压（图 7-1）。

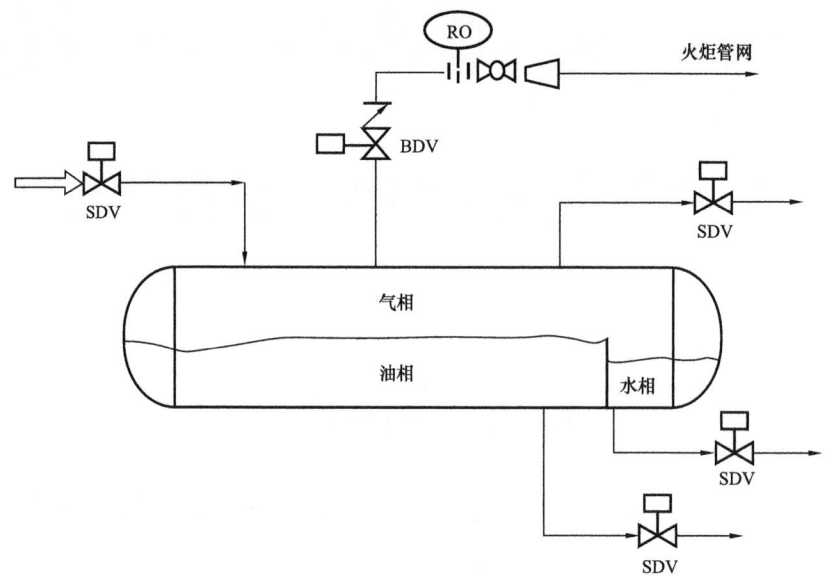

图 7-1　典型的紧急泄放装置

第二节　BDV 的设置与计算

一、BDV 的设置规定

API Std 521 *Pressure-relieving and depressuring systems* 规定，对于操作压力大于或等于 1724kPa（表压），且存放有相当量的烃类化合物的压力容器或系统，都需要设置 BDV。壳牌行业规范要求，对于所有容器拥有 $4m^3$ 丙烷或其他危险化合物的压力容器，都需要设置 BDV；对于高压操作的设施（表压大于或等于 35bar），以及对于所有有人平台的高压设施都需要设置 BDV。挪威船级社规定，对于所有压力容器或管段在关断时装有 1t 的未处理的烃类化合物，其操作压力（表压）大于或等于 450kPa，都需要设置 BDV。美孚石油公司规定，操作压力大于或等于 1720kPa，含可燃液体 $5.6m^3$，需要设置 BDV。道达尔公司要求操作压力（表压）大于 7bar 且 $p \cdot V_{gas} > 100 bar \cdot m^3$，或轻烃（$C_4$ 及更轻的组分）含量大于或等于 20t 的，需要设置 BDV。

综上所述，对于压力装置，BDV 一般属于标准配置；而对于容器类，容积大小和操作压力决定是否配置 BDV。

若两 SDV/ESD 之间仅有管道，除非有特殊要求，如维检修需快速泄压、含大量轻烃或安全分析后需要，一般可以不考虑 BDV。在确定是否需要设置 BDV 时，还应考虑的因素有平台的类型、泄放源物料的量和组成，以及操作的条件（是否高压）。从目前国内外油气田的实际设计情况来看，主要是参照 API 标准中的推荐作法，同时特别大的分离器有时也考虑设置 BDV。

BDV 泄放时，单体或系统一般处于隔断状态：即所有物料的进出口 SDV/ESD 关闭（包括液相），BDV 仅泄放单体或系统残存的及火灾引起气化增加的物料，通过 BDV 排放的都是纯气相。BDV 远程泄放工艺设备中存留液体的目的是降低容器内的压力，使器壁应力在加热时仍在破裂屈服应力以下，以最大限度地减少火灾时容器破裂的可能性。

是否需要安装 BDV 取决于 API Std 521 *Pressure-relieving and depressuring systems* 中提及的各种标准。如果丧失密闭性可能会导致紧急情况升级，则需安装紧急降压设施。图 7-2 所示的曲线可以作为确定系统是否需要安装 BDV 的指导。该曲线基于火灾工况，持续时间为 10min，初始泄漏量为 1kg/s，且容器间的间隔为 4m。

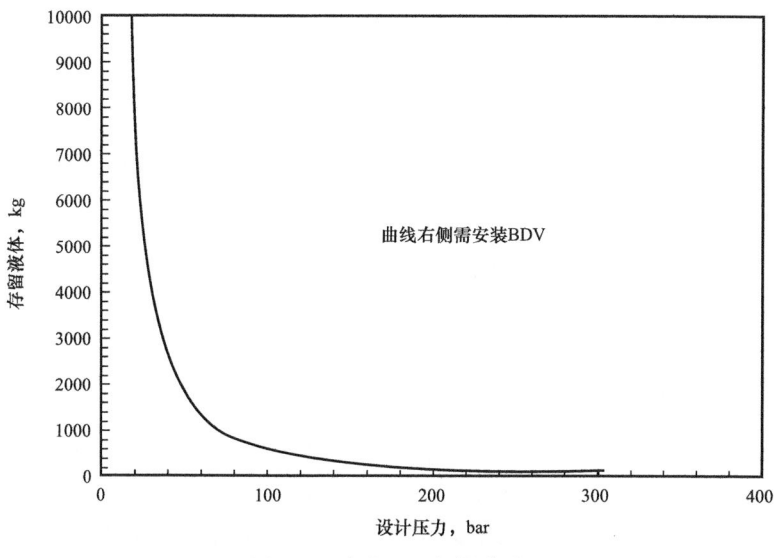

图 7-2 火灾工况极限曲线

API Std 521 *Pressure-relieving and depressuring systems* 提供了基于通用容器隔热能力数据的降压经验准则：

（1）液相着火，在 15min 内将容器内压力降至设计压力的 50%。

（2）气相（气相由系统降压生成）着火，在 15min 内将容器内压力降至 690kPa（表压）。

当发生池火或喷射火时，在某些情况下可能需要对容器的隔热能力进行分析评估，以确定容器的降压速度（据 API Std 521 *Pressure-relieving and depressuring systems*）。在设计早期就必须认识到，与 API 的经验指南相比，API 标准对容器的隔热能力要求可能需要更快的降压速度（例如 5min）和更大的泄压系统。

容器的隔热能力由容器外部的热通量决定，需要计算火焰的辐射热。API Std 521 *Pressure-relieving and depressuring systems* 中给出了辐射热计算方法，也可以使用 PHAST 等专业软件进行更精确的辐射热计算。该软件可以计算一定尺寸孔径发生泄漏被点燃后火焰的辐射热，孔径的尺寸通常包括 100mm、50mm、25mm 和 10mm，取决于被评估的设备的性质。10mm 孔径生成的热通量较小、持续时间较长，而 100mm 孔径生成的热通量更大、持续时间更短。因此需要分析孔径尺寸范围的可靠性，明确最坏的工况（可能不是最大孔径的情况）。容器受到的最大辐射热应来自具有最高压力且存留液体最大的系统。API 还提供了可用于减少热负荷从而降低降压要求的缓解措施的建议（例如被动防火，喷水灭火）。

二、BDV 计算

（一）BDV 设计要求

（1）BDV 初始泄放压力为设备高高压报警值或安全阀的设定压力值。

（2）泄压系统应该有能力将 BDV 的初始泄放压力在 15min 内降低到 690kPa（表压）或容器设计压力的 50%。

（3）泄压系统的泄放容量一般基于容器的正常操作液位，并包括相连设备、管线容积，而有效的蒸气生成表面积为容器液相浸润的面积。

（4）对于火灾工况和绝热工况中的正常泄放，初始泄放温度为泄放设施的操作温度，对于绝热工况中的冷泄放，初始泄放温度为泄放设施所处环境的最低温度。

（5）对于全气相容器，等熵效率为 87%～98%；对于气液两相容器，等熵效率为 70%；对于全液相容器，等熵效率为 40%～70%。

（6）气相管存量：SDV/ESD 隔断系统内所有气相容积，无论是否在火灾区。

（7）液相存量：仅计算火灾考察范围的，即 15min 内由于火灾产生的汽化量需计入。

（8）BDV 阀前和阀后压力：限流孔板上游属于高压段，其压力等于容器内的压力，随泄放时间逐步减低；孔板后属于低压段，其压力等于火炬系统背压。BDV 在孔板上游，一般为全通径阀门，故其阀前后压力与容器一样。

（9）泄放量：最大泄放量是由限流孔板尺寸决定的，开始泄放的瞬间孔板前后压差最大，泄放量也最大，随着容器内压力降低和板后放空支管背压升高，当孔板前后压力小于临界压力差后，泄放量逐步减小。

（二）BDV 计算

BDV 计算的核心问题主要集中在分析泄放过程中泄放系统需要承受的峰值泄放量及低温效应，考虑的工况为火灾工况和绝热工况。绝热工况是指设备在进行检修时需要的压力泄放，外界无热量输入，同时又分别考虑如下两种情况：

（1）正常泄放：停产后设备就开始压力泄放，初始的泄放温度为设备的操作温度。

（2）冷泄放：由于台风或其他原因导致系统压力无法及时进行泄放，系统的操作温度降低到环境温度时才开始进行压力泄放。

BDV 之后应设置限流孔板，型式应为限流量型孔板，以减小 BDV 突然开启后放空气体对放空管网和火炬的冲击。不能设计为降压型孔板。计算孔板时，在小孔处气体的压力不可能低于临界压力，在小孔处气体流速也不能超过声速，孔板下游压力是从火炬出口反推至此的背压，按式（7-1）计算。

$$A = \frac{W}{CK_d p_1 K_b K_c} \sqrt{\frac{TZ}{M}} \quad （7-1）$$

式中　A——要求的泄放阀有效排出面积，in^2；
　　　W——要求通过泄放阀的流量，lb/h；
　　　C——标准条件下由气体或蒸气绝热指数确定的系数；
　　　K_d——有效排出系数；$K_d=0.975$；
　　　K_c——综合校正因子，如未安装爆破片取值1.0，如安装爆破片取值0.9；
　　　p_1——上游泄放压力（绝压），psi；
　　　K_b——背压校正系数；
　　　T——入口处泄放温度，K；
　　　Z——压缩系数；
　　　M——气体或蒸气的相对分子质量。

计算时，可根据诺模图进行查找计算。或根据放空时间计算孔板喉径，见式（7-2）。

$$t = \frac{BV}{C_d A_r} \cdot \ln \frac{p_1}{p_2} \cdot \sqrt{\frac{R_d}{ZT}} \quad （7-2）$$

式中　t——放空时间，s；
　　　B——系数，取0.09；
　　　V——系统容积，m^3；
　　　C_d——泄放系数，取0.85；
　　　A_r——泄放阀泄放面积，m^2；
　　　R_d——气体相对密度；
　　　Z——气体压缩因子；
　　　T——操作温度，K；
　　　p_1——泄放前压力，kPa（绝压）；
　　　p_2——泄放后压力，kPa（绝压）。

站内所有孔板计算完成后，将所有限流孔板在FLARENET中进行建模。放空方案为火灾时场内的BDV分区域动作，在总图230m^2之外的BDV必须考虑同时动作。按照尾管马赫数不大于0.7，主管马赫数不大于0.5（根据NORSOKP-001）进行BDV口径的校核计算，由于紧急泄压时管线内马赫数较大，BDV出口背压可能达到阀前压力的80%，但在紧急泄压时对BDV出口背压尚无限制。

注：BDV和限流孔板的最小安装距离为600mm。

三、限流孔板简介

限流孔板为一同心锐孔板，用于限制流体的流量或降低流体的压力。流体通过孔板就会产生压力降，通过孔板的流量则随压力降的增大而增大。但当压力降超过一定数值，即超过临界压力降时，不论出口压力如何降低，流量将维持一定的数值而不再增加。限流孔板就是根据这个原理用来限制流体的流量或降低流体的压力（图7-3）。

图 7-3 限流孔板

工艺系统中应用的主要是限流孔板和节流孔板，限流孔板与节流孔板的对比见表7-1。

表 7-1 限流孔板与节流孔板对比

项目	限流孔板	节流孔板
目的	限制流量	降低压力
适用场合	仅限流，如紧急放空系统	流量计量，降低压力
是否期望形成阻塞流	是	否
流量与压差	流量只有最大量限制，在临界压差下达到最大流量	有流量的要求范围，在指定流量希望达到指定压降
级数	单级即可	单级、多级
单板压降	没有限制，取决于板的强度	一般不超过板前50%
β（d/D）	无限制	一般≥0.2
冲蚀	流速快，冲蚀严重，建议适用低频使用场合	相对较轻，可用于高频适用场合

（一）孔径

为了限制放空量，减小火炬系统的负荷，满足15min的泄压需求即可。

(二)板后背压

限流孔板不兼负降压的功能,板后的背压建立取决于整个火炬系统的背压和板后尾管的累积背压。虽然孔板不像安全阀,板后的背压没有具体要求,但也不应超过火炬系统的设计压力。可先预估一个孔板的孔径进行验证计算,看一下15min后的压力,如果压力远低于要求,则可缩小孔径,反之则增大孔径,直至15min后压力刚好满足设计压力的50%或7bar(表压)。应注意计算的时间步长不宜太短,先收敛后可再做调整。

(三)孔板下游尾管

孔板下游应尽快变径,避免流速过高的冲蚀和高累积背压,下游尾管的马赫数不宜超过0.5。

(四)孔板下游隔断阀

应设置在变径之后,为全通径阀门。

(五)孔板前后的低温区

在大压差下,气体通过孔板会产生节流制冷效应,温度会降低,可能会超过普通碳钢的低温许用温度(-29℃),此时可采用低温型碳钢。孔板前后距离上下游的阀门等至少600mm,避开剧烈低温的影响。

四、BDV进出口设置

BDV的尺寸推荐不小于2in,BDV及孔板上游管线尺寸满足:
(1)操作压力(表压)$p \leq 50bar$ 时,$\rho V^2 \leq 30000 kg/(m/s^2)$。
(2)操作压力(表压)$p > 50bar$ 时,$\rho V^2 \leq 50000 kg/(m/s^2)$。

第三节 BDV计算示例

在降低减压系统成本的同时确保达到所需的安全标准,这是重大的挑战。因此,仿真模拟在减压系统的设计和改造中有着广泛的应用,为此需要精确的模型。通常出于安全考虑,往往会采用保守的设计方法,且工艺上的不确定性和不精确性可能导致总体上过度设计。

BLOWDOWN™最早在Aspen HYSYS V9.0中使用,以提供准确的低温测定,这是每个工艺设备设计和运行中的关键之一,因为它不但可以降低成本,更重要的是可提高设备的安全性。本实例使用单容器模板为池火灾减压场景设计孔板。

主流程图中的Inlet Sep三相分离器将被用于做一些额外的研究。首先,为池火灾减压工况设计一个合适的排放阀。

BLOWDOWN 分析流程功能类似于 HYSYS Sub-Flowsheet。但是，与传统的 HYSYS 子流程图不同，不能在 BLOWDOWN Sub-Flowsheet 的 PFD 和主 PFD 之间添加流股连接。此外，BLOWDOWN Sub-Flowsheet 环境不使用传统的 HYSYS 求解器。

从 Home 菜单栏添加一个 BLOWDOWN 单元。在 Safety 选项卡下，点击 BLOWDOWN and Depressuring，在 Depressuring 页面，点击 Add | BLOWDOWN Utility，BLOWDOWN Analysis 会出现（图 7-4）。

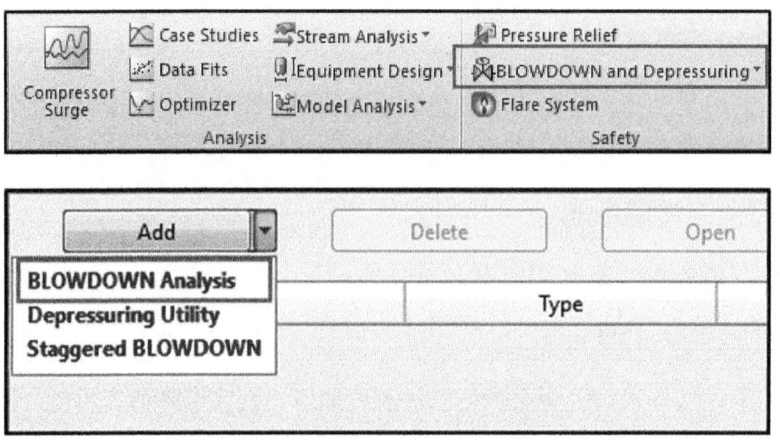

图 7-4 BLOWDOWN Analysis 界面

在 BLOWDOWN Analysis 中，在 Template 下拉列表中，选择 SingleVessel.blo –Single Vessel BLOWDOWN 模板（图 7-5）。

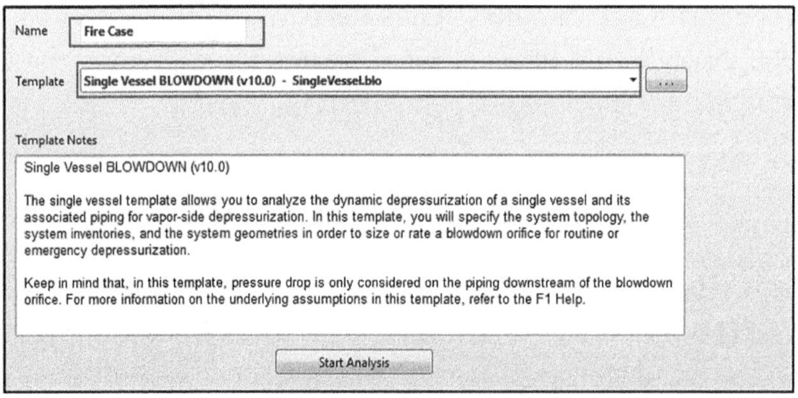

图 7-5 选择 SingleVessel.blo –Single Vessel BLOWDOWN 模板

该模板是一个在 BLOWDOWN 流程图上预先配置好的模板，用于单容器结构及其管道连接。

点击 Start Analysis。在 BLOWDOWN Analysis 页面的 Design 页面，可以设置模拟中的单元操作布局，以匹配工艺设备布置（图 7-6）。

在此表格上，选择适当的 Inlet Line、Blowdown Line 和 Vapor Outlet Line 配置（图 7-7）。

对于 Inlet Line，选择 Without pocket 选项。这意味着入口管段中的所有液体都将流向主容器。对于 Blowdown Line，选择 Attached to vessel 选项，这意味着泄放管线直接连接到容器顶部。对于 Vapor Outlet Line，选择 Leaves vessel vertically，表明气体出口管线的初始方向是垂直的。

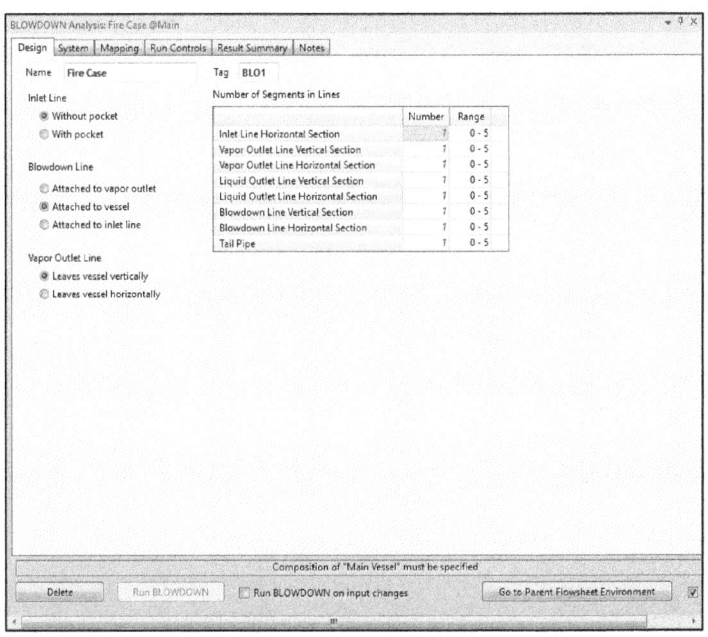

图 7-6　Design 页面

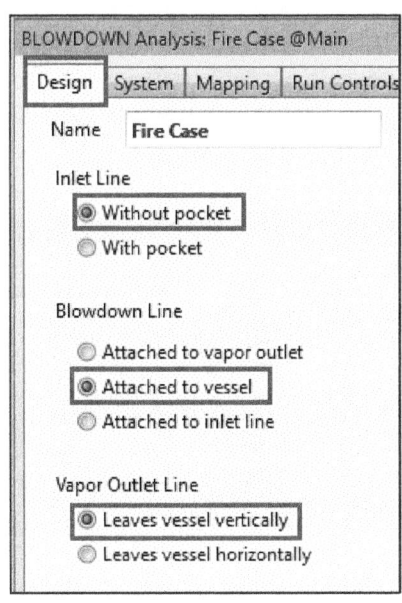

图 7-7　选择 Inlet Line、Blowdown Line 和 Vapor Outlet Line 配置

接下来，设定每条管线的 Number of Segments in Lines，根据 Inlet Line，Blowdown Line，和 Vapor Outlet Line 的配置改变。本实例将模拟单独的容器，不需要管线，因此将 line segments 设置为 0（图 7-8）。

接下来，在 System 页面，为 BLOWDOWN 所有单元操作设定设备、流体和环境信息。首先设定应用于整个模板的 Template Parameters（图 7-9）。在 Ambient Air Properties 项，设置 Air Temperature（环境温度）为 21℃（70°F），Air Speed（空速）为 2.438m/s（8ft/s）。在 Define Fire Zone，选中 Main Vessel 旁边的复选框（注意：这些值将应用于 BLOWDOWN 子流程图上的所有单元操作）。

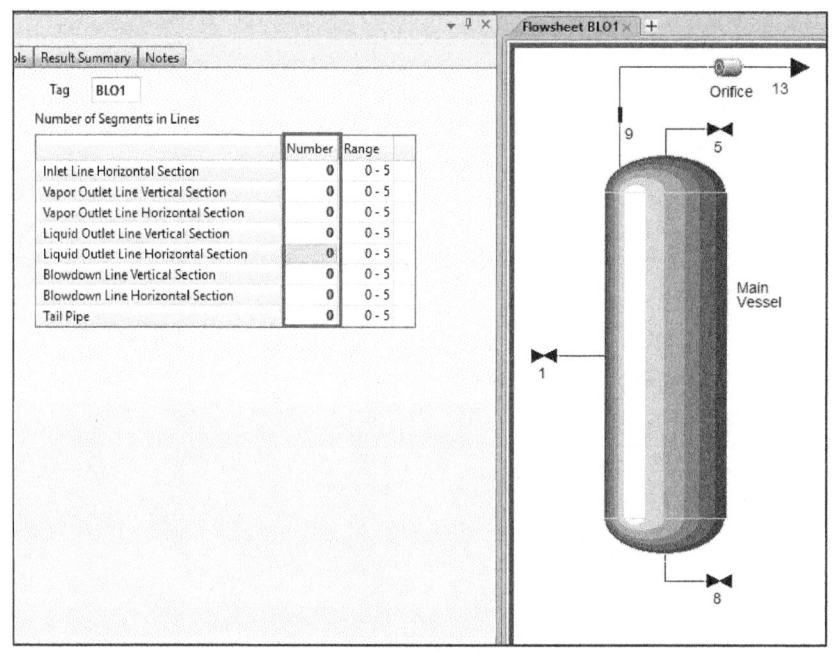

图 7-8　Line segments 设置

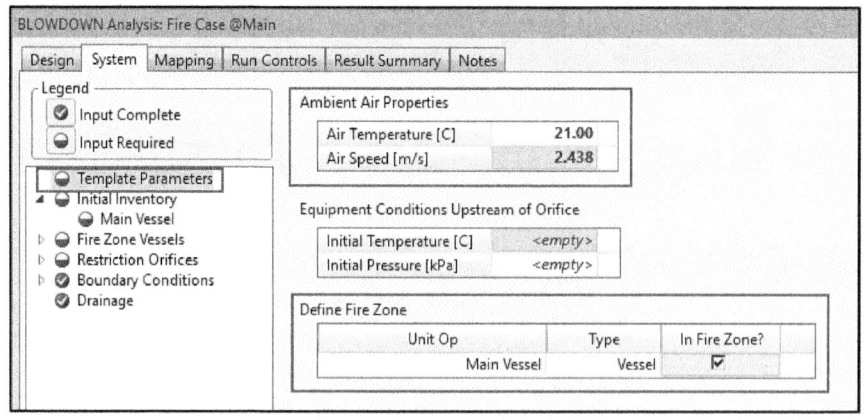

图 7-9　Template Parameters 设定

接下来，必须设置 Initial Inventory 信息。在 Single Vessel 模板中，可以指定主容器的存液量。在 System 页面左侧，展开 Initial Inventory | Main Vessel 菜单（图 7–10）。

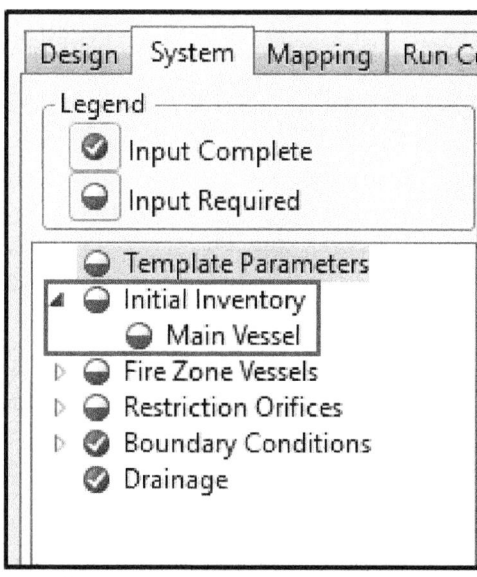

图 7–10　设置 Initial Inventory 信息

BLOWDOWN Analysis 使用的组成可以链接到流程图上的物流，或者手动从流程图上的物流复制/粘贴。选中 Manual，然后点击 Copy from Stream。在 Select Process Stream 窗口选择 Feed_Mix_Fire_RP 流股，然后点击 OK。HYSYS 会自动复制所选流股的组成（图 7–11）。

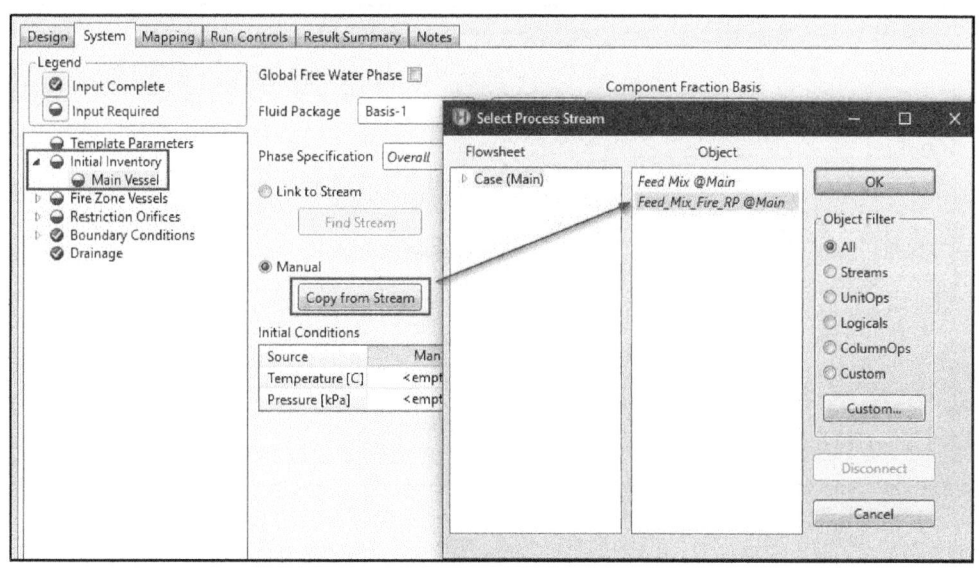

图 7–11　复制所选流股的组成

点击 Copy to Initial Conditions 将数据复制到 Template Parameters 页面的 Initial Temperature 和 Initial Pressure 中（图 7-12）。

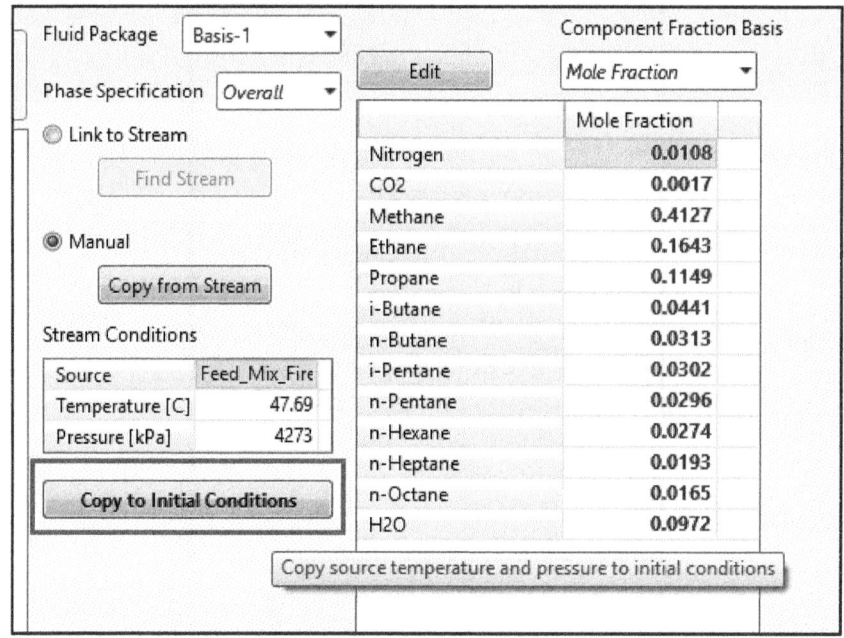

图 7-12　点击 Copy to Initial Conditions 复制数据

接下来必须设置容器相关参数。在左侧窗格中选择 Fire Zone Vessels，并在 Geometry，Heat Transfer 和 Initial Conditions 选项卡上设定容器配置（图 7-13）。

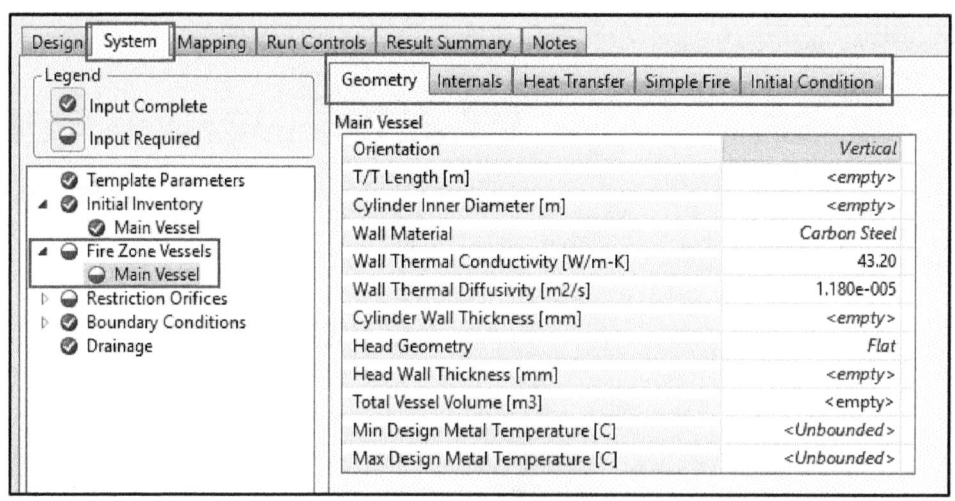

图 7-13　设定容器配置

在 Geometry 选项卡上输入以下几何尺寸规范（图 7-14）。

转到 Simple Fire 选项卡，确认 Heat Flux Method 为 Apply to liquid（图 7-15）。

| Geometry | Internals | Heat Transfer | Simple Fire | Initial Condition |

Main Vessel

Orientation	Vertical
T/T Length [m]	5.486
Cylinder Inner Diameter [m]	1.524
Wall Material	Carbon Steel
Wall Thermal Conductivity [W/m-K]	43.20
Wall Thermal Diffusivity [m2/s]	1.180e-005
Cylinder Wall Thickness [mm]	25.40
Head Geometry	Flat
Head Wall Thickness [mm]	25.40
Total Vessel Volume [m3]	10.01
Min Design Metal Temperature [C]	-20.00
Max Design Metal Temperature [C]	648.9

图 7-14　输入几何尺寸规范

| Geometry | Internals | Heat Transfer | Simple Fire | Initial Condition |

Main Vessel

Heat Flux Method	Apply to liquid
Fire Heat Flux (Q) [kJ/h-m2]	3.600e+005
Adequate Drainage & Firefighting	Yes
Open Fire	☑
Vapor Zone Ambient Heat Transfer	None
Environmental (F) Factor	1.0000
Flame Height [m]	7.620
Elevation To Bottom Head [m]	0.0000

图 7-15　确认 Apply to liquid

在 Initial Conditions 选项卡上，将 Liquid Volume Percent（%）指定为 50%，这是在泄放开始时由液体填充的总体积百分比（图 7-16）。

| Geometry | Internals | Heat Transfer | Simple Fire | Initial Condition |

Main Vessel

Temperature [C]	47.69
Pressure [kPa]	4273
Liquid Level (from bottom head) [m]	2.743
Liquid Volume [m3]	5.004
Liquid Volume Percent [%]	50.00

图 7-16　将 Liquid Volume Percent（%）指定为 50%

接下来，必须设置限流孔板信息。对于 Restriction Orifice 尺寸信息（图 7-17），设置孔 Diameter 为 12.70mm（0.50in），Discharge Coefficient 为 1.0。

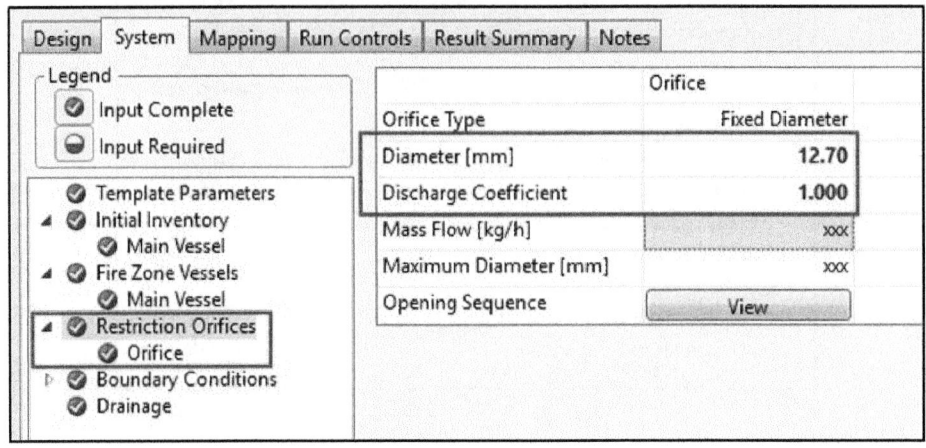

图 7-17　设置 Restriction Orifice 尺寸信息

查看组分列表（左侧窗格中显示 HYSYS 模拟组分，右侧窗格显示 BLOWDOWN 组分），注意水不是自动映射的（图 7-18）。

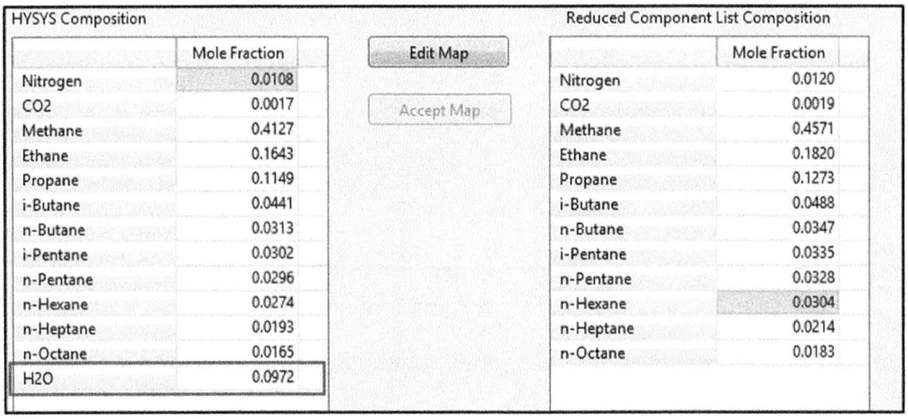

图 7-18　查看组分列表

在 BLOWDOWN 中，水可以被模拟为溶解于烃相中或作为单独的游离水相。组分映射信息提供了如何选择水处理选项。要将水模拟为自由水相，必须返回 System 选项卡，勾选 "Global Free Water Phase" 选项。要将其模拟为溶解于烃相，必须手动将水添加到 BLOWDOWN 组分列表中，进行组分映射。HYSYS V10.0 要求手动选择水处理选项，以确保对此输入进行特殊考虑。

不建议将水模拟为可溶解于烃相，因为将水包含在烃液相或气相中可能会导致闪蒸问题。如果不提供选择，水将被完全排除在系统之外，这有助于提供系统中最保守的温度预测。本案例中忽略水的存在。

接下来，必须指定 Halt Conditions。BLOWDOWN 可以计算任何时间范围内的问题并显示结果，同时逐秒报告事件。使用者可以控制解算器的行为。在 Run Controls 选项卡，可以定义模拟时间间隔和终止条件。选择 BLOWDOWN Analysis 中的 Run Controls 选项卡。在 Halt Conditions 组中，输入 900s 的终止时间和 101.3kPa 的终止压力。当达到两个终止条件中的一个时，模拟将终止计算（图 7-19）。

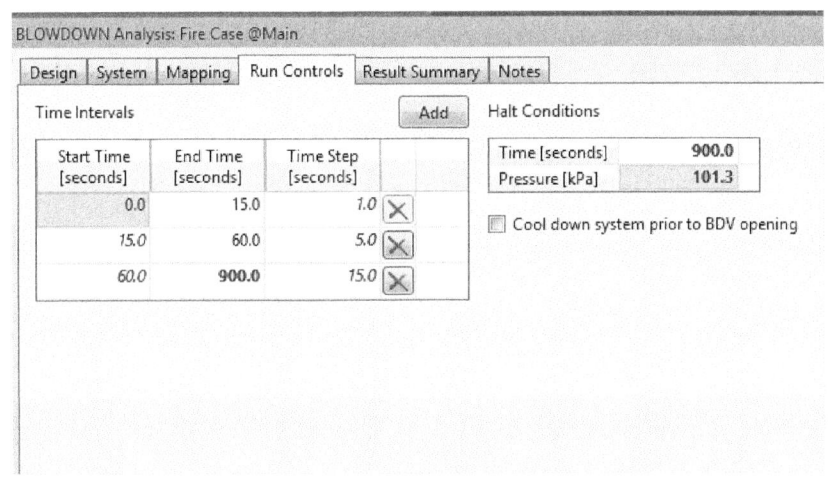

图 7-19　输入终止时间和终止压力

现在，BLOWDOWN 案例运行所需的所有输入都已经完成。要运行 BLOWDOWN 模拟，可以点击顶部 BLOWDOWN 选项卡的 Run，如果看不到 BLOWDOWN，可首先单击 BLOWDOWN 流程图的白色背景（图 7-20）。或者在 BLOWDOWN Analysis 表单，点击底部的 Run BLOWDOWN（图 7-21）。

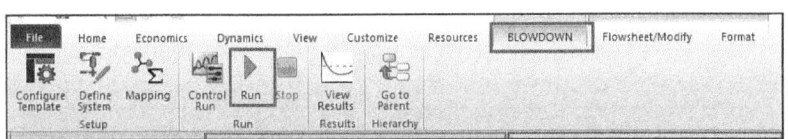

图 7-20　运行 BLOWDOWN 模拟（一）

图 7-21　运行 BLOWDOWN 模拟（二）

BLOWDOWN 模拟完成后，状态栏中会出现一条信息，提示模拟运行已完成（图 7-22）。

在 BLOWDOWN Analysis 的 Results Summary 页面上，可以查看整个系统结果图、关键结果信息，以及来自模拟的警告信息。选择 Major Findings 页面查看 BLOWDOWN 模拟的主要结果。选择 BLOWDOWN Analysis 的 Plots 查看图形结果（图 7-23）。

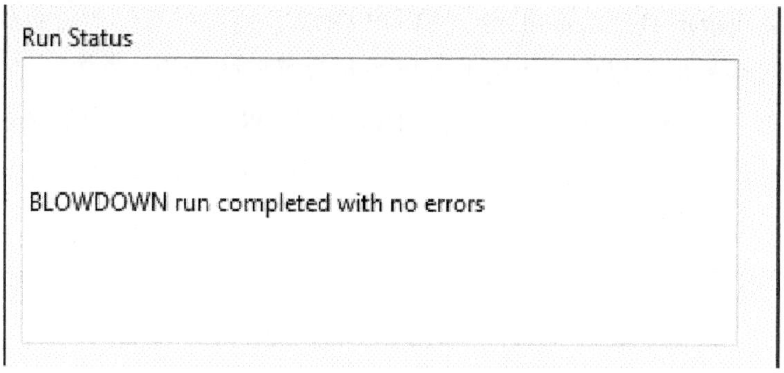

图 7-22 模拟运行已完成

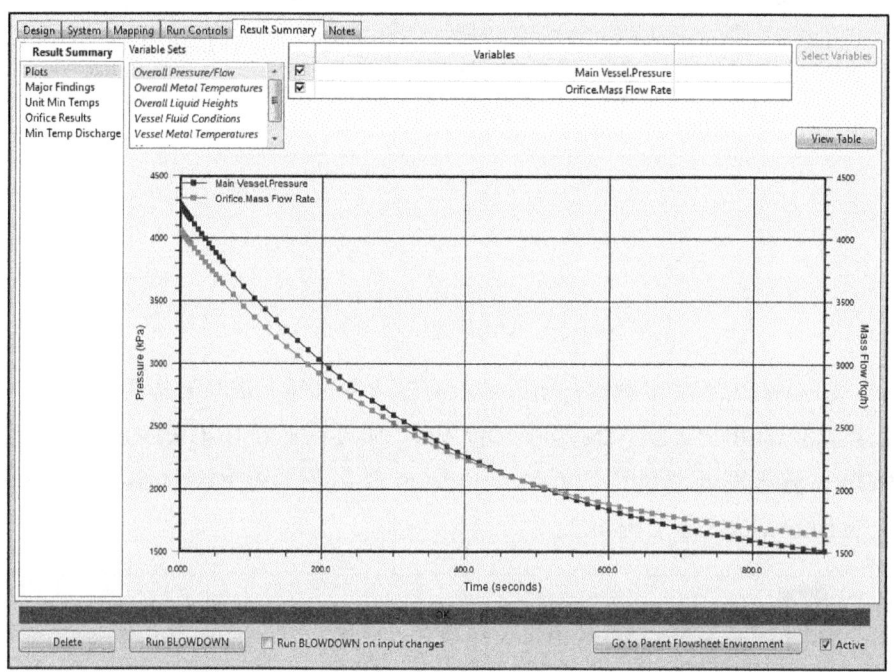

图 7-23 查看图形结果

接下来,可以使用主流程图上的 Adjust 单元操作,对 BLOWDOWN 限流孔板进行设计。转至 Halt Conditions,并将最终压力设置为 0。确保模拟始终在终止时间结束,而不是在终止压力条件下结束。选中位于底部的 Run BLOWDOWN on input changes 复选框(图 7-24)。

图 7-24 选中 Run BLOWDOWN on input changes

点击 BLOWDOWN 选项卡或者 Flowsheet/Modify 选项卡上的 Go to Parent 按钮返回主流程图(图 7-25)。

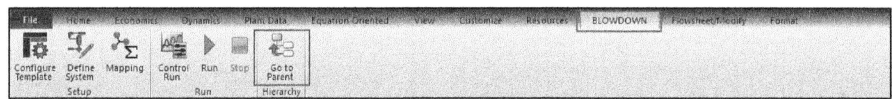

图 7-25 返回主流程

从主流程对象面板中，添加一个 Adjust 模块。在 Connections tab | Connections 页面，指定 Orifice Diameter 作为 Adjusted Variable（图 7-26）。指定 Final Pressure 作为 Target Variable（图 7-27）。

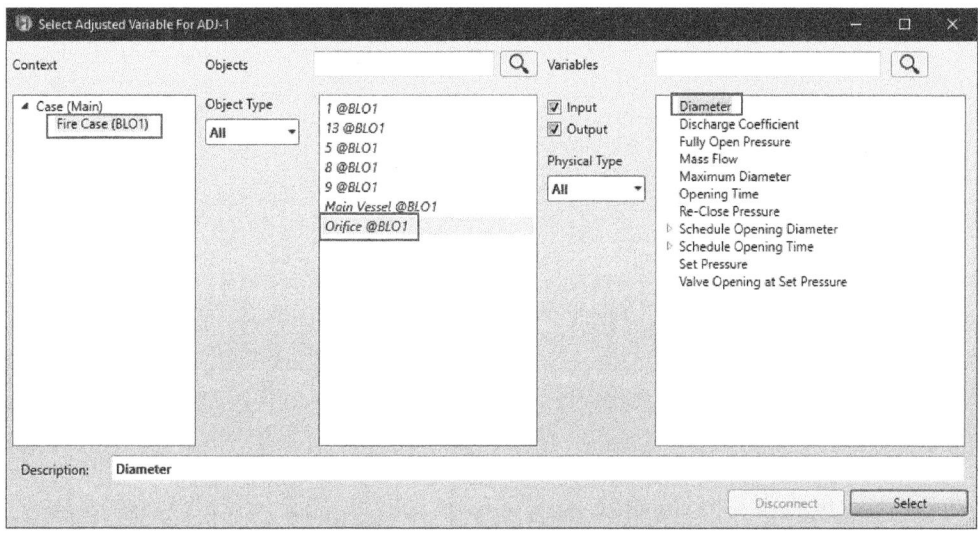

图 7-26 指定 Orifice Diameter

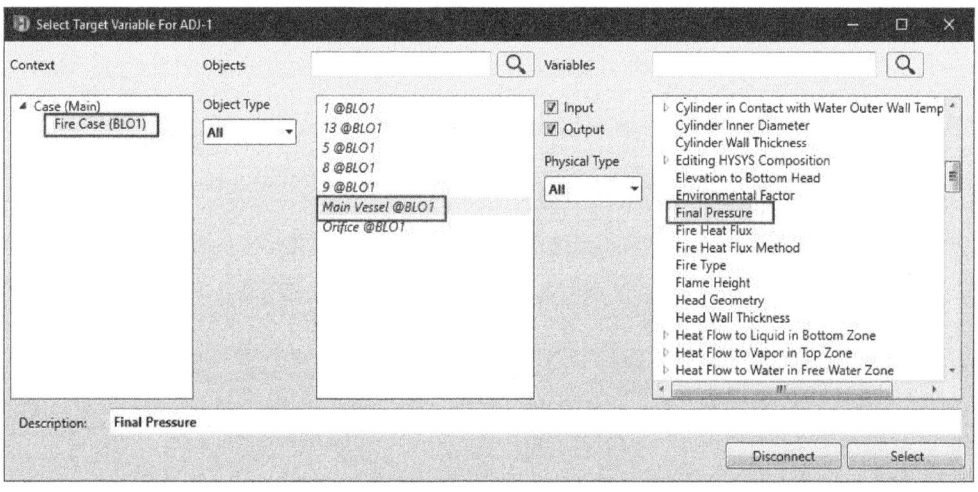

图 7-27 指定 Final Pressure

在 Target Value 组，选中 User Specified 选项，指定 50% 的设计压力（表压）1825.015kPa（250psi）作为目标值（图 7-28）。

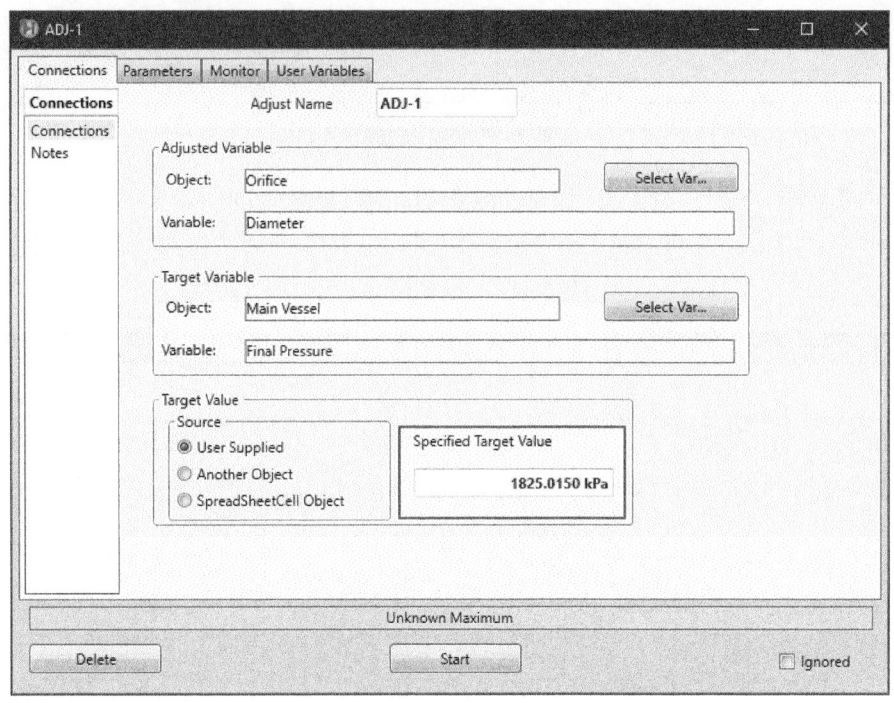

图 7-28　指定 50% 设计压力目标值

在 Parameters 选项卡 | Parameters 页面，Tolerance 项，指定所需最终压力的 1%～10% 作为容差，即指定 27.6kPa（4psi），Step Size 为 2.54mm（0.1in）。

开始 Adjust 模块的收敛计算。

第八章

放空系统分析与计算

随着油气行业迅猛发展,生产装置的能力具有趋于规模化、装置建设和生产联合化及公用工程集中供应等特点。由于装置之间的规模化和工艺生产的关系,导致装置在开停车、设备故障、停水、停气、停电、火灾、误操作等事故状态下会排放大量废气,且这些废气大都属于易燃、易爆、有毒和有害的气体。为了防止事故发生,保证设备和人身安全,需设置放空和火炬系统以处理排放出的易燃易爆物质。一般采用的方法是,将各放空支干管汇入放空总管,通过放空总管将气体送到火炬,经燃烧处理后向大气排放,使之对环境和生产安全的影响降低到最小。

放空系统的设计非常复杂,需要解决大量的问题,如果设计不当可能会严重影响设施的正常生产,甚至给操作人员带来巨大风险。放空和火炬系统是基于开停车、日常运行及各种突发工况设计的,如果火炬系统无法正常运行,可能会对资产造成损害。从目前已建造的放空和火炬系统来看,各公司对本系统设计方法和严格性要求存在较大分歧。本书旨在阐明设计放空和火炬系统的最低要求,给出良好和最佳的设计案例。

第一节 放空系统设计原则

一、设计原则

(1)放空系统在工程设计中要以安全和环保为原则,根据工艺流程的走向做到统筹规划、经济合理、操作维修方便,实现排放气在油气装置正常和非正常生产时均能及时安全排放。

(2)以工程建设的经济、环境和社会效益为主,注重职业卫生、安全、环境保护等。

(3)放空系统尽量集中控制,集中布置,减少占地,以便于管理。

(4)依据各装置排放源介质的特性和压力设置,确定放空系统的设置、设计规模,确保其符合当地法律法规要求。

二、设计标准

放空和火炬系统设计标准如下:

（1） API Std 520，Part Ⅰ *Sizing，Selection，and Installation of Pressure-Relieving Devices—Part I—Sizing and Selection*。

（2） API Std 520，Part Ⅱ *Sizing，Selection，and Installation of Pressure-Relieving Devices—Part II—Installation*。

（3） API Std 521 *Pressure-Relieving and Depressuring Systems*。

（4） API Std 537《通用炼油和石化设施火炬细则》。

（5） ASME B31.3《工艺管道》。

（6） ASME BPVC Section Ⅷ《ASME 锅炉和压力容器规范》。

（7） ISO 23251（等同 API Std 521）。

（8） ISO 25457（等同 API Std 537）。

（9） EN 13445《未燃烧压力容器》。

（10） SH 3009《石油化工可燃性气体排放系统设计规范》。

（11） HG/T 20570.12《火炬系统设置》。

（12） SH/T 3029《石油化工排气筒和火炬塔架设计规范》。

第二节　放空系统组成

放空和火炬系统由四个主要组成部分，它们作为工厂安全系统的一部分需要进行量化和设计。

（1）放空系统源头，是工艺和公用设施与放空系统之间的连接处。

（2）放空收集系统，收集各种来源流体并将其传送到集中处置装置。

（3）分离系统，可从流股中除去液体，以便分开处理或回收。

（4）火炬系统，可将火炬气安全释放到环境中。

下文将对放空系统的前三部分进行讨论，火炬系统将在第九章进行详细介绍。

一、放空系统源头

放空系统源头包括：

（1）压力安全（泄放）阀。

（2）爆破片。

（3）自动泄压阀。

（4）人工泄压阀。

（5）检维修放空。

（6）控制阀。

二、放空收集系统

放空收集系统由主汇管和支管组成，它们收集各个来源的气流并将其合并送往火炬分离系统和火炬系统。

三、火炬分离系统

火炬分离系统的作用是，除去排放到火炬收集系统中的液体，或在排放到环境之前除去火炬收集系统中冷凝的液体。如果没有火炬分离系统，含液的泄放气体将直接排放到火炬系统或者放空管，而火炬系统和放空管无法处理气液混合流体，这将导致泄放点周围区域的污染，并且火炬系统可能引发火雨，燃烧的液体可能下落到泄放点附近的地面，造成人员伤亡和局部火灾。

API Std 521 *Pressure-relieving and depressuring systems* 对火炬分离系统如火炬分液罐的设计给出了明确的要求。

第三节　系统设计

一、设计流程

表 8-1 列出了新建站场放空系统的设计流程。

表 8-1　放空系统设计流程

步骤	内容
1. 制定放空和火炬系统设计准则	参照国际标准、国家标准和行业标准制定系统设计准则，与业主达成一致
2. 筛选最低温度	对低温泄放源进行筛选，判断对放空系统材料和管网设计的影响
3. 确定单个泄放源所有可能泄压工况	参照项目设计准则，结合具体的工艺流程，分析单个泄放源在每种泄压工况下的泄放负荷，具体分析方法及计算见第六章
4. 确定单一事故最大泄放负荷	列出所有泄放源和每个泄放源的所有工况，找出单个泄放源在单一事故工况下的最大泄放负荷
5. 确定系统隔离段及紧急泄放阀的数量	为了确保站场的安全，根据工艺系统流程及配置，确定系统隔离段及与之对应的紧急泄放阀的数量
6. 确定单个紧急泄放阀的泄放负荷	根据单个系统隔离段的系统存液量、气量和泄放工况下泄压速率的要求，确定单个紧急泄放阀的泄放负荷，具体分析方法及计算见第七章
7. 确定同一事故多个泄放源同时泄放的最大负荷	采用矩阵方法，排列组合出多个泄放源在各种工况累计叠加泄放的可能性和最大的泄放负荷
8. 确定不同紧急泄压阀同时泄放的最大负荷	采用矩阵方法，排列组合出多个不同紧急泄放阀在各种工况累计叠加泄放的可能性和最大的泄放负荷，同时泄放可能是由于自动、远程操作和人工泄压的组合产生

续表

步骤	内容
9.评估和确定是否采取延时或阶梯放空	在同一事故工况下，如果安全阀和紧急泄压阀不能同时泄放或者同时泄放存在危险，需要考虑是否要将系统分类、分级设置，如： ● 最大允许背压； ● 气液混相； ● 泄放温度范围。 放空系统应确保所有操作或紧急工况如开停工、维检修等，都能顺畅泄放
10.确定火炬系统控制工况	结合以上所有分析的工况，确定火炬系统设计的控制工况
11.火炬防辐射间距	计算控制工况下的火炬辐射热值，主要决定以下指标： ● 火炬设备高度/位置； ● 设计可接受的辐射热强度。 火炬系统应同时满足在熄火情况下气体冷扩散要求（冷放空），并核算由于站场泄漏造成的可燃气体扩散（火炬可能会点燃）
12.确定是否需要升级装置配置以减小火炬系统设计规模	升级装置配置选项包括： ● 采用 HIPPS 或者 HIPS 以减少负载； ● 阶梯或延时放空； ● 高性能如高背压的火炬头
13.放空系统主汇管、支管尺寸确定	放空系统汇管尺寸主要受以下因素制约： ● 超音速导致的振动； ● 流动引起的振动； ● 单个泄放源的允许背压； ● 放空、火炬系统的设计压力； ● 安全阀的形式
14.分液罐和相关设备尺寸确定	
15.确定温度/材料	评估和确定放空汇管和相关设备的材料： ● 泄放源头的最高温度； ● 火炬汇管内的最低温度； ● 腐蚀介质
16.确定火炬和放空系统	综合以上内容，再次核查火炬系统的设计基础和系统要求，并最终和紧急关断系统（ESD）结合起来
17.编撰系统设计文件	编撰火炬系统设计文件

二、系统分析

造成油气田站（厂）泄压放空的原因各有不同，例如有投产时气体的放空、设施检修维护的放空及定压系统的放空，还有意外事故情况下的泄压放空等。不同的放空目的，放空气量差距很大。设施检修、维护时的放空气量可以人为控制在较小的规模，而意外事故的泄压放空则必须在规定的时间内满足泄放压力的要求。

油气田站（厂）放空系统的设计关系到站（厂）安全，而如何确定站（厂）放空系统的设计规模尚无相关的规定，全量放空的设计理念并不科学，且并不能保证站（厂）放空系统的运行安全。应结合事故工况下自控系统的设置，通过计算得到站（厂）最大放空速率，据此确定放空系统规模。采用"先关断再放空"的设计原则，分别模拟稳态条件和动态条件下站（厂）放空的过程，研究不同放空工况下气体泄放压力、温度、速率的变化趋势，采取可靠的措施控制放空初期的放空速率，确保安全、有效放空，并优化放空系统规模。

对于地震、洪灾、火灾等易造成重大灾害的紧急工况，ESD系统应该设置为最高等级，油气田站（厂）必须停产且紧急泄压；而对于公用系统故障如仪表风系统、冷却水系统等重要设备停机等紧急工况，全厂必须停产，是否需要紧急泄压可人工判断后确定；而对于部分工艺、公用装置等的小型事故及部分设备装置事故，由于事故范围可控，则不必全厂停产和泄压。

目前，油气处理站（厂）ESD系统一般按照4级或5级关断来设计，具体见第2章。在4级或5级关断中，零级和一级关断是针对特殊工况采取的安全措施，紧急关断阀（ESD）关断并联锁打开自动泄放阀放空；而二级、三级、四级关断是针对异常工况采取的安全措施，ESD只进行关断而不联锁BDV放空，当系统出现超压时仍可通过安全阀（PSV）进行泄压。

结合ESD关断层级，不同层级下事故工况对应的放空系统分析如图8-1所示。

三、防火分区

典型的石油和天然气工艺设施会发生大量的火灾事件，这些火灾从小型电气火灾到大型工艺火灾不等。火灾安全评估（FSA：Fire safety assessment）主要侧重基于火灾、爆炸和毒气扩散等危害来计算风险结果，依据业主要求来衡量项目设计过程中的防火分区是否合理、主动消防设计是否满足要求、设备/结构的防火是否满足要求，以及逃生路线和集结点是否合理等设计问题。

可根据站（厂）工艺流程的PFD、P&ID、总图及物料平衡表对每个隔离单元的物料进行全面的评估，形成危险源及相应后果的清单。大多数危险源的信息也可从项目执行过程中的QRA研究、HAZID和HAZOP研究，以及其他风险评估和管理研究中获得。FSA的开展是根据HAZID和HAZOP项目研究结论、危害与影响登记表，以及已有QRA报告，来确定可信的火灾、爆炸和有毒气体情景及与这些情景相关的可能后果，并通过识别工艺流程中的危险源（火灾、爆炸和有毒气体危险），根据工艺流程图中的可隔离设施，确定控制和缓解的位置和设施。

FSA根据最严重的可信火灾和升级场景，定义设施的防火区，并定义每个防火区所需的消防水要求。它根据工艺单元物料评估火灾隐患，响应手段和防护设备的可靠性，对工厂的火灾区域进行划分。

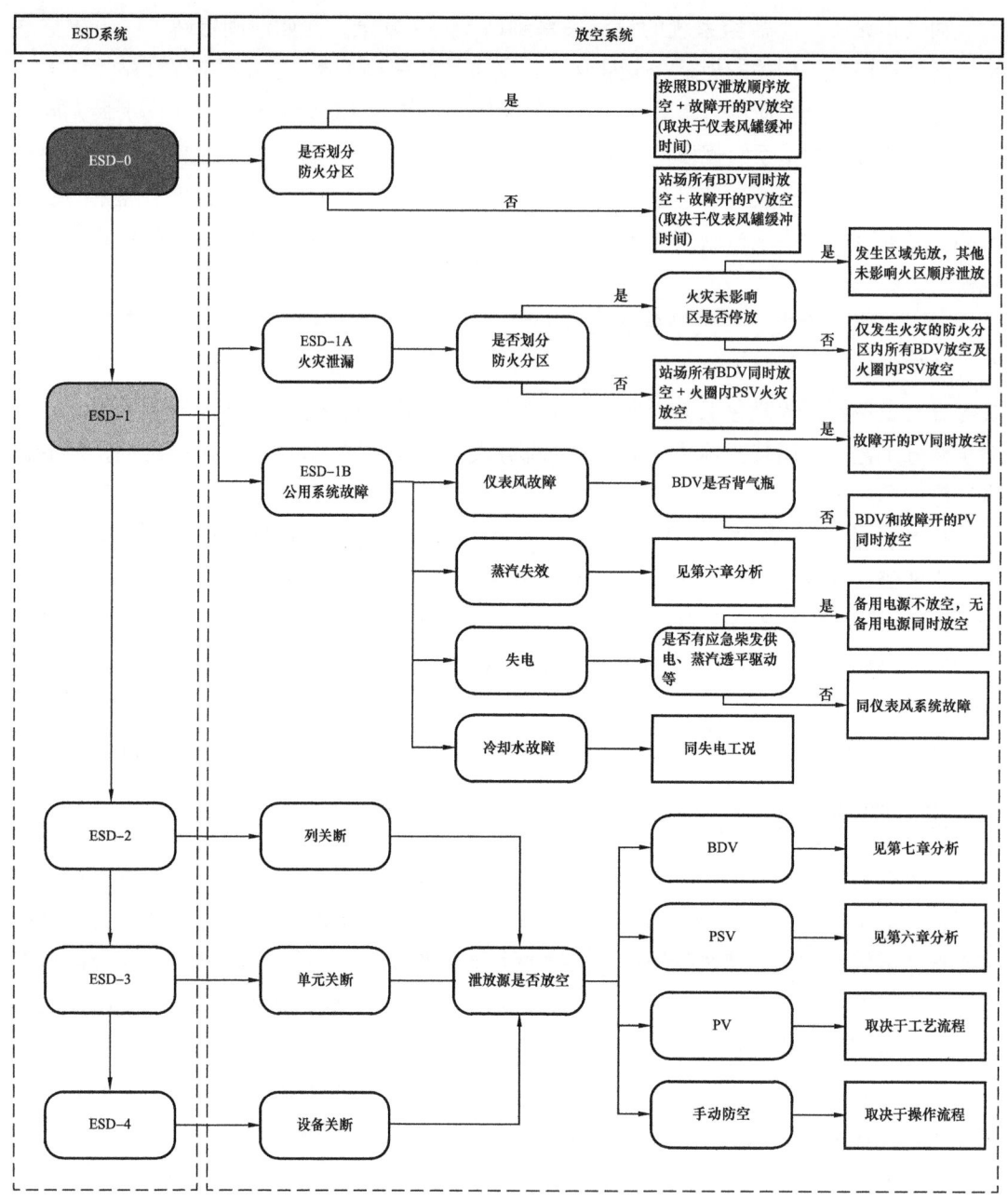

图 8-1 不同层级下事故工况对应的放空系统分析

火区划分的宗旨是限制可信事件的后果，在火灾、可燃气体泄漏或爆炸事故情景下能保证其自身完整性且不影响其他区域，但并非旨在避免可信事件的发生。从防火的角度看，防火分区划分得越小，越有利于保证建筑物的防火安全；但如果划分得过小，则势必会影响保护区域的使用功能。防火分区面积大小的确定应考虑保护区域的使用性质、重要性、火灾危险性、建筑物高度、消防扑救能力及火灾蔓延的速度等因素。火灾区域可以通过空间、防火屏障、堤坝、特殊排水系统（例如，蓄水基础）或与之相结合的方式与其他区域物理隔离。

防火区的最大尺寸应由可用的灭火装置的能力来决定，比如：

（1）消防炮在标准流量 120m³/h 时，最大保护半径约为 45m。

（2）泡沫系统可以扑灭的最大的池火面积约为 7000m²。

（3）最大防火分区面积应小于 1000m²。

防火分区应为凸形，最好应为矩形。布置应能保持或排放消防水，以防止液体起火的任何危险。防火区域不得在设备单元内进行重叠。如果在重叠区域内未安装设备，而仅安装防火的管道和管架，则允许重叠。火灾区域在物理上受到安装边缘的限制，其延伸范围超出最远处设备的边缘至少 1.5m，ESDV 与被动保护装置（如防火墙和爆破墙，堤防和其他物理限制）除外。具体防火分区及 ESDV 定位的原则可参照 TOTAL 321。

四、设计准则

（一）物流分开泄放

在设计中，所有流体都可以流向单个通用的放空和火炬系统。但是设计需要考虑不同的泄放和紧急泄压之间的不兼容性，可能需要分割排放流体。排放气按介质状态分为以下四种情况：

（1）热气体（泄放温度高于 0℃，含水或不含水）。

（2）冷气体（泄放温度低于 0℃）。此处"冷"被定义为流体温度低于 0℃（32℉），它可导致分离罐中的水、流体的游离水或溶解水结冰；当工艺装置中含有处理液化气体的装置或高压气流时，这种情况就可能发生。

（3）冷气体和热气体都有，但不含水。

（4）液体排放系统。

排放气介质四种状态的任何一种情况，应设置一根总管；如果是上述几种情况的组合，一般需要特别注意以下几点：

（1）冷（低温）气体与含水的热气体的混合。低温流体，例如丙烷制冷释放的流体，可能导致放空和火炬系统中的含水气体冻结并导致泄放管道堵塞。

（2）高温气体与挥发性气体的混合。来自工艺或公用加热系统的极热流体可能导致放空和火炬系统内的挥发性流体快速（爆炸性）沸腾。

（3）低设计压力源（例如常压储罐）和高设计压力源的混合。泄压系统产生的高背压可能超过常压储罐的设计压力。

（4）液相泄放流体与气相泄放流体的混合。气相进入到液相中会导致液体流速变快并破坏放空和火炬系统的管道。

（5）不相容化学品的混合。不良反应可能会导致温度或压力过高，并可能破坏或污染放空和火炬系统。

如果是上述几种情况的组合，则要考虑：

（1）分开设置干火炬放空系统和湿火炬放空系统。

（2）当两股物流相混可能产生固体或者发生危险的物理或化学变化时，两股物料要分开。

（3）如果由于两股物料混合使管道尺寸加大很多或使管道材质升级时，两股物料也要分开。

（4）一般排放的液体与排放的气体分开。对于带有液体的物流要设分离设施和单独的液相系统，还应注意是否存在其他在 0℃（32℉）以上温度下结冰或高黏性的材料。如果流体在 0℃（32℉）以上时会结冰或者形成水合物，则应考虑将这部分介质输送至单独的火炬系统。

通常情况下，应该为冷流设置单独的火炬系统，并与其他火炬系统分离。一直到两个系统兼容的时候才可以汇合，冷流的分液罐应该考虑液体蒸发设施。液态丙烷和丁烷的泄放经常导致两相的"冷"流。如果火炬系统没有设计为可以处理低温液体，则应提供加热系统使液体汽化，并考虑冷介质特殊的密封要求。

（二）设计文件

API Std 521 *Pressure-relieving and depressuring systems* 相关章节全面描述了优秀的火炬系统设计文件。设计文件应记录放空和火炬系统中泄压负荷和组合系统负荷的基础信息。

最佳做法是记录泄放方案的所有设计工况，包括设计团队评估后认为不可信或不相关的特殊方案［例如 API Std 521 *Pressure-relieving and depressuring systems* 规定："不需要假设互不相干的两个或更多偶然事故（也称为双重或多重工况）同时发生"］。

（三）使用高压完整性保护系统（HIPPS）

API Std 521 *Pressure-relieving and depressuring systems* 已更新的最新版本将高完整性保护系统（HIPPS）纳入工艺设计，有关 HIPPS 的应用及 HIPPS 系统的优势的解释说明请参阅第四章第一节。

HIPPS 采用高完整性仪表的应用，来减轻或消除泄放工况，并且已被应用在减少泄放负荷工况的一系列方法中，包括：

（1）传统的高压完整性压力保护系统（HIPPS）将高压源与低压系统隔离开。

（2）分离器入口设置的 HIPPS 关断可防止高液位到达 PSV 入口管线。该系统防止两相流进入泄压装置并减少流向火炬系统的液体负荷。

值得注意的是，虽然 HIPPS 减轻了设计负荷，但有时并不能完全消除它：如果 HIPPS 系统设置了旁通，仍需考虑设备上游的高压释放到低压系统中，但下游安全阀仅考虑该旁路失效产生的泄放负荷。

（四）阶梯放空

放空系统泄放源中紧急泄放阀泄放负荷的特点是初始流量高，随着系统压力的降低，流量逐渐下降。阶梯泄放可以有效地减小泄放峰值，减小放空和火炬系统的设计规模。对于新建站场，该方法可有效减小放空和火炬系统尺寸及距离；对于已建站场，该方法通常用于在现有放空和火炬系统能力范围内合并其他新建紧急泄放量（图8-2）。

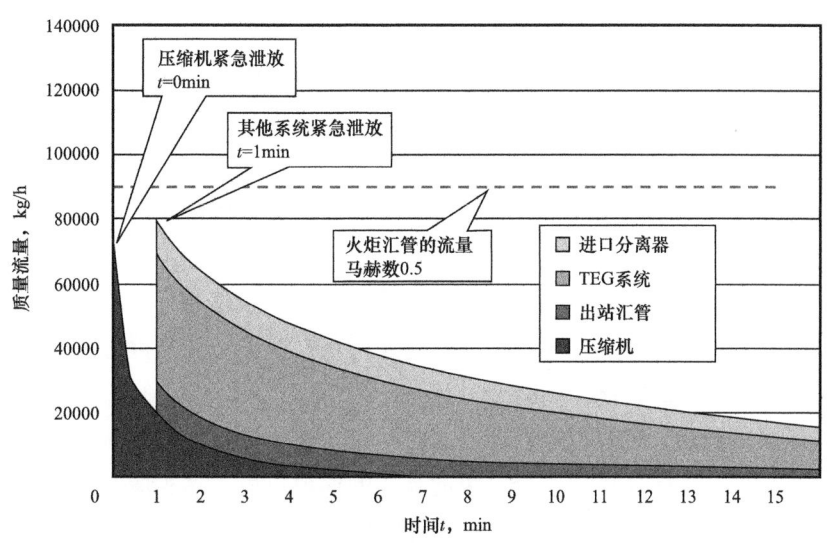

图8-2 阶梯放空示例

阶梯放空的顺序可能会因为发生事故设备不同而异。例如，在确认火灾工况时，会首先启动发生火灾区域的紧急泄放阀，然后再启动远离事故位置的紧急泄放阀，处于同一防火分区的紧急泄压阀同时打开，不允许阶梯泄放。

第四节 工况分析

放空系统的主要目的是安全处理工厂中的易燃和有害物质。设置放空系统的原因如下：

（1）操作原因。如流量超过下游设备容量并且多余的流体溢出到火炬系统中。

（2）维护原因。可以安全接近设备和管道。

（3）紧急原因。安全处理碳氢化合物以减少设备故障和紧急事件升级的风险。

其中，原因（3）是在生产设施上安装通用的集成火炬或者放空系统的主要原因。放空系统工况分析包括以下几个方面：

（1）要确定每一个设备泄放的负荷及在每一种工况下所有可能泄放的设备同时泄放的负荷。

（2）不同设备同时泄放的工况。

（3）油气处理站场一般都有为了维检修和操作流程控制而设置的"操作放空"。因此，除上述工况外，还需要考虑操作放空。

（4）一个火炬系统通常会为多个工艺单元及一些厂外的公用设施服务，因此需要考虑这些不同单元同时放空的可能。这样考虑会使火炬的任何一部分（不同单元的火炬分支管、汇管、站外火炬汇管、火炬总汇管）的放空速率都增大。

（5）对于每一种同时放空的工况，不仅应该考虑压力安全阀，还应考虑其他同时可能发生的泄放，包括控制阀的自动放空，自动或手动启动的紧急泄压工况的放空速率。

（6）确定压力安全阀的尺寸时，并没有考虑到仪表的控制，仪表的控制可能会减少泄放量。但是在确定火炬系统的尺寸时，可以部分考虑仪表控制对于泄放量的影响，也就是可以假定有一部分仪表正常运行。

（7）在计算火炬汇管的尺寸时，应该基于同时放空的泄放量来计算。同时放空的泄放量应该考虑为计算得到的泄放负荷与其他火炬负荷的加和，而不是所有的泄压阀门全开时的最大泄放量和与其他火炬负荷的加和。也就是说，不能假设所有的阀门会同时达到完全打开时的最大泄放量。实际上，这些阀门会间隔循环打开关闭，并且每一个时刻的泄放总量不会超过计算得到的泄放量。

（8）如果业主同意，也可以进行一个泄放时间/时长的分析，而不是简单地把所有泄放负荷加和在一起，这样会得到一个更接近真实的火炬负荷。真实情况下，尽管同一个原因会导致不同装置的泄放，这些泄放过程的峰值可能会出现在不同的时刻。比如说：

① 有一些装置的泄放在事故发生时立即开始，但是由于碳氢化合物的存量小，泄放持续时间很短。

② 有一些泄放会有一段很长时间的延迟，这是因为液体的浪涌和压力的积聚需要一定的时间。

③ 对于降压过程，泄放负荷会随着时间的持续而降低，这是因为装置内的压力随着时间的持续会逐渐降低。

另外，需要向业主咨询未来改扩建而考虑的裕量。

一、仪表控制系统

（一）单体泄放阀与单个泄放阀的差异

第6章主要讲了如何确定单个泄放阀的放空量和尺寸，本章考虑单体泄放阀对放空系统的贡献，这两者的主要差异如下：

（1）后者允许通过控制系统正常操作来削减泄放量。

（2）后者允许考虑一些非常规的仪表（例如自动关停和自动开启）降低放空系统的泄放量。

（二）对自动控制仪表的假设

在考虑放空系统泄放量时，需要考虑所有的控制仪表（无论是会增加泄放量的控制，还是会减少泄放量的控制）都正常运行。对于各种自动控制仪表，可以做出如下假设：

（1）对于单一回路的可能引起泄放量增大的控制器，应该考虑它正常运行。

（2）对于单一回路可能引起泄放量减少的控制器，应该考虑它正常运行。但是对于流股的流量，不可以降低到设计流量的25%以下，并且不可以修正热输入量。

（3）对于串级控制，可以做出如下的假设：

① 如果主控制器增加泄放负荷，而副控制器也增加泄放负荷（在不考虑串级的情况下），则使用泄放负荷增加最大的情况（串级或不串级）下的泄放量。

② 如果主控制器增加泄放负荷，而副控制器减少泄放负荷（在不考虑串级的情况下），则应考虑串级控制正常运行时增加的泄放负荷。

③ 如果主控制器减少泄放负荷，而副控制器增加泄放负荷（在不考虑串级的情况下），则应考虑主控制器不参与控制，副控制器操作下增加的泄放负荷。

④ 如果主控制器减少泄放负荷，而副控制器也减少泄放负荷（在不考虑串级的情况下），则使用泄放负荷减少最少的情况（串级或不串级）的泄放量。在任何情况下，都不应假设流量减少到设计流量的25%以下，并且不可以修正热输入量。

（4）假设工作异常的自动化仪表部分故障，以减少系统放空量，例如：

① 在塔压异常高的情况下启动塔底重沸器的蒸汽自动关停设施，以切断蒸汽热源，进而避免塔压因热量输入而更高。

② 电力故障期间自动开启蒸汽透平驱动的备用回流泵，以减少塔的泄放量。

此类非连续运转设备应定期进行测试。

（三）失效仪表数量假定

对于每个放空工况，应确定可能降低放空负荷的独立装置（自动关停加自动开启）的总数，这个数量可能因不同的泄放情况而变化。每个装置（自动仪表系统）必须和所有其他装置完全独立。如果两个装置有一个共同的部件（如变送器或关断阀），则必须将它们视为一个装置，因为它们都可能由于共同的部件损坏而同时发生故障。对于工作异常的自动化仪表，应该依照以下标准来确定有多少个仪表应该被假定为失效：

（1）故障的数量与减少泄放负荷装置的数量有关，在任何工艺单元中，可假定不超过两个工作异常的自动化仪表。

（2）应选择工作异常的自动化仪表，应以提供最大的放空负荷为准。

二、火灾

每一个单独的系统的安全阀火灾泄放负荷，应该依照第六章的方法来确定。对于配备紧急降压系统的受保护系统，应该使用紧急降压时泄放到火炬系统的速率。这个紧急降压速率通常应按照 API Std 521 *Pressure-relieving and depressuring systems* 或客户相关要求确定，且应大于火灾工况的泄放速率，具体依照第七章的方法来确定。

在确定火灾事故发生时，应该根据现场装置布局、走势和废水收集方案，从多个保护系统中估算可能产生最大泄放量的火灾区域。在废水收集方案和路线确认之后，可以用火圈按照以下几点来确定最大的泄放量：

（1）假设引起多个受保护系统同时泄压的最大火灾波及范围在第六章中给出的火圈直径范围内。

（2）划分火圈位置，这些火圈将完全覆盖或部分覆盖最大数量的受保护系统。

（3）对于每个火圈，总放空负荷等于火圈全部覆盖或部分覆盖的所有受保护系统的泄放负荷加和（紧急泄压泄放流量或火灾工况的安全阀泄放量，以较大者为准）。

（4）每个工艺单元的最大火灾泄放工况，是这个单元的总图内所有火灾区域（fire area）中，泄放量最大的火灾区域泄放的工况，同一时间只考虑一个区域发生火灾。

三、仪表风故障

每一个单独的系统在仪表风故障时的泄放负荷，应该依照第六章的方法来确定，还应确定任何故障开启的控制阀可能导致的泄放负荷，以及自动或手动减压装置的泄放负荷，并使用较大的负荷。全厂仪表风故障产生的总放空量是连接至火炬的所有受保护系统的仪表风故障泄放负荷加上所有可能的控制阀泄放的负荷的总和。

仪表风故障通常不会产生较大的泄放负荷，也不应该导致火炬系统的最大泄放负荷。如果产生了较大的负荷，则应质疑泄放负荷最大来源装置的失效位置，或以其他方式改变其泄放负荷。为避免多个紧急减压阀同时发生故障打开，以及产生超过放空容量的负荷，应考虑就地仪表空气储罐或气瓶。

四、失电

应按照第六章的规定确定单个受保护系统在电力故障时的放空泄放量。然后，依照前文关于仪表控制对放空负荷的影响的描述，修正这些负荷。

由于失电引发冷却水系统失效，应按照第六章的描述确定电力故障时的放空负荷。由于失电引发仪表风系统故障，应按照上面的描述确定电力故障时的放空负荷。还应确定因电力故障而打开的控制阀排放至火炬可能导致的放空负荷。例如，由关闭电动压缩机引起的压力控制自动泄放。

全厂电力故障产生的放空总负荷是连接至火炬的所有受保护系统的电力故障泄放负荷加上所有可能的控制阀泄放的负荷的总和。可以依照本章前面的描述，考虑自动关停和自动开启系统对放空负荷的影响。

五、蒸汽系统故障

应按照第六章的规定确定单个受保护系统在蒸汽故障时的放空泄放量。然后，依照本节前面关于仪表控制对放空负荷的影响的描述，修正这些负荷。还应确定因蒸汽系统故障而打开的控制阀排放至火炬可能导致的火炬负荷。例如，由关闭蒸汽透平驱动的压缩机引起的压力控制自动泄放。还应确定自动或手动减压装置的放空负荷，并使用较大的负荷。全厂蒸汽故障产生的放空总负荷，是连接至火炬的所有受保护系统的蒸汽故障泄放负荷加上所有可能的控制阀泄放的负荷的总和。可以依照本章前文的描述，考虑自动关停和自动开启系统对放空负荷的影响。

六、冷却水系统故障

冷却水故障导致的最大放空负荷通常是由电力故障、蒸汽故障或电力和蒸汽故障同时引起的，并且已经包含在这些故障的分析中了。

七、不同原因的组合

应考虑由两个或两个以上相关泄压原因同时发生而引起的放空负荷，即一个原因导致或增加另一个原因的可能性，或它们都是由一个共同原因引起的。例如，电力故障和蒸汽供应故障同时发生，以及由此导致的冷却水和仪表风的故障时的总火炬负荷（控制阀处于仪表风故障位置）；全厂电力故障和仪表 UPS 备用系统故障同时发生引起的火炬负荷。

对于各种组合工况，应按照第六章的规定确定单个受保护系统在故障时的火炬泄放负载。然后，依照本节前面关于仪表控制对火炬负荷的影响的描述，修正这些负荷。应确定因组合工况故障而打开的控制阀排放至火炬可能导致的火炬负荷。应确定自动或手动减压装置的火炬负荷，并使用较大的负荷组合工况。故障产生的放空总负荷是连接至放空系统的所有受保护系统的组合工况故障泄放负荷加上所有可能的控制阀泄放的负荷的总和。可以依照本章前文的描述，考虑自动关停和自动开启系统对火炬负荷的影响。

第五节　放空管网水力计算

一、设计输入

每种放空工况的泄放阀在水力计算中，应包括以下数据：
（1）泄放气体组成。
（2）泄放流体温度。
（3）泄放源的最大允许背压。
（4）泄放气体流量。

（5）流量—时间曲线。

二、设计准则

SH 3009《石油化工可燃性气体排放系统设计规范》规定：一般放空系统管网的马赫数不应大于0.7；可能出现凝结液的可燃性气体排放管道末端的马赫数不宜大于0.5；全厂可燃性气体排放系统管网压力应保持不低于1kPa（表压）。放空汇管、分支管及泄压阀（PRV）的尺寸应该可以在不同泄放工况下同时满足最大背压和速度限制。

不同类型的泄压阀有不同的背压限值，应注意安全阀的背压限制。许多先导式安全阀的背压极限相当于法兰额定值。然而，大多数常规式安全阀和平衡波纹管式安全阀的背压远远小于法兰额定值。API Std 526 *Flanged steel pressure–relief valves* 提供了各种阀门类型、尺寸、结构材料和温度范围。在设计的早期阶段，有必要检查所需泄压管线的尺寸，并且计算增加容器设计压力来减少所需火炬总管尺寸是否可以节省投资。

放空和火炬系统的总允许压力损失通常由关键泄压阀的背压限制决定，压力损失来源于火炬筒体、液封、分液罐和管道等。评估放空和火炬系统的背压应考虑下列因素：

（1）所有潜在的泄压、减压和工艺放空调节。

（2）管道材料的粗糙度，一般使用0.45mm的粗糙度，该粗糙度是考虑了一些腐蚀/污垢/沉积物的一般经验值。

（3）管道的布置，包括管件及入口的压力损失等。

需要考虑与火炬系统相连的设备和系统及其压力限制。例如分析仪排气口、泵密封气排气口、离心机密封气排气口、搅拌器密封气排气口、其他密封排气口、干燥器、容器和浮顶罐等。这是因为背压可能引起逆流。

通常情况下，放空和火炬系统压降计算从火炬头开始，通过计算具有特定直径和特定火炬负荷的每个火炬系统管段的压降，逐步向上游返回到每个泄压装置，应使用适当的计算软件（如Aspen Flare System Analyzer）计算整个系统的压降：

（1）火炬头压降是一个关键参数，这个值应从火炬供应商处获得。

（2）对于制约火炬系统不同部分的尺寸的压力，应按照如下方法考虑：

应使用本节中确定的具有最高总放空负荷的泄压情况进行初步计算，将为火炬、火炬分离罐、放空主汇管及工艺单元的大多数火炬汇管设定尺寸要求；之后还需要检查火炬分液罐的尺寸，以确保能够容纳最大的液体泄放，这样可以确定火炬和火炬分液罐的位置/间距要求，以确保工艺装置及人员的热辐射安全。这个初步的计算还可以得到每个泄压阀处的背压，并验证是否超过背压和速度限制。

（3）压降计算必须考虑管道连接处的压力损失。例如在Aspen Flare System Analyzer中，建议使用Miller Tees with Gardel extrapolation，其他方法过高地估计了在低流量或无流量时的管道连接处的压力损失。在一些关键系统（特别是已建的装置）的火炬系统分析中，有时会使用更详细的分析软件（如Korf Hydraulics），它比Aspen Flare System

Analyzer 更合适，因为前者具有更全面的管配件压降数据，且更灵活。

（4）如果站外火炬汇管、工艺单元的火炬汇管、火炬分支管等，在某种泄放工况下会承受高于上一步初步筛选所使用的火炬负荷，则应进行额外的压降计算。考虑单个系统泄压的情况（使用泄压阀全开的流量，或者不同泄放源同时泄放的流量），这些情况下，虽然火炬系统总负荷较小，但是支管负荷较大，因此这种情况可能成为分支管尺寸的决定性工况。这些压降计算可以从火炬头开始进行。也可以仅修改具有较高速率的上游火炬管线来简化计算。这些简化计算给出的压力高于完整计算，但如果它们证明满足 PRV 背压限制，则不需要进一步计算。

（5）应使用与上述相同的方法对泄压排放支管进行压降计算。计算时应该使用安全阀额定流量。如果一个受保护系统有多个向同一排放支管泄放的安全阀，则使用可能同时打开的所有安全阀的额定流量之和。

对全厂性的故障事件进行分析时，可以考虑通过阶梯泄放来降低放空系统的总负荷，此类分析可以遵循 ISO 23251 *Petroleum, petrochemical and natural gas industries—Pressure-relieving and depressuring systems* 或 API Std 521 *Pressure-relieving and depressuring systems*。

三、管网计算

确定排放管路及泄放管汇尺寸的基本准则是：在系统的任意点存在或产生的背压，不得使压力泄放装置的释放量低于为防止对应容器超压所要求的释放量。因此，必须仔细检查叠加或积聚的背压对阀门操作特性的影响。排放管路系统应设计成为：流体流过所考虑的阀门所产生的积聚背压不致降至低于可能同时释放的任何压力泄放阀所要求的容量。

当排放管汇和泄放总管尺寸确定后，应明确产生最大背压的泄放事故，任何单个泄放事故可能涉及几个压力泄放阀。排出管汇上管线固定和支撑的设计应予特别考虑。流量和温度的突然变化能产生大的反作用力，如果泄放系统内存在液体，冲力可能很大，这方面在 API Std 520, Part Ⅱ *Sizing, Selection, and installation of pressure-relieving devices—Part Ⅱ—Installation* 有更详细的讨论。

除了背压判据，还应考虑流量的测定，这构成了计算排放管线的基础。通常根据装置的流量计算单个装置的支线和尾管的尺寸，用于计算与阀门连接的进口管线尺寸（见 API Std 520, Part Ⅱ *Sizing, Selection, and installation of pressure-relieving devices—Part Ⅱ—Installation*）。多个装置安装的公用总管系统和管汇一般是根据最坏的情况计算的，即在单独过压事故中合理地假设所有装置可能同时排放所需要的累积处理量。单个安全阀的进口尺寸依照第六章的方法来确定，单个紧急泄压阀的进口尺寸依照第七章的方法来确定。

放空管网尺寸的确定一般从系统出口开始，出口的压力是知道的，然后反推校核系统内各压力泄放阀的允许背压，各节点的排放背压应低于该点的允许背压，这样可简化计算，计算按管线直径分段进行。

当需要的最大泄放负荷及管汇最大允许背压（按照系统内的阀门类型和适用的规范要求）确定后，选择管线尺寸的工作只剩下对流体的流动计算。当流体条件已知时，排放管路的尺寸可使用几种方法计算。这些方法包括从利用动能效应的适当余量按等温过程处理流体到接近绝热来计算的更精确的解决办法等各种解法，具体方法参见 API Std 521 *Pressure-relieving and depressuring systems* 的 6.6 条，用户可从中挑选最适合其需要的方法。管道摩阻损失一般推荐采用 API Std 521 *Pressure-relieving and depressuring systems* 及 SH 3009《石油化工可燃性气体排放系统设计规范》等温流动方程式，见式（8-1）。其余方法如 Lapple、Fanno 方法等见 API Std 521 *Pressure-relieving and depressuring systems* 的 5.5.6 条与 5.5.7 条。

$$\frac{fL}{d} = \frac{1}{Ma^2}\left(\frac{p_1}{p_2}\right)^2\left[1-\left(\frac{p_2}{p_1}\right)^2\right] - \ln\left(\frac{p_1}{p_2}\right)^2 \quad (8-1)$$

式中　f——水力摩擦系数；
　　　L——管道当量长度，m；
　　　d——管道内径，m；
　　　Ma——管道出口马赫数；
　　　p_1——管道入口压力（绝压），kPa；
　　　p_2——管道出口压力（绝压），kPa。

水力摩擦系数 f 按式（8-2）计算。

$$f = 0.0055\left[1+\left(20000\frac{e}{d}+\frac{10^6}{Re}\right)^{\frac{1}{3}}\right] \quad (8-2)$$

式中　e——管道绝对粗糙度，m；
　　　Re——雷诺数。

管道出口马赫数按式（8-3）计算。

$$Ma = 3.23\times10^{-5}\frac{q_m}{p_2 d^2}\left(\frac{ZT}{kM}\right)^{0.5} \quad (8-3)$$

式中　q_m——气体质量流量，kg/h；
　　　Z——气体压缩系数，取相对分段计算的平均值；
　　　T——排放气体的温度，K；
　　　k——排放气体的绝热指数；
　　　M——排放气体的平均相对分子质量。

泄放排出管线的气流特点在于其密度和速度变化较快，因此作为可压缩流体处理。已经研究出几种利用等温或绝热流动方程计算泄放管尺寸的方法。泄放系统内实际流动状态一般介于等温和绝热流动状态之间。在绝大多数情况下，推荐采用较保守的等温方程；但是，对于一些不常见情况，绝热流动方程可能更适用（例如深冷情况）。

四、管网模拟

放空管网系统计算软件主要有 Flarenet、Visual Flow 与 Inplant 三种。

（一）Flarenet

Flarenet 可以完成单一或多重火炬系统的稳态设计、计算及消除瓶颈，也可以计算新的火炬系统或消除已有的泄压网络的瓶颈。在设计相位或物流操作时，Flarenet 还可以用来确定可能的泄压危险。在控制压力和噪声时可以用 Flarenet 对整个火炬和放空系统进行调整。

Flarenet 具备了直观的工艺流程图的操作环境，可以呈现整个火炬网络，如泄压阀、控制阀、管道、连接器（包括扩颈、缩颈、三通等）、分离器和火炬头。

（二）Visual Flow

Visual Flow 可对工厂安全系统和泄压系统进行严格的稳态模拟计算，包括流体达到临界流的工况。Visual Flow 用工业标准 Beggs 和 Brill Moddy 或 Lockhart 和 Martinelli 多相方法计算压降。对于高速流的计算，专门改进的 Beggs 和 Brill 方法结合在一起，以保证在临界流动应用中的准确度。在火炬系统的背压计算时，对于安全阀核算和尺寸，该软件计算精度较高。

（三）Inplant

Inplant 是一种严格的、稳态的流体力学计算软件，用于对工厂管网系统进行设计、核算和分析。应用 Inplant，工程师能快速地对工厂的管网系统进行评价和分析。Inplant 能用于设计新的管网，也能用于改造现有系统。从管线的尺寸设计，一直到大型的、复杂环状管网的多相流管网系统的核算等，其应用十分广泛。

Inplant 拥有和 PRO/Ⅱ相同的物性数据库和友好的用户界面，可处理混合物、单相气体、单相液体、蒸气、水等各种流体类型。

第六节　管道设计

对放空系统的机械设计要和处理工艺流体的管路系统设计一样予以重视。在压力泄放阀或减压阀排出管路设计中遇到的问题通常比工艺系统设计中遇到的问题更加复杂，因为排出管路可能受到较大范围的操作温度、压力及这种宽范围操作条件所引起的冲击的影响。此外，在某一时间处理系统可能含有工艺系统中要处理的某种物质；而在另一个时间,却又含有另一种物质。

泄放系统排放管线所受的主要应力是由冷或热物质进入管线时产生的热膨胀或收缩和排放流体引起的冲击而引起的。放空系统灵活性设计比工艺管线系统设计要复杂得多,因为必须控制冲击和热膨胀。

在绝大部分情况下,通过提供导向器、固定器和适宜的管线配置使泄放系统应力在整个温度范围内维持在允许的范围内是可能的。

一、管道设计

(一)设计安装

1. 放空管网管道的敷设

放空管网管道的敷设应符合下列要求:

(1)管道应架空敷设。

(2)来自各个泄放装置的支管通常应该从管汇的上方进入管汇,这样会防止在管汇中流动的液体或形成的液体通过支管流回到各个阀。

(3)新建工程管道应采用自然补偿方式,扩建、改建工程管道宜采用自然补偿方式,且补偿器宜水平安装。

(4)火炬气不同于一般气体物料,管网的存液直接影响管网的安全运行,管道应坡向分液罐、水封罐,管道坡度不应小于0.2%;管道沿线出现低点,应设置分液罐或集液罐。

(5)当管道不是一个坡向,在管网中有最低点出现时,则必须在管网的最低点设置凝液收集和转送设施,如设置小型排放槽或滴流管,以排除在最低点可能积存的凝液,避免堵塞管道而破坏火炬系统的安全排放。由于位于厂区管道上的凝液收集和输送设施均不设专职的操作工,为此可以考虑设置凝液泵自动启动和自动停止的控制系统。为了便于及时掌握凝液泵的故障情况,还应设置收集罐的高液位报警,报警信号送到控制室或相应的管理岗位。凝液收集和转送设施的管理一般由火炬装置或附近其他岗位的操作工兼顾,每班进行1~2次巡回检查。

(6)为了避免各生产装置排出的火炬气把烃冷凝液带入总管,管道支管应由上方接入总管,支管与总管应呈45°斜接,以减少压降和反作用力。

(7)为了维修和安全(如个别装置开、停车或发生事故,其他装置维持正常生产或进行检修),应考虑用安装阀门的方法将管汇系统分区,这种阀门应该装有锁定或密封装置。在不适合安装阀门的场合,应研究安装盲板。在设置分区阀门或盲板时,应特别注意它们的用法,以保证正在操作的设备不会与释放系统隔离开。如果管汇系统采用阀门,应该安装在关闭位置不会出故障的阀门,例如闸阀会在关闭位置出故障。

(8)如果不同汇管使用了不同材料,考虑到可能的回流,应在工艺条件变化的上游至少10m(33ft)处使用较高质量的材料。

（9）如果厂区管网很大，跨越几个界区，而每个界区又由几个装置组成，界区有隔断要求时，也应设切断阀。所有阀门上都应设有阀门所处位置（即开、关或开的程度）的标志。

（10）在管网施工和检修完毕，投入运行前，应用吹扫气体赶走管网中的空气。火炬气排放管网停止运行准备检修前，同样要用吹扫气体将火炬气吹扫至火炬燃尽，直至符合动火或检修要求时，方可停止吹扫进行检修。

（11）火炬气管道宜尽量选用弯曲半径大的弯头，以减少局部阻力损失。

（12）管道宜设管托或垫板；管道公称直径大于或等于DN800mm时，滑动管托或垫板应采取减小摩擦系数的措施。

（13）管道有振动、跳动可能时，应在适当位置采取径向限位措施。

（14）管道活动支架间的允许跨距取决于管道本身的强度、刚度及管道要求的敷设坡度。设计中应该注意，由于火炬气管道直径一般较大，当直径大于600mm时，在选用公式计算时，必须考虑风荷载的影响；同时还必须进行径向稳定性的计算。

2. 吹扫设施

为了保证放空管网的安全运行，放空总管的上游最远端设有固定的吹扫设施，该吹扫设施包括一个流量计、一个止回阀和一个手动调节阀。所有的放空总管都应设吹扫用软管接口，吹扫介质应优先选用氮气，无氮气时也可选用蒸汽。但对于低温管道，吹扫气在最低温度时不应发生部分或全部冷凝，对此一般采用氮气吹扫，吹扫气速在最大火炬管内为0.03m/s，如果火炬系统设有水（液）封，则水封上游吹扫气速为0.01m/s。若无水封，则要安装低流量报警和指示真空度的低压报警，以防空气倒流入火炬系统。

3. 保温

放空管网一般不进行保温，但排放管道中凝结液的凝固点高于或等于该地区最冷月平均温度10℃以内时，宜对管道进行保温；凝结液的凝固点高于该地区最冷月平均温度10℃以上时，管道应进行保温并设伴热措施。设伴热保温时，应注意由于伴热可能引起火炬气温度升高，要防止由于温升而引起火炬气的化学反应的产生。

4. 预留敷设位置及接口

分期投产的可燃性气体排放管道在前期设计时，应预留后期管道的敷设位置及有关接口。

5. 抗外压设计

当可燃性气体排放温度大于60℃时，水封罐之前的可燃性气体排放管道应按GB 150《压力容器》进行抗外压设计，最大外压应大于或等于30kPa。

6. 设计压力

水封罐前的管道设计压力不得低于分液罐的设计压力，水封罐后的管道设计压力不得低于水封罐的设计压力。

（二）管线壁厚

放空系统管网壁厚设计的选择必须考虑多种工况：

（1）最大泄放负荷时的压力损失。

（2）由泄压装置产生的声激振动。泄压装置（如 PSV 和 BDV）的下游会产生高的声能，高能量会激发管道的自然振动，这种声激振动会导致工艺管道或管道附近的小口径连接处快速疲劳失效。放空管道容易受到声激振动，高压源会进入放空系统，API 标准目前以粗略的方式解决了该问题。

（3）放空管道中高速流动引起流致振动，流致振动与高速通过管道的流动有关。

（三）压力波动

ASME B31.3《工艺管道》规定了短期压力波动，参见其中 302.2.4 允许的压力和温度变化。偶然高于设计条件的情况应符合压力设计的以下限制之一：

（1）经所有者批准，在温度升高但不超过设计温度的情况下，操作压力可以超过压力额定值或设计压力。

（2）超过设计压力的 33%，时间不得超过 10h，且不超过 100h/a。

（3）超过设计压力的 20%，时间不得超过 50h，且不超过 500h/a。

许多设计公司不允许将此规定用于放空系统的设计，因此应在火炬系统的设计初期对其进行评估，如经过合理设计的阶梯紧急泄放系统可以使用压力波动规范来评估同时紧急泄放的结果。

二、结构材料

放空系统的设计应与整个系统的结构选材相结合，包括泄放源、入口管线、紧急泄放或泄压装置、出口尾管、放空汇管、分液系统和火炬。在评估所需材料时，需要考虑高低温、高压、振动和腐蚀等问题。材料选择可能会影响火炬系统的设计，材料限制可能影响泄放源的分隔。如果不同的汇管使用了不同的材料，考虑到可能的回流，应在工艺条件变化的上游至少 10m（33ft）处使用较高质量的材料。

（一）极端温度

材料选择应考虑火炬系统的高温泄放：

（1）高温下材料屈服应力的降低会影响对 ANSI Class 300 法兰系统的要求。

（2）某些材料在高温下容易应力腐蚀开裂（例如，不锈钢在高盐环境中易受氯化物应力腐蚀开裂）。

材料选择应考虑火炬系统的低温泄放：

（1）低温工艺流股。

（2）制冷剂流股在减压下冷却。

（3）减压装置中经焦耳—汤姆森冷却后的工艺流股。

设计还应考虑设施可能暴露的环境的最高和最低温度及太阳辐射的影响。

（二）防腐

火炬系统的防腐设计需要考虑单独泄放和同时泄放。例如，酸性干气相对温和，但在高温下与水混合时，对碳钢管道可能具有很强的腐蚀性。放空管网的防腐与一般管道一样，并无特殊要求。对具有腐蚀性的放空气，可考虑加厚管壁厚度或在管内刷防腐涂料防腐。

三、管道应力和支撑

火炬系统在正常工况下负荷较小，除非发生重大的紧急泄放工况。在这种紧急工况下，由于以下因素的结合，管道可能会产生较大应力：

（1）极端温度。

（2）液相段塞流。

（3）负荷增加，流速极高。

（4）管壁较薄，大尺寸管道。

对于排放管线设计，要求谨慎分析其热应力及机械应力作用于有关的压力泄放阀的可能性。没有单独支撑而只用压力泄放阀出口支撑的排放管线会在压力泄放阀及其进口管上产生应力，排出管路的强制对正也会产生类似的应力。排放管路（包括短尾管）应该按照规定进行检查、支撑并仔细校正。足够引起机构故障的变形通常首先产生在进口管路上，而且，即使是很小的力矩也能引起压力泄放阀的严重故障和泄漏。当压力泄放阀排放时，由于其产生的反作用力的影响，也可能在处理管路上产生应力。分析表明在有必要的场合，应该采取措施固定或限定与压力泄放阀相连的处理管线。API Std 520，Part Ⅱ *Sizing，Selection，and installation of pressure-relieving devices—Part Ⅱ—Installation* 给出了计算压力泄放阀操作时产生的反作用力荷载公式。

在泄放管线中，也应考虑冲击载荷。冲击载荷可能是由于可压缩流体突然流入多向管路系统或由于液体段塞在变向点产生的冲击作用而引起的。在管线中，每一次方向的改变可能会出现反作用力。

放空管网系统设计出适当、充分的固定、导向和支撑是十分复杂的。计算管路挠性的方法有多种，应参考 ASME B31.3《工艺管道》的背景讨论。管道应力、锚定和支撑设计应考虑热膨胀或收缩、两相流、液塞、高速流引起振动疲劳、冷介质的结冰或自动制冷及消防。为了避免昂贵的过度设计，火炬汇管的机械设计应基于对每种泄放情况的最高温度和持续时间而进行实际的评估，而不是仅仅以最高泄压温度作为设计温度。一旦要处理的泄放条件范围建立之后，除了必须考虑冲力以外，其他则与绝大部分管路系统的计算没有什么区别。

第七节 火炬分液罐

一、分类介绍

火炬气分液罐是火炬系统的重要组成部分，每根火炬排放总管都应设分液罐，以分离气体夹带的液滴或可能发生的两相流中的液相。通常情况下，在装置内设有分液罐以减少火炬气总管的凝液量。当火炬设置在距装置有一定距离的地点时，火炬气会在输送过程中产生凝液，因而在火炬气进入火炬筒前也要设置分液罐，再次分离凝液，以免液滴夹带到火炬头，造成火雨现象。

（一）火炬分液罐的分类

火炬分液罐主要有卧式和立式两种。其中卧式分液罐分为以下两种。

（1）气体从分液罐的一端顶部进入，从另一端的顶部排出（内部无挡板），称为单流式。

（2）气体在水平轴向两端进入，在中间有一个出口；或气体在中间进入，从水平轴的两端排出，称为双流式。当分液罐直径大于 3.6m 时，通常采用双流式。

而立式分液罐的气体入口设在容器中部的直径方向，出口设在容器顶部的竖直方向，入口处应加挡板使气体向下方流动。

在选择卧式和立式分液罐时，应考虑到气体的流速、所需液体储存量和火炬汇管的坡度要求，并进行经济性的比较。

（二）分液罐气体进出通道的型式

分液罐气体进出通道的型式可为下列之一：

（1）卧式罐：气体从罐轴线垂直上部一端进入，从另一端排出，气体入口与排出口宜朝向邻近的罐封头端。

（2）卧式罐：气体从罐轴线垂直上部两端进入，从中间排出，气体入口宜朝向邻近的罐封头端。

（3）立式罐：气体从罐体径向进入，从罐体垂直轴线顶部排出，采用挡板保证气流方向向下。

（4）立式罐：气体从罐体径向切线进入，从罐体垂直轴线顶部排出。

（三）集液包

卧式分液罐应设置集液包，集液包的结构尺寸如下：

（1）集液包直径宜为 500~800mm，不宜大于分液罐直径的 1/3，但不宜小于 300mm。

（2）集液包的高度（集液包封头切线至罐壁距离）不宜小于500mm。

二、设计原则

分液罐的主要目的是去除气流中的大部分液体，并防止液体带入火炬。分液罐的设计应该满足以下条件：

（1）分液罐应尽量靠近火炬，并且要考虑到人员操作的可能及是否在下游设置分液罐。

（2）分液罐应满足 ISO 23251 *Petroleum, petrochemical and natural gas industries —Pressure-relieving and depressuring systems* 或 API Std 521 *Pressure-relieving and depressuring systems* 的最低设计要求。

① 分液罐的设计应允许全真空，最大允许工作压力（表压）至少为3.5bar（50psi）且外压不得小于30kPa（表压）。

② 液罐的最小腐蚀裕量应为3mm（1/8in）。

③ 分液罐应该可以分离所有游离的液滴，应使用 ISO 23251 *Petroleum, petrochemical and natural gas industries—Pressure-relieving and depressuring systems*、API Std 521 *Pressure-relieving and depressuring systems* 中的计算方法计算分液罐尺寸。

（3）分液罐的液体容量应允许在流入分液罐的液体流量最大时，液体的停留时间为20~30min；或者分液罐有足够的空间容纳可能产生的最大的液体量。该容量应在最大正常液位（即泵的启动液位）和分液罐允许的最大液位之间提供，并考虑到以下情况：

① 气/液分离的要求。

② 在分液罐压力下液体的闪蒸。

（4）分液罐的尺寸应能在最大紧急放空流量下除去300~600μm（0.024in）以上的液滴，并在最大无烟流量下除去150μm（0.006in）以上的液滴。在特殊情况下，对于能够燃烧较大尺寸液滴的火炬，可放弃这些要求。

（5）为了保持"冷"流和"湿"流之间的分离，可能需要单独设置分离罐。可以设置蒸发设施来处理分液罐中的液体。但是如果需要依靠蒸发设施来防止金属温度降到最低设计温度以下，应确保蒸发设施的长期可靠性。否则，应使用耐低温的材料。

（6）分液罐的设计还应该满足以下条件：

① 火炬汇管中的冷凝液均应排放至分液罐或接收器，因此所有管道都应允许液体通过重力流向分液罐。

② 除非能够确保流量均匀分配，否则应避免分离罐入口管道的分流配置。分离罐入口应配备分流板、内部弯头或挡板，以引导液体远离分离罐出口。更多细节见 ISO 23251 *Petroleum, petrochemical and natural gas industries—Pressure-relieving and depressuring systems* 或 API Std 521 *Pressure-relieving and depressuring systems*。

③ 如果闭排罐的液体会被输送至分液罐，那么分液罐的尺寸应该既能容纳来自坡度

管的最大液量，又能容纳闭排罐的最大液量。由于这样可能会增大闭排罐的尺寸，也可以考虑将液体输送至一个低压容器。

④ 由于结蜡或结垢的风险，应避免通过使用除雾罩来限制闭排罐的尺寸。

⑤ 分液罐应配备自动排液装置。分液罐罐底泵应能够在最多 2h 内将分液罐从最高液位排空至正常工作液位或低液位。

⑥ 由于分液罐中的液体可能有毒或易燃，或含有溶解在其中的有毒或易燃物质，因此在设计和操作时应特别小心。如果存在释放有毒物质的风险，则应将排液管引至闭排系统。如果存在材料冻结的风险，则至少需要第二个串联阀门。

⑦ 还应提供单独的水或重烃的清除设施。这些设施可以是手动的，也可以是自动的。需要特别注意因排液点向大气中释放易燃或有毒物质而产生危险。

⑧ 应为分液罐提供防冻措施，当金属温度超过 65℃（150°F）时，应设置防烫。

⑨ 应提供隔离、排气、吹扫、检查、维护和清洗分液罐的设施。

⑩ 应避免将温度超过 93℃（200°F）的液体引入装有水或轻烃的分液罐，以防止蒸气爆炸。

⑪ 分液罐应设液位计、液相温度计、压力表、高低压和高低液位报警。凝结液输送泵宜人工启泵，并应设置低液位联锁停泵。

三、尺寸计算

确定分液罐尺寸通常是一个试算过程，首先确定分离携带液体所需要的罐体尺寸。

（1）气体的滞留时间大于或等于液滴以降落速度下降通过有效垂直高度所需要的时间。

（2）气体垂直向上速度低到足以使液滴下落时，液滴就会分离出来。

（3）这里的有效高度一般是取从液面算起的距离。气体的垂直速度应足够低，以便防止很大的液体段塞进入火炬。

由于火炬能够处理小尺寸的液滴，所以罐内允许垂直速度可以根据分离 300~600μm 直径液滴所必须的速度来确定。参照 API Std 521 *Pressure-relieving and depressuring systems* 5.7.8 条，确定气流中液滴的降落速度，按式（8-4）计算：

$$U_c = 1.15 \times \sqrt{\frac{gD(\rho_l - \rho_v)}{\rho_v C}} \qquad (8-4)$$

式中　g——重力加速度，取 9.81，m/s^2；

　　　D——液滴直径，m；

　　　U_c——液滴沉降速度，m/s；

　　　ρ_l——操作条件下的液滴密度，kg/m^3；

　　　ρ_v——操作条件下的气体密度，kg/m^3；

C——液滴在气体中的阻力系数,按图8-3确定。

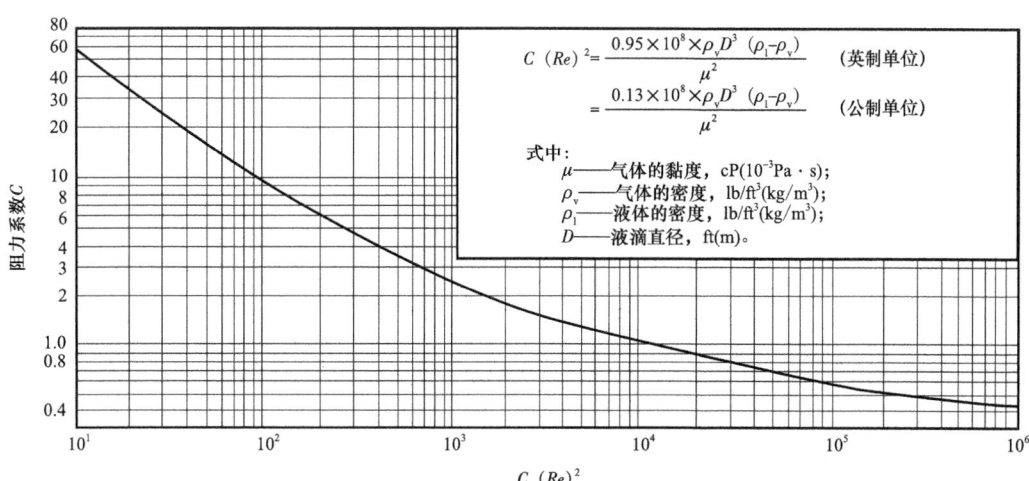

图8-3 阻力系数的确定

选定分液罐尺寸的第二步是要考虑罐内所含液体对减小气—液分离有效容积的影响。该液体的可能来源:

(1)当蒸气释放时分离出来的冷凝液。

(2)伴随蒸气释放被带出来的液体。

确定液体占据的容积应以释放持续20~30min为依据。释放(从压力泄放阀或其他来源)前滞留下的液体应加到上述(1)和(2)两项液体中,以便确定有效的气体分离空间。然而,通常不需要考虑在下述情况下容积与气体分离的关系,即在分液罐被用来容纳从其他系统上的压力泄放阀释放的大量液体时,在罐内没有大量闪蒸,而且液体可以很快除去(图8-4)。

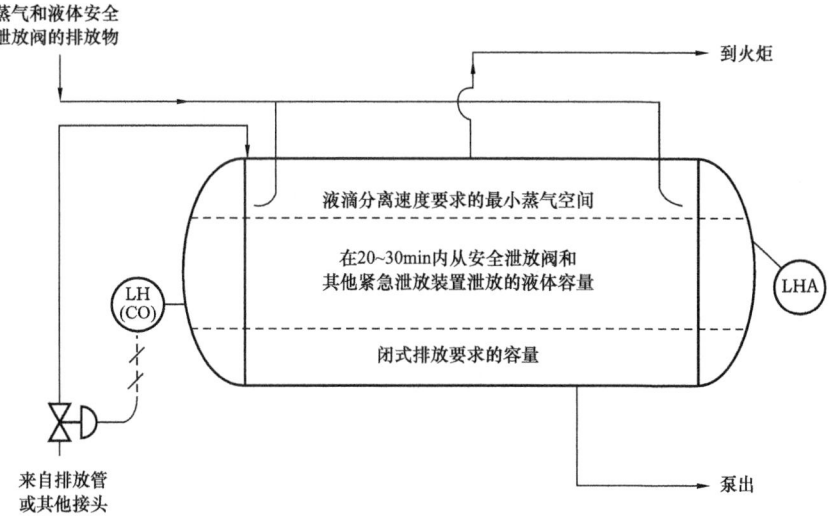

图8-4 火炬分液罐

在许多设计中，卧式和立式分液罐都是适用的；当选择罐的尺寸时，应考虑容器设计的经济性。容器设计的经济性可能影响对卧式罐和立式罐的选择。当需要储存大量液体而且气体流量很大时，选用卧式罐通常是比较经济的。

（一）卧式分液罐直径试算

SH 3009《石油化工可燃性气体排放系统设计规范》中给出了卧式分液罐的计算步骤，分液罐直径应按式（8-5）试算确定，当满足 $D_{sk} \leqslant D_k$ 时，假定的 D_k 即为卧式分液罐的直径。

$$D_{sk} = 0.0115 \times \sqrt{\frac{(a-1)q_v T}{(b-1)p\varphi U_c}} \tag{8-5}$$

式中　D_{sk}——试算的卧式分液罐直径，m；
　　　a——罐内液面高度与罐直径的比值；
　　　q_v——入口气体流量（标准状态），m³/h；
　　　T——排放气体的温度，K；
　　　b——罐内液体截面积与罐总截面积的比值；
　　　p——操作条件下的气体压力（绝压），kPa；
　　　φ——系数，宜取 2.5～3.0；
　　　U_c——液滴沉降速度，m/s。

卧式分液罐进出口距离按式（8-6）计算。

$$L_k = \varphi D_k \tag{8-6}$$

式中　L_k——气体入口至出口的距离，m；
　　　D_k——假定的分液罐直径，m。

液滴沉降速度按式（8-4）计算。

罐内液体截面积与罐总截面积比值 b 按式（8-7）计算。

$$b = 1.273 \times \frac{q_1}{\varphi D_k^3} \tag{8-7}$$

式中　q_1——分液罐内储存的凝结液量，m³。

罐内液面高度与罐直径比值 a 按式（8-8）计算。

$$a = 1.8506b^5 - 4.6265b^4 + 4.7628b^3 - 2.5177b^2 + 1.4714b + 0.0297 \tag{8-8}$$

操作条件下的气体密度按式（8-9）计算。

$$\rho_v = \frac{1000Mp}{RT} \tag{8-9}$$

式中　R——气体常数，取 8314N·m/（kg·K）；
　　　M——相对分子质量。

液滴在气体中的阻力系数 C 根据 $C(Re)^2$ 由图 8-3 查得，$C(Re)^2$ 按式 (8-10) 计算。

$$C(Re)^2 = \frac{1.307 \times 10^7 D^3 \rho_v (\rho_1 - \rho_v)}{\mu^2} \tag{8-10}$$

式中　μ——气体黏度，mPa·s。

(二) 卧式分液罐直径核算

按式 (8-5) 计算出卧式分液罐的直径后，应按式 (8-11) 对其进行核算，分液罐的直径应满足式 (8-11) 的核算结果。

$$卧式分液罐直径 \geqslant 1.13 \times \sqrt{\frac{q}{v_c} + \frac{q_1}{\varphi D_k}} \tag{8-11}$$

式中　q——操作状态下入口气体体积流量，m³/s；

　　　v_c——卧式分液罐内气体水平流动的临界流速，m/s，其值可由图 8-5 查得。

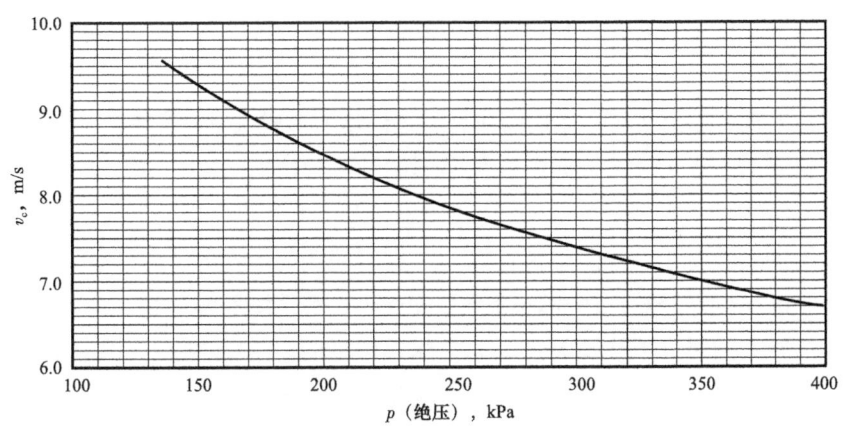

图 8-5　卧式分液罐内气体水平流动临界流速

(三) 立式分液罐直径计算

SH 3009《石油化工可燃性气体排放系统设计规范》中给出了立式分液罐的试算公式，分液罐直径应按式 (8-12) 试算确定。

$$D_k = 0.0128 \times \sqrt{\frac{q_v T}{p U_c}} \tag{8-12}$$

一般设计时，卧式分液罐内最高液面之上气体流动的截面积（沿罐的径向）应大于或等于入口管道横截面积的 3 倍；立式分液罐内气相空间的高度应大于或等于分液罐内径，且不小于 1m；最高液位距入口管底应大于或等于入口管直径，且不小于 0.3m。分液罐的型式应依据容器及火炬气排放系统设计的经济性选择，采用卧式分液罐时其长度与直径的比值宜取 2.5~6.0。

第九章

火炬系统

为保证生产装置系统的稳定和安全，使排气操作尽可能不影响装置自身及周边的正常生产运行，保护周边生态环境，在大型油气田站场装置中设置火炬系统和火炬气回收系统，用于处理来自各生产装置排放的火炬气是十分必要的。

排放操作主要分为大气排放（冷放空）和火炬放空系统（热放空），本书主要描述火炬放空系统。在许多情况下，如果当地环境法律法规允许，压力泄放源可以直接安全地排放到大气中。只要可行，大气排放（冷放空）这种方法在所有各种处理方法中，最为简单、可靠、经济。在决定是否把烃类物质或其他可燃或危险蒸气排放到大气中时，必须特别注意以下问题：

（1）保证实现处理而又不致在地面或高架结构物上形成可燃混合物。

（2）人员暴露在毒性气体或腐蚀性化学剂中。

（3）泄放气体流在排出点着火、产生过大噪声和空气污染之类的潜在危险或其他问题。

火炬系统的用途在于通过燃烧把可燃的、有毒的或腐蚀性的气体转化为危害较小的产物。火炬系统的终点是烃类气体在环境的释放点。火炬系统兼顾了稳定生产、安全和环保三大作用。尽管人们对火炬烧掉大量可燃气体感到可惜，希望将这些气体加以利用，去掉火炬系统，但由于火炬气排放量变化很大，从几乎为零到每小时几百吨，气体组成变化也很大，很难将这些气体全部回收利用，所以目前阶段火炬应视为生产流程的有机组成部分（图9-1）。

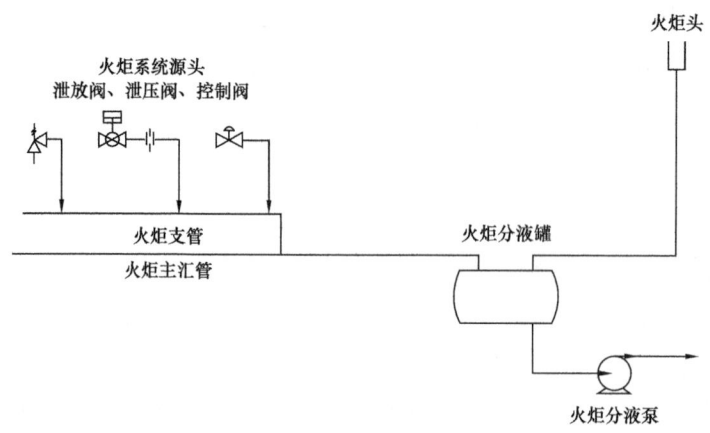

图9-1 火炬系统组成

第一节　火炬系统的分类、组成与选择

一、火炬的分类

火炬种类繁多，可按照不同分类方式划分。行业中一般有如下分类：

（1）按燃烧器与地面之间的安装方式可分为高架火炬和地面火炬。

① 高架火炬指的是为减少热辐射强度和有助于扩散将火炬头安装在地面之上一定高度的火炬。

② 地面火炬可分为开放式地面火炬和封闭式地面火炬两类：

——开放式地面火炬是指在透风式围栏内阵列排布多个燃烧器并分级燃烧的火炬。

——封闭式地面火炬是指具有燃烧室和烟囱，燃烧室内设置一个或多个燃烧器的火炬。

（2）火炬根据需不需要消烟，可分为消烟火炬和不消烟火炬。消烟火炬和不消烟火炬的区别在于燃烧时火焰的颜色不一样。不消烟火炬火苗长而呈红色，有时会伴随有少量的黑烟，消烟火炬的火焰短而呈蓝色，甚至在有光的情况下看不到火苗。

（3）高温放空火炬和低温放空火炬是按放空气的温度分类的。

（4）单点燃烧火炬和多点燃烧器火炬是按火炬燃烧器的选用形式分类的。

（5）冷放空火炬和热放空火炬是根据排放气放空之后是否燃烧分类的。

另外，根据是否可以拆卸，高架火炬还可分为可拆卸火炬和不可拆卸火炬，除此以外高架火炬还有其他的分类方法。

（一）高架火炬

高架火炬由自控系统、点火系统、钢结构支撑及一个直立上升管道组成。火焰远离地面，在顶端远程自动点火燃烧。高空燃烧塔可调整其高度，从最低5m到最高200m。根据高架火炬的结构支撑方式不同，高架火炬还分为自支撑式、绷绳支撑式和塔式支撑，如图9-2所示。由于油田站场大部分采用的是高架火炬，本书将重点介绍高架火炬，具体参照本章的第四节。

（二）地面火炬

地面火炬由地面燃烧炉、地面燃烧炉支柱、地面燃烧器、防风消音墙、分级燃烧系统，以及长明灯自动点火装置、安全措施、控制系统、放空气系统组成。火炬气的燃烧是在圆柱形地面燃烧炉的本体内完成的。燃烧过程封闭，外界看不见火光，没有光污染，低热辐射。圆柱形地面燃烧炉内设有一定数量的、特殊结构的地面燃烧器。地面燃烧器采用梅花形多孔结构，可将大股火炬气分成许多小股，以利其和空气的混合，增加与空气的接触面积,达到无烟燃烧。空气与火炬气的混合主要是依靠火炬气自身的压力和特殊设计的燃烧器完成的。地面火炬的火炬头分为普通燃烧型与蒸汽助燃型(图9-3)。

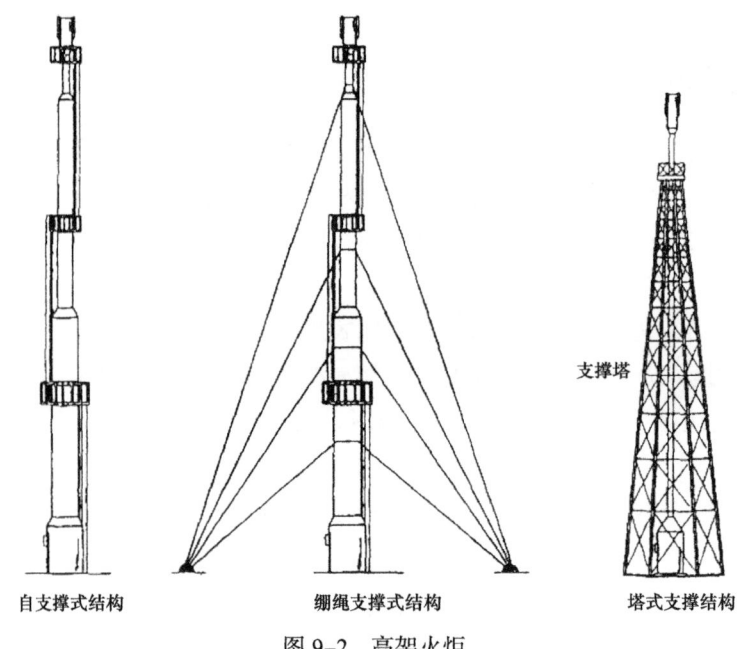

图 9-2 高架火炬

图 9-3 地面火炬

1. 地面火炬设计原则

地面火炬可用于处理毒性为轻度危害和无毒的可燃性气体,不宜用于处理毒性为中度危害的有毒可燃性气体。地面火炬不得用于处理毒性为极度或高度危害的有毒可燃性气体。地面火炬宜用于处理开停工及正常生产时排放的可燃性气体,不宜用于处理紧急事故下排放的可燃性气体。

应根据各分级管道前排放总管的最大允许排放背压值确定各分级管道的操作压力,分级控制阀旁路的爆破压力不得高于排放总管的最大允许排放背压。分级控制阀旁路使用爆破针阀时,最大操作压力宜取排放总管最大允许排放背压的90%;分级控制阀旁路使用爆破片时,最大操作压力宜取排放总管最大允许排放背压的75%。应根据最大操作压力并结合可燃性气体排放条件及燃烧器的性能曲线进行合理分级,每级的操作压力应在燃烧器的最佳操作弹性范围内，避免各级之间发生跳跃；各分级管道前排放总管的最大允许排放背压值及分级数量应根据排放总管、分级系统的投资及公用工程介质消耗等因素通过经济比较后确定。

各分级管道上的控制阀应设置爆破针阀或爆破片旁路，爆破针阀或爆破片的爆破压力不得高于各分级管道前的最大允许背压。当各分级管道前的最大允许背压值较低时，旁路上宜选用爆破针阀。各分级管道的截面积之和不得小于排放总管的截面积。爆破针阀或爆破片旁路的公称直径可比分级管道小一级，但应保证各分级管道前的压力小于或等于最大允许背压。

各分级管道上压力开关阀宜选用金属硬密封蝶阀，其开启时间不宜大于1s。各分级管道上压力开关阀和旁路上爆破针阀的泄漏等级不应低于 ANSI Ⅴ级。控制系统除应具有逐级开启的功能外，还应具有跨级开启的功能。除前两级排放系统每个燃烧器配置一个长明灯外，其他各级长明灯的数量应不少于两个，长明灯应保持长明；蒸汽助燃型燃烧器的每个燃烧器均需配置一个长明灯。

火炬应采取足够的消烟措施，烟气排放应符合相关环保要求。地面火炬各分级压力开关阀后应设氮气吹扫系统。常燃级系统应设连续氮气吹扫系统，防止回火。对于低压力级排放系统宜采用蒸汽助燃型燃烧器，蒸汽宜根据火炬气的排放量及相对分子质量进行调节。各分级压力开关阀前后应设置凝结液密闭排放设施。

地面火炬对周边区域的热辐射强度允许值与高架火炬的要求相同。

2. 封闭式地面火炬

单套封闭式地面火炬的处理量不宜大于100t/h。

排气筒高度应满足下列要求：

（1）烟气扩散后应满足环保要求。

（2）不得低于燃烧器火焰高度的3倍。

燃烧室内的热流密度宜控制在275～335kW/m³（标准状态）。设计时应选用防结焦、堵塞及高温不易产生变形的燃烧器。应避免燃烧室中心出现贫氧现象。燃烧器的布置应保证其压力均衡，防止火焰爆冲与火焰蹿烧。燃烧室的内侧应采用耐火保护衬里，燃烧室外侧温度不应高于60℃。

3. 开放式地面火炬

防热辐射金属围栏高度应高于各燃烧器火焰顶部2m。低压力级燃烧器宜布置在防热辐射金属围栏的中间，高压力级燃烧器宜布置在两侧。防热辐射金属围栏内的分级管道应采取防热辐射措施，靠近分级控制阀的一侧应设置观火窗及检修门。同级管道上的燃烧器的安装距离应能确保接力点火，不同级管道间的距离应满足无烟燃烧的要求。靠防辐射金属围栏布置的燃烧器与金属围栏的距离应确保火焰不能直接烧到金属围栏上。燃烧器及支撑立管应选用耐高温金属材料。

二、火炬的组成

火炬系统包含如下部分（可能含有如下全部，可能只有部分）：

（1）火炬，包括：

① 火炬头或燃烧器；火炬头的主要作用是按照设计要求将泄放系统的火炬排放气尽可能燃烧干净，不能下火雨、不能冒黑烟、不能熄灭。根据处理的排放气组成及选用火炬型式不同，火炬头主要分为以下几种型式：

——高架火炬：蒸汽消烟型、伴热扩散型、酸性气蓄热型。

——地面火炬：普通燃烧型、蒸汽助燃型。

② 火炬筒体。

③ 塔架（高架火炬）或围墙（地面火炬），火炬塔架的支撑系统。

④ 长明灯，长明灯点火器及管道。

（2）点火系统。

（3）火焰监控（例如：监控及长明灯点火器）。

（4）防回火系统。

（5）吹扫系统。

（6）消烟设施，包括：

① 空气助燃。

② 蒸汽助燃。

③ 喷水。

④ 气体辅助点火（用于低热值火炬流体）。

⑤ 火炬灭火。

（7）氧气分析仪。

（8）流量，温度测量和报警。

（9）火炬气回收系统。

（10）液封罐。

三、火炬的选择

火炬类型的选择应考虑以下因素：

（1）泄放的本质、频率及量。

（2）可用空间。

（3）对周围植被及居民的影响。

（4）关于烟雾、污染、噪声、辐射和光发射的环境要求。

（一）场地大小与布置

火炬是有明火的设施。工程实践中，往往根据国内外标准、HSE要求与安全分析等确定的防火间距，以及人或设备允许的辐射强度，来确定高架火炬的高度。地面火炬的防火间距应根据人或设备允许的辐射热强度计算确定，同时不应小于国内外标准、HSE要求与安全分析等确定的防火间距。因此，对于开放式地面火炬，由于其燃烧器接近地面，占地面积相较于高架火炬并无优势。而封闭式地面火炬由于其燃烧室和烟囱可以有效阻隔辐射热，在确保人或设备安全的前提下，其占地面积远小于高架火炬或开放式地面火炬，因此适用于建设场地有限的场合。

（二）排放介质的特性

排放介质的特性包括组成、排放量和排放压力等。

地面火炬可用于处理毒性为轻度危害和无毒可燃性气体，不宜用于处理毒性为中度危害的可燃性气体，不得用于处理毒性为极度或高度危害的有毒可燃气体。为确保稳定燃烧和处理弹性，地面火炬设置了分级燃烧系统，各级分级管道前排放总管的排放背压要满足各级燃烧系统之间压差的需求。单套封闭式地面火炬的处理量不宜大于100t/h。

高架火炬无上述限制。对于在气体处理厂中的脱硫塔、酸性水汽提等装置排放的含有高硫化氢等酸性气体，应设置酸性气火炬进行单独处理，硫化氢的燃尽率需大于99%，以减少对环境的污染。为保证硫化氢完全燃烧，并考虑二氧化硫的落地浓度，此类酸性火炬气需要通过设置高架火炬系统燃烧排放：火炬高度增加，二氧化硫落地浓度减少。

（三）经济性

由于地面火炬由多个燃烧器、多级分级管道分级控制阀爆破片旁路、分级控制系统、安全联锁系统、燃烧室（对于封闭式地面火炬）或防辐射金属围栏（对于开放式地面火炬）等部分组成，一次性投资与操作维护费用一般均高于相同处理能力的高架火炬。

（四）安全性

地面火炬可用于处理开停工及正常生产时排放的可燃性气体，不宜用于处理紧急事故下排放的可燃性气体。

（五）公共关系

如果高架火炬设置在居民区或可航行的水道附近，高架火炬燃烧所发出的光、热辐射和噪声可能对居民生活或船只正确导航造成影响。

（六）地理环境

对于布置在低洼地区的工厂，采用高架火炬更有利于燃烧废气的扩散。

第二节　火炬系统设计准则与流程

一、设计准则

火炬放空系统的终点是烃类气体在环境的释放点。设置火炬或放空管的高度和位置，需要考虑多个因素：

（1）气体在泄放燃烧时，设备和人员可接受的辐射热值。
（2）泄放的烃类气体未燃烧，可燃气体冷扩散的爆炸下限。
（3）泄放流体中含有以下组成时的落地浓度：
① 氮氧化合物。
② 硫化氢（未燃烧）或二氧化硫（燃烧产物）。
③ 一氧化碳。
④ 未点燃的芳香化合物（苯系物 BTEX）。
（4）长明灯在工厂中是潜在的着火点，需要根据站场内的泄放量评估爆炸下限曲线，以确定火炬的放置位置。
（5）噪声限制（考虑现场和第三方的接触）。

尽管客户和站场有不同的特定标准，且泄放流体的性质与包含的杂质也有不同，但火炬的设计应符合 API Std 521 *Pressure-relieving and depressuring systems* 标准。在设计初期就应建立这些特定标准，并在火炬系统的设计基础中予以标注。

二、设计流程

随着油气田规模的日渐大型化，生产日趋复杂，巨大的排放量成为火炬系统的一项重大挑战，对火炬的建设提出了新的要求。在火炬装置中，与高架火炬相比较，地面火炬在燃烧、噪声控制、操作维修等方面均有不同程度的优势，但地面火炬目前受排放量的影响，一般为小排量的火炬，且用于比较单一的气体排放。

从经济和节能方面考虑，建立共用高架火炬成为一种趋势。此外，根据生产需要，如进一步扩大生产规模，一定会增大生产装置泄放量，使火炬运行的风险大大提高，对火炬系统的合理配置提出了更高的要求。可供选择的火炬设计很多，应在项目早期就进行筛选。关于燃烧坑的设计，除非特别要求，否则不应将其视为可用的火炬类型，因其燃烧效率差，风险管理更具有挑战性。图 9-4 给出了火炬系统的设计流程，表 9-1 列出了各种火炬的优缺点。

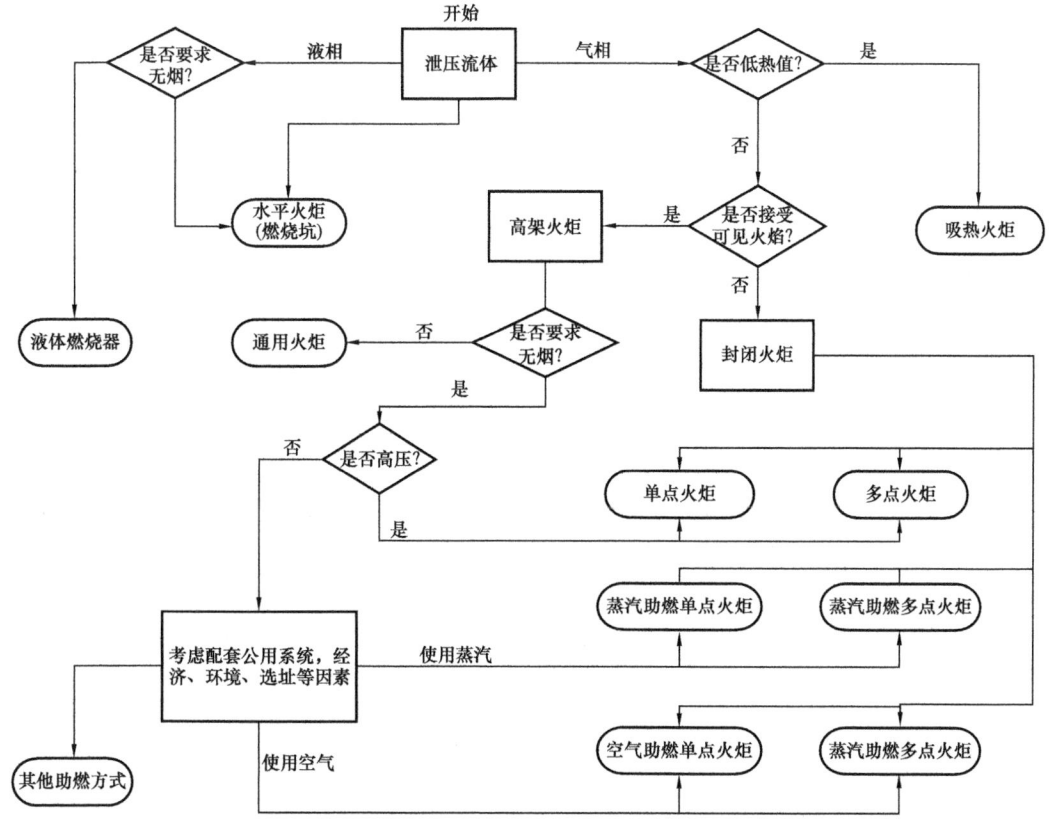

图 9-4　火炬设计流程

表 9-1　各种火炬的优缺点分析

选项	优点	缺点
高架火炬	• 投资低； • 构造简单； • 最好的扩散效果； • 排放量大，适合紧急放空	• 可视度高； • 高流速→高噪声
封闭式地面火炬	• 火焰不可见； • 低噪声； • 占地小	• 投资最高； • 可视较高的封闭墙
开放式地面火炬	• 投资居中； • 可以降低可见性； • 通过使用较多的低流量、低流速的燃烧器，以及防辐射板可以降低噪声	• 流程，仪表系统及控制复杂； • 占地较大； • 较高的防护围栏
地坑火炬	• 造价最低； • 构造简单	• 仅水平方向扩散； • 占地居中； • 噪声很大

第三节 火炬系统设计要素

一、火炬系统设计注意事项

火炬系统的设计应该注意以下几点：

（1）在正常的操作工况下，应该尽量减少连续放空。

（2）在任何情况下都应该注意邻近人员的安全，这包括系统全部或部分的启动、吹扫、操作和紧急放空、停机、检查和维护。

（3）应注意保护火炬系统附近的装置和设备，包括火炬系统本身的表面。

（4）防止火炬系统受到外部事件（如火灾）的损坏。

（5）火炬系统应本质安全，特别是在以下方面：

① 易燃或易爆混合物 / 堵塞或流动受限。

② 化学反应 / 有毒成分。

③ 腐蚀、侵蚀和氢脆 / 设备损坏。

④ 火炬火焰稳定性 / 点火安全性。

⑤ 引燃过程的安全性 / 不同火炬的切换。

（6）应该留意任何排放到火炬系统的工艺介质的流速、组分、相对分子质量、温度、频率和持续时间，以及影响流动的限制因素，例如允许背压与固体沉积。应特别注意火炬系统泄压时的流量，特别是由于火灾或公用系统故障导致所有减压阀同时开启时的流量（如果所有减压阀设计为故障开启）。

（7）火炬系统使用的材料应适合在系统的最低温度下运行，并且能够承受因减压而产生的任何骤冷。

（8）火炬系统的使用寿命。

（9）火炬系统维检修的要求及维检修对于整个工厂的影响（对备用火炬系统的要求）。

（10）现场气象及其他的环境条件。

（11）国家和地方法规，特别是有关无烟燃烧、火炬能见度、污染和噪声限制的法规。

（12）用于处理来自分离罐和密封罐的冷凝烃和酸性水的处理系统。

（13）总图上火炬系统的空间及布置。

（14）有液体 / 蒸气汽化和加热的系统。

（15）如果在操作或维护过程中，需要将惰性气体排放到火炬系统。那么要考虑惰性气体可能导致长明灯熄灭。这时需要补充燃料气以确保火炬气的热值至少为 $11200kJ/m^3$（$300Btu/ft^3$，标准状态）。需要注意的是，低流速的惰性气体不需要额外补充燃料气，例如吹扫气。

（16）火炬头气体的流速应满足火焰稳定性、噪声和扩散的要求。

依照经验,允许火炬头气体的流速在马赫数 0.2 以上。但是超过马赫数 0.2,则需要和火炬厂商确认。对于紧急火炬泄放,流速的上限一般为马赫数 0.5。如果超过这个流速,火焰可能变得不稳定并上升,这将增加火焰熄灭的风险。对于音速火炬,允许马赫数在 1.0 以上,前提是保证火焰稳定。

二、火炬系统设计时应考虑的危险

火炬系统的设计应考虑以下可能的危险:

(1)空气有可能通过以下路径进入火炬系统,形成易燃易爆的混合物:

① 由于浮力效应导致的气流下降,失去吹扫气,分子密封故障。

② 如果火炬系统的蒸气凝结或冷却(全场停产),空气会从火炬头或其他放空放净口被吸入火炬系统。由于整个火炬系统吸收热量的能力很大,当火炬气冷却时,体积收缩的量会很大并且非常迅速。

③ 如果下雨,雨水冷却原本被太阳照射的管道及罐,也可能会导致空气被吸入火炬系统。

④ 由于较轻的气体浮力,较低位置的管道内气体压力可能会低于大气压,这也会导致空气通过任何开孔进入火炬系统中,例如放空口、放净口、法兰等处。

⑤ 连接火炬的真空系统也可能导致火炬系统吸入空气,因此需要有较高完整性的隔离切断机制来防止这样的事故发生。

⑥ 工艺过程中的空气也可能会进入火炬系统。导致这样事故的原因可能是氧化装置控制故障,或者空气进入吹扫气。

(2)堵塞/流动阻塞:

① 液体密封结冰、火炬管线或分子密封件中的冷凝液、蒸汽冷凝、冬季蒸汽流量低时火炬尖端冻结、环境温度低、低温排放或自冷都是蒸汽管线堵塞或阻塞的潜在原因。

② 聚合产物、水合物、蜡、腐蚀产物。

③ 从生产系统带入的固体、催化剂、聚合物等。

④ 不好的排液设计或液位控制故障导致的液体滞留。

⑤ 阀门误关或故障关闭。

(3)有毒成分:应该为 H_2S 的体积分数超过 10% 或含其他剧毒物质的气体单独设置火炬管线,并且最好在火炬头附近才和主火炬气流汇合,这样可以减少主火炬管道发生 H_2S 腐蚀的可能性。还应慎重考虑火炬密封件、排液管等产生的污水。

(4)火炬系统内的化学反应、自燃垢(pyrophoric scale)、乙酰化物、过氧化物等。

(5)机械损伤、液体段塞流的液压冲击、固体冰的推进、水合物、冲击、骤冷引起的低温脆化、外部火灾破坏、火炬头的回火、高温气体排入火炬系统。

(6)火炬系统中的液体积聚:应避免液体泄放至火炬系统,如果无法防止,应仔细考虑液体进入火炬系统可能导致的危害。在紧急泄放过程中，大量液体排放到火炬中，可能会导致水平管线中的段塞流，液体进入分液罐，也有可能造成机械损坏。

第四节　高架火炬设计

高架火炬由自控系统、点火系统、钢结构支撑及一个直立上升管道组成。火焰远离地面，在顶端远程自动点火燃烧。高空燃烧塔可调整高度，从最低5m到最高200m。

一、辐射热

火炬设施安全区域的大小取决于允许的热辐射强度。火炬气最大排放量的确定原则考虑到一定安全性，最大排放持续的时间通常不超过30min，一天中太阳的热辐射强度最高值为 $0.79\sim1.04\text{kW/m}^2$，且受天气的影响较大；装置开、停工期间由于操作不稳定或下游装置不能同步开车，会有大量的可燃性气体连续数天排放到火炬燃烧。因此，太阳的热辐射是否叠加到火炬产生的热辐射中，在不同的工况下应该区别对待。

以下是辐射强度的设置要求：

（1）按最大排放负荷计算确定火炬设施安全区域时，允许热辐射强度不考虑太阳热辐射强度。

（2）按装置开、停工的排放负荷核算火炬设施安全区域，此工况下的允许热辐射强度应考虑太阳热辐射强度。

（3）厂外居民区、公共福利设施、村庄等公众人员活动的区域，允许热辐射强度应小于或等于 1.58kW/m^2。

（4）相邻同类企业及油库的人员密集区域、石油化工企业内的行政管理区域的允许热辐射强度应小于或等于 2.33kW/m^2。

（5）相邻同类企业及油库的人员稀少区域、厂外树木等植被的允许热辐射强度应小于或等于 3.00kW/m^2。

（6）石油化工厂内部的各生产装置的允许热辐射强度应小于或等于 3.20kW/m^2。

（7）火炬检修时其塔架顶部平台的允许热辐射强度不应大于 4.73kW/m^2。

（8）火炬设施的分液罐、水封罐、泵等布置区域允许热辐射强度应小于或等于 9.00kW/m^2，当该区域的热辐射强度大于 6.31kW/m^2 时，应有操作或检修人员安全躲避的场所。

允许的热辐射强度是暴露持续时间的函数，它应该包含人的反应时间和灵活性等因素。在 API Std 521 *Pressure-relieving and depressuring systems* 中建议考虑操作人员或检修人员的总暴露时间为 $8\sim10\text{s}$。热辐射强度大于 6.31kW/m^2 时，在此区域的操作或检修人员没有足够时间逃跑，因此应就地设置安全躲避场所。安全躲避场所可以是附近60m范围以内的机柜间等建筑物，也可以是专设的遮蔽辐射热的棚子。

二、火炬头及辅助设施设计要求

(一) 一般要求

火炬头的主要作用是按照设计要求将泄放系统的火炬排放气尽可能燃烧干净,不能下火雨、不能冒黑烟、不能熄灭。根据处理的排放气组成及适应场合不同,高架火炬的火炬头主要分为:普通管式型、蒸汽消烟型、空气助燃型、酸性气蓄热型和音速火炬头。

1. 火炬头设计的基本要求

火炬头设计的基本要求如下:

(1) 能安全燃烧掉各种工况(指不同流量、不同参数和不同组成成分)的火炬气。

(2) 将火炬气完全燃烧,燃烧产物对周围环境的污染符合有关规定。

(3) 在保证火炬气完全燃烧的前提下,要求能耗(蒸汽、电或水)低。

(4) 结构简单,制造容易,选材得当,使用寿命长,重量轻,便于安装和维护检修。

(5) 燃烧中产生的噪声和光害小。

火炬头的设计应考虑在高速泄放或阵风与低速泄放相结合的情况下,将火焰升空的风险降至最低,火炬头应满足装置正常操作和开停工时无烟燃烧的要求。火炬头部配有长明灯,长明灯经点火器点燃后将一直燃烧,当排放气到达火炬头部时,立即被长明灯点燃。火炬头安装在火炬塔顶端,这样能减少对环境的热辐射和毒性扩散范围。

2. 火炬头设置要求

火炬头设置要求如下:

(1) 火炬头顶部设置火焰挡板,目的在于提高高速排放时火焰的稳定性,其限流面积通常为2%~10%,设有这种稳火装置的火炬头其出口压降允许达到14kPa,超出14kPa时火焰的稳定性难以保证。

(2) 火炬头上部3m部分(包括内件)应使用ANSI 310SS或等同材料制造,3m以下部分宜使用304或等同材料制造。同时火炬头上部设计温度不应低于1200℃。

(3) 排放气体在火炬头出口处允许的马赫数大小取决于系统允许的压降、环境噪声标准、火焰稳定性及气体的燃烧特性。对于系统排放压力较低及环境噪声要求严格的火炬,短时间的事故排放时应该控制在马赫数0.5以下,工厂正常生产的连续或频繁排放最好维持在马赫数0.2;对于系统排放压力足够高,且环境噪声要求不严时,适于采用音速。火炬头出口气体速度太低时,火焰受风的影响较大,火焰有可能在下风向的低压区沿火炬头下落数米,会引起火炬头过热和腐蚀。有关火炬研究文献发表的数据表明,火炬稳定燃烧的马赫数为0.2~0.5。

(4) 对于酸性气火炬主要关注的是气体中有毒、有害物质的燃尽率。石油化工企业的酸性气主要是含硫化氢的气体，目前在酸性气火炬设计上普遍采用低速并维持适当燃烧温度的方法，也可以采用马赫数 0.5 以上的高速火炬头，使酸性气体与空气充分混合达到硫化氢燃尽率的要求。

（5）火炬头出口至钢塔架顶层平台应该保持一定的距离，尽量避免低排放量工况时火焰在风的作用下对火炬塔架顶层平台的损害。烃类化合物燃烧时温度高，酸性气、纯氢气等低热值气体燃烧时温度相对较低。

（二）辅助设施设计要求

火炬本体辅助设施的设计要求如下：

（1）钢塔架的附属设计应满足下列要求：
① 应分节设置梯子平台，采用直梯时，每节直梯高度宜为 5～10m。
② 钢塔架应按相关规范设置航空障碍灯。
③ 最高层平台应有满足火炬头检修的面积及通道，并宜设置便于吊装火炬头的设施。

（2）敷设于钢塔架或火炬筒体的工艺热力管道安装应符合下列要求：
① 蒸汽管道、有保温伴热的管道、引火管及燃料气管道应设计热补偿措施，并设相应的固定支架。
② 敷设于钢塔架或火炬筒体上的工艺热力管道不应存在积液点。
③ 常温管道至少应设 1 处固定支架。
④ 引火管及燃料气管道在火炬底部应使用三通与水平管道连接，并应在垂直管道的末端设法兰和法兰盖。

（3）用于燃烧烃类化合物的火炬头出口至钢塔架顶层的距离不宜小于 7m，燃烧酸性气、纯氢气等低热值的火炬头出口至钢塔架顶层的距离不宜小于 5m。

（4）火炬筒体底部应设有积存雨水、凝液、锈渣的空间，并设置手孔、排污孔、凝液排出口及液位计。

（三）火炬计算

1. 火炬直径

API Std 521 *Pressure-relieving and depressuring systems* 推荐采用式（9-1）以根据确定的马赫数计算火炬直径（内径）：

$$Ma = 3.23 \times 10^{-5} \times \left(\frac{q_\mathrm{m}}{p_2 d^2}\right) \cdot \left(\frac{ZT}{kM}\right)^{0.5} \quad (9-1)$$

式中　Ma——马赫数；

q_m——质量流量，kg/h；

p_2——火炬头的流动压力（绝压），kPa；

d——火炬直径（内径），m；

Z——压缩因子；

T——流动温度，K；

M——蒸气的平均相对分子质量；

k——气体的比热比。

根据规范计算出的火炬直径是火炬头出口有效截面积，火炬头出口的实际面积还应该包括其内部其他构件的当量面积，此部分面积由火炬头供货商考虑。火炬筒体直径应由所允许的压力降计算最终确定。不同压力的排放管道接至同一个火炬筒体时，应核算不同压力系统同时排放的工况，保证压力较低系统的排放不受阻碍。

2. 火炬高度

火炬高度的确定原则如下：

（1）地面不同区域接受点的最大允许热辐射强度需满足国内外规范要求。

（2）根据高度计算火炬排放时对地面产生的噪声，并按国内外环境噪声限值核算火炬高度。

（3）根据火炬高度计算可燃和有毒气体的落地浓度，并按国内外大气污染物排放标准核算火炬高度。

1）火炬中心至暴露目标的最小距离

API Std 521 *Pressure-relieving and depressuring systems* 推荐采用 Hajek 和 Ludwig 推导的方程式来确定火炬距必须限制辐射热的暴露目标的最小距离，见式（9-2）：

$$D = \sqrt{\frac{\tau F Q}{4\pi K}} \tag{9-2}$$

式中　D——从火炬中心至被考虑目标之间的最小距离，m；

τ——热强度传导系数；

F——热辐射系数；

Q——释放的热量，kW；

K——允许的辐射热，kW/m²。

2）确定火焰中心

确定火焰中心点的主要方法有以下几种：API 521 Simple 方法、Brzustowski's 和 Sommer's 方法及 G.R.Kent（GPSA）方法等。

（1）API 521 Simple 方法。

API 521 Simple 方法自 1969 年在 API Std 521 *Pressure-relieving and depressuring systems* 发表至今一直运用了很多年，该方法是基于几组实测数据制作的火焰长度与气体低热值相关联的对数坐标图，并且结合火炬筒体出口处侧向风与火焰变形的近似关系图，通过图解法得出火焰中心点的位置，根据火焰中心点和接收点的几何关系进而计算得出火炬的高度。此方法需要使用两种经验图,且两幅图的制作均基于各种氢和碳氢化合物的实际观测数据。另外,通过与实际火炬的火焰长度作比较,该方法计算的数据与实际偏差比较大,尤其是在较大排放量时,其计算结果不太合理。因此该方法不适用较大排放量,或者含有醇类和脂类等成分的排放气体。且此方法假设 τ 为 1,即认为火炬产生的辐射热在大气中不传播,所以 API 521 Simple 方法偏于保守,具体计算方法参见 API Std 521 *Pressure-relieving and depressuring systems* 附录 C2.2。

（2）Brzustowski's 和 Sommer's 方法。

Brzustowski's 和 Sommer's 方法是一种根据射流扩散理论确定火焰中心的单点法。该方法是基于可燃性气体在侧向风中喷射混合和在空气中爆炸下限研究的火焰长度计算方法。火焰的中心点是根据火焰在侧向风作用下形状中心曲线的中心点定义的。此方法需要运用经验图确定火炬中心点的坐标,根据排放气爆炸下限、空气推力与火炬出口喷射推力的乘积,通过曲线拟合出结果。所以此计算方法需要明确排放的火炬气的具体组分。另外,计算 τ 的经验公式是通过交叉绘制从霍特尔图计算的吸光度得到的,适用于除 H_2 和 H_2S 外的大多数耀斑气体,因为 H_2 和 H_2S 燃烧时几乎或没有发光辐射。具体计算方法参见 API Std 521 *Pressure-relieving and depressuring systems* 附录 C2.3。

（3）G.R.Kent（GPSA）方法。

G.R.Kent（GPSA）方法是通过小直径管道在静止的空气中对火焰的长度进行实验,得出从马赫数≥0.2 开始火焰长度是固定的,并约等于气体出口直径的 118 倍。此方法认为火焰的热量是沿火焰长度均匀释放的,因此通过积分得到无风时火炬的火焰中心约在火焰长度下的 1/3 处。此方法需要运用伊万诺夫射流轨迹方程确定火焰的中心点,把火焰假设为刚性体,计算结果略保守于 Brzustowski's 和 Sommer's 方法。另外,该方法被收录在规范 SH 3009—2013《石油化工可燃性气体排放系统设计规范》中。按此方法计算火炬高度时,未考虑辐射热量通过大气后被削弱的比例 τ,所以计算结果略保守。具体计算方法参见 GPSA 第 5 章节。

（4）其他方法。

还有其他方法可以用来计算火炬的高度。考虑了风速、火炬出口气体速度、火焰形状和火焰段分析的复杂模型更适用于特殊情况,特别是对于大型排放系统。FLARESIM 软件中还提出 Point Source 方法,该方法是 API 521 Simple 方法的多点扩展,其中火焰假设是完全透明的,这样来自一个点的辐射既不会干扰另一个点,也不会遮挡另一个点。火焰被分成一系列较小的点源元素,这些点源元素的贡献加起来就可以得到火焰的总辐射。在实践中,这种方法通常比 API 521 Simple 方法给出更实际的值。然而,它倾向于过度预测近场的热辐射。

3）火炬的辐射系数

根据上述方法计算出火焰中心点,再通过地面不同区域接受点的最大允许热辐射强度,最终得出火炬的高度。另外,影响火炬对地面热辐射的因素还有热辐射系数 F,由于火炬火焰释放的热量并不是都可以通过辐射的方式传递到地面，气体的组分、火焰类型、燃料/空气混合状态、火炬头的型式等因素都会影响热辐射系数的取值，因此热辐射系数的选取在计算火炬高度时也是需要着重考虑的因素之一。

当火炬辐射由火炬厂家来计算时，厂家必须提供计算火炬辐射的辐射系数。经验表明，一些厂家给出的辐射系数过低，因此，必须仔细核查辐射系数的取值。通常厂家使用的辐射系数没有考虑液滴携带的影响，因为他们认为火炬分液罐可以进行充分的气液分离。因此，应该明确标明火炬分液罐中液滴的大小及液体携带量，以供火炬厂家进行核算。下面是道达尔 GS EP ECP 103 工艺设计准则中第 13 章给出的热辐射系数 F 参考值：

（1）管式火炬：

——天然气的摩尔质量为 18g/mol 时：0.21；

——天然气的摩尔质量为 21g/mol 时：0.23；

——乙烷：0.25；

——丙烷：0.30。

（2）音速火炬：当液滴的质量携带率不超过 5%（质量分数）时，辐射系数 F 应取 0.15（常规工况）。液滴携带率越高，辐射系数越大。如果没有液滴携带，最小的辐射系数 F 不应低于 0.13。

辐射应考虑到全量和降量。辐射系数 F 随着流量的降低而增大，这由火炬头供货商来提供。辐射系数可以从图 9-5 得出：

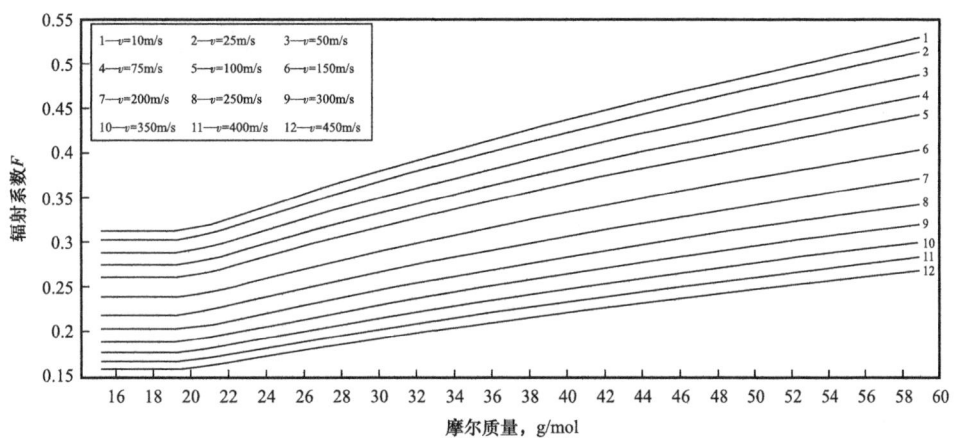

图 9-5　不同流速/摩尔质量对应的辐射系数

由于火炬燃烧是处在开放的环境中，纯数学的解析计算几乎是不可能的。目前国内外火炬高度的计算方法很多，均采用几何简化模型的方法。但是上述所提到的各种方法均不能准确计算出火炬的高度，每个方法都有其适用范围。在做具体项目的过程中，可以根据各个方法不同的适用条件来选择，再通过火炬排放的气体落地浓度和火炬对地面产生的噪声核算火炬高度，最终确定高架火炬的高度。

火炬高度的确定与排放介质特性、最大排放量及放热量、大气环境、地面允许热辐射强度、热辐射半径、允许大气污染物落地浓度、火炬自身结构设计等多种因素有关。对于特定的工艺流程，火炬出口风速、地面允许热辐射强度与热辐射半径是最主要的影响因素。除此之外，火炬高度的确定还应结合投资、安全、环保、操作、检修及当地规划等方面综合考虑。

（四）软件模拟

随着油田地面工程的复杂性越来越高，手工叠加辐射热的计算方法已经不能满足油田火炬设计的需要。为了满足安全可靠和严格的环保要求，利用专用工具软件设计火炬模型，能综合考虑风向、风速、湿度、大气压力、大气稳定度、辐射强度、SO_2的落地浓度等因素的影响，快捷方便地完成火炬高度和直径的计算。

FLARESIM软件是美国SOFTBITS公司开发的一套关于火炬设计的工具软件。输入燃烧气体的组分、体积流量、环境相关参数、火炬立管的直径和高度的初始值、火炬头外径的初始值、火炬头的类型、F因子、最大允许辐射值等基本参数，软件可自动计算出压降、火焰长度、辐射强度、噪声、SO_2、CO_2、H_2S的扩散浓度等关键输出参数，且能以图表的形式直观反映。鉴于对环境保护的重视程度越来越高，火炬多要求无烟燃烧，FLARESIM软件还可以计算出助燃空气的量。若以上结果不能满足相关规范、法律规定的要求，可以修改火炬的直径和高度参数，进行重新计算，直至得到最优值。

PHAST软件是挪威船级社推出的过程危害后果分析工具，它是国内应用最为普遍的定量风险分析软件。PHAST能够用于物料泄漏、气体的大气扩散、喷射火及池火灾等后果评估。该软件中"喷射火"模型中的API Std 521模型适用于站场火炬点燃后热辐射的计算分析。

第五节 点火设备设计

点火设备是安全可靠地点燃火炬气，保证火炬气安全燃烧的必不可少的设备。点火设备若不能及时点燃排放的火炬气，使火炬气在大气中和某处的地面（火炬气中重度比空气大的组分有可能落于下风向的某地）集聚，将是造成火灾危险因素之一。

一、点火手段

点火手段可分为高空自动点火、高空手动点火和地面手动点火三种。

（一）高空自动点火

高空自动点火是火炬点火的首要方法。它以安装在火炬主管上的排放信号检测仪作为启动点火信号源，安装于地面的火焰遥测器探测火炬的火焰，火炬头上的热电偶检测火炬头的温度，这样形成了闭环控制系统。当火炬一直处于排放状态，但因某种原因长明灯或火炬自动熄灭时，系统会自动再将火炬点燃。同时系统还提供半自动、硬手动点火操作模式，供现场调试或特殊情况下使用。火炬自动点火要求及时可靠，噪声小，燃烧完全，满足环保要求。

（二）高空手动点火

点火方式与高空自动点火相同，当火炬排放燃气时，手动打开燃料气管线上的阀门，向高空点火器喷入点火燃气，高空点火器顶部喷出的火焰引燃长明灯或火炬。

（三）地面手动点火

地面内传燃式点火器是火炬点火的备用手段。点火用仪表空气和燃料气，通过各自管道及限流孔板（或减压阀）进入混合室，当两者的浓度达到化学浓度范围时，被高能半导体电嘴高压放电产生的电火花引燃并发生爆轰，燃烧物被冲击波在传焰管内冲到长明灯，并将长明灯点燃。

二、设置要求

（1）高架火炬应设置高空电点火器和地面内传燃式点火器。
（2）点火器应配备不间断电源。
（3）高空电点火器的数量应与长明灯的数量相同；每个火炬头应设置1台地面内传燃式点火器，其引火管应从点火器至每个长明灯单独设置。
（4）火炬长明灯的数量应满足下列要求：
① 火炬头直径小于或等于0.5m时，不宜少于2个长明灯。
② 火炬头直径大于0.5m至小于或等于1.0m时，不宜少于3个长明灯。
③ 火炬头直径大于1.0m时，不宜少于4个长明灯。
（5）长明灯应设温度检测仪表。

三、设计要求

应为永久使用的火炬或燃烧坑提供固定点火系统，该系统必须可靠，即使备用高空自动点火优先于其他装置，除非确定它们可以提供良好的性能。在任何情况下，备用设备应允许操作员在安全距离内点燃处理系统。

（1）火炬头或燃烧器应配备能够在相关流量条件和环境条件下点燃火炬气的引燃装置（长明灯）。
（2）长明灯应由可靠的点火系统点火，该系统能够在所有相关环境条件下运行。
（3）自动点火系统是点火的主要方式，但是仍然建议设置独立的手动备用系统。火炬枪不可以作为独立的手动备用系统。

四、燃料气供应

（1）长明灯燃料气供应应高度可靠，可以使用自动备用气体供应以提高整体可靠性。

（2）供应商应该确认长明灯燃料气的相对分子质量和热值的范围，来保证在不需要调整空气及火炬气流量的情况下可以正常点燃火炬。

（3）每个引燃器的气量应足以防止引燃器在规定的最大风速下熄火。如有必要，应为黑启动提供可靠的备用燃料源（如装置其他部分或丙烷气瓶组）。在可能的情况下，长明灯燃料气应直接取自工厂燃料气总管。气体最好来自于天然气管道或液化石油气蒸发器等。长明灯燃料气管线应安装在管道支架的顶层，并设置两个并联的过滤器，或使用双过滤器，并设置阀门以允许清洁/更换过滤器。

（4）为了检查通过过滤器的压降，应在过滤器上安装一个压差计，或安装一个旁路过滤器，以便在火炬运行时进行维护；过滤元件的网孔尺寸应约为 0.5mm（0.020in）。过滤器下游的管道和配件应为 321 型或 347 型不锈钢，以避免腐蚀产物堵塞，过滤器下游应该有一个自动的减压阀。

（5）单个长明灯的燃料气消耗量不宜大于 $4m^3/h$（标准状态）。

（6）长明灯燃料气供气管道主管上应设压力调节阀，燃料气源的压力应大于或等于 0.35MPa，压力调节阀后的压力宜稳定在 0.2MPa；每个长明灯的燃料气供给管道应从火炬底部起单独接至长明灯的燃料气入口。

（7）如果使用内传燃点火装置（Flame front generator），应该在空气管线及长明灯燃料气管线上分别设置止回阀。这样可以防止内传焰装置堵塞时，燃料气或空气倒流入燃料气系统。

第六节 液封罐设计

一、液封作用

火炬气密封系统包括水（液）封和气封，都是为了防止排放气倒流和空气倒入火炬系统发生爆炸燃烧事故而设置的。液体密封可以防止由于热收缩而导致的空气进入火炬管网的发生，并可用于转移气体（例如用于火炬气回收系统），它通常与连续气体吹扫结合使用。

在特殊情况下火炬系统存在负压工况，通常采用水封罐作为防止负压回火的手段，来避免火炬系统大面积破坏。当可燃气体排放接近结束时，水封罐中的水量必须满足有效密封水量的需求，以阻止空气由火炬头倒流进入火炬系统发生爆炸。水封罐水量的保持，除正常操作补水外，还可以采用当火炬排放压力接近常压时瞬时大量补水的方法，或采用合适的水封罐尺寸，防止罐内水量大量流失的方法，以满足水封罐内的水量要求。虽然这两种方法都可以满足水封罐内的水量要求，但后者是不需要借助仪表控制系统的本质安全手段，因此从水封罐的重要性方面考虑，本质安全应该成为设计的首选。

下述情况可不设水封：

（1）排气设备背压允许值很低，以至于入口插入管的深度小于100mm。

（2）排放气温度很低，以至于可能引起水封冻结（无加热站）。

水封槽内要留有一定的气相空间，以防水夹带。水封水补充速度要适当，不能太快。水封槽溢流口排出水应回收。水封槽在严寒地区要采取防冻设施，并防止烃类化合物覆盖液面。水封槽与火炬基础合并设置时，水封槽应尽量靠近火炬烟囱。水封罐按结构可分为卧式和立式两种。

在火炬气体泄放量很大的情况下，液体密封可能无法防止回燃。一些事故表明，火焰可以通过连续的气泡传播回来。在这种情况下，还应采用连续吹扫或其他方法确保火炬集管内无空气。

二、液封种类

（1）如果环境温度或泄压流温度不低于0℃（32℉），则通常使用水封。为防止寒冷天气下结冰，需要采取防冻措施，如配备自动加热装置（可以是电气或蒸汽盘管）。

（2）对于较冷的流体，应使用乙二醇或其他合适的介质进行液体密封。应该依据预期的气体温度决定是使用纯的防冻液体还是与水一起使用。

（3）所选的液体密封流体应与所有泄放气体兼容。

三、液封罐设计原则

水封罐设置在火炬分液罐和火炬筒体之间，靠近火炬根部设置。同一个排放系统中有两个或两个以上火炬同时操作时，每个火炬均应设置水封罐，不同火炬水封罐的水封高度宜分层设置。相互备用的两个火炬宜设置共用的水封罐，但应设置满足两个火炬切换操作时所需要的安全吹扫。

在某些情况下，一些特殊事项可能影响密封罐尺寸，情况之一是有大量的热气流入放空管汇。这些热气冷却时产生的真空会吸入足够量的密封液体进入管汇从而破坏密封，因此，空气就会进入火炬系统。为了避免发生这种情况，入口管线应该做成真空腿形状。在密封罐上的入口，真空腿的垂直高度可根据预计的最大真空度来决定。在最大真空度上，入口管线内的液体量应从密封罐内获取。为满足这种要求，密封罐的尺寸可能需要增大。在选定密封罐尺寸时，首先应确定放空管汇出口允许的最大背压。

根据ISO 23251 *Petroleum, petrochemical and natural gas industries—Pressure-relieving and depressuring systems* 或 API RP 52 *Land drilling practices for protection of the environment* 的要求，水封罐内的有效水封水量应至少能够在可燃性气体排放管网出现负压时，满足水封罐入口立管3m充满水量，入口火炬汇管的最小浸入深度应为10cm（4in）；水封罐气体

入口应采用有效的气体分布结构,以防止由于密封水波动造成火炬脉冲式燃烧。泄放气流脉冲,表现在火焰上为火焰跳动,噪声很大。这会使得火焰变得很引人注意,也会使得利用蒸汽实现火焰的无烟燃烧变得很困难。常规设计是在水封管的端部开长条孔或 V 形切口,以便流通面积随着气体流量增加而增加,这种方法可使密封罐内的压力波动减小到最低程度。另一种控制脉冲的设计是通过设置防溅挡板来控制释放过程中的液体晃动,防溅挡板的作用是抑制液体在罐内流动所产生的任何压力波动,而不会引起明显的脉动。当水封罐气体入口底部采用齿状端面时,入口管底部至水封罐底的距离宜大于或等于 0.25 倍气体进口的内径(图 9-6)。

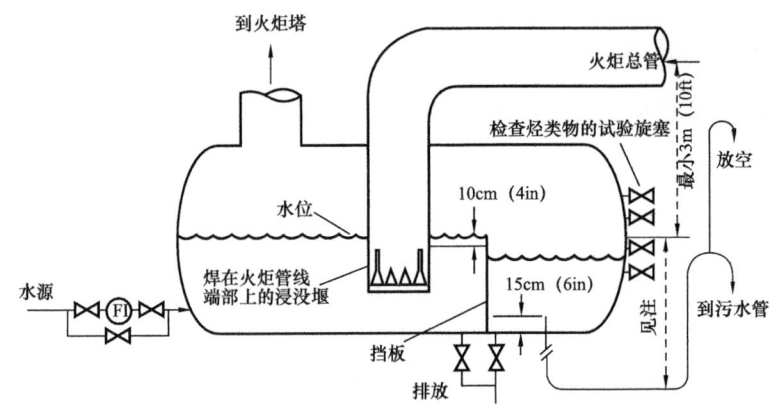

图 9-6　水封罐有效水封水量

注:污水管密封最小压力应设计为密封罐的最大操作压力的 175%。

卧式水封罐内不宜采用挡液板分割空间的方式撇除水面上积聚的凝结液。若采用此结构,应确保水封罐内的水量减去由挡液板分割开用于撇液空间的最大容积后的有效水封水量,以满足水封设计要求。

水封罐应设置 U 形溢流管(不得设切断阀门),溢流管的水封高度应大于或等于 1.75 倍水封罐内气相空间的最大操作压力(表压),溢流管直径最小为 DN50mm。其高点处管道下部内表面应与要求的水封液面处于同一水平高度。

U 形溢流管高点上宜设 DN25mm 破真空接管,其高度宜大于或等于 300mm。破真空接管上不得设切断阀门。U 形溢流管溢流出口宜密闭接入含油或含硫污水系统,溢流管上应设置视镜。水封罐溢流补水量应使用限流孔板进行限制,流量应不大于 U 形溢流管自流能力的 50%。水封罐的设计压力不应小于 0.7MPa(表压),不考虑负压工况。最冷月平均温度低于 5℃时,水封罐应采取防冻措施。可燃性气体排放温度大于 100℃时,水封罐应设低液位报警及自动补水措施,保持水封水量。水封罐还应设液位、温度、压力仪表和高液位报警。水封罐宜选用卧式罐,其长度与直径的比值宜为 2.5~6.0。

卧式水封罐内气体流动的径向截面积应大于或等于入口管道横截面积的 3 倍。立式水封罐内气相空间的高度应大于或等于水封罐内径,且不得小于 1m。

水封罐气体进出通道的型式宜为下列之一：

（1）卧式罐气体从罐轴线垂直上部一端进入，从另一端排出。

（2）卧式罐气体从罐轴线垂直上部中间进入，从两端排出。

（3）立式罐气体从罐体径向进入，从罐体垂直轴线顶部排出。

水封罐应配备维持密封液液位的设备，其密封系统的设计应该符合以下条件：

（1）防止碳氢化合物积聚。

（2）防止密封液置换。

（3）在工作压力范围内维持密封液位。

（4）应考虑连续更换密封液，以防止 H_2S 和 CO_2 积聚。

如果使用水进行密封，多余水处理应考虑火炬气中的有毒有害物质（如 H_2S）可能造成的污染。如果使用水循环系统，应考虑允许补液及检查密封液体存量。如果使用了防冻剂，则应考虑采用水循环系统。如果补液的要求不高（即静态液体密封），也可使用防冻系统。

水封罐计算方法请参见 API Std 521 *Pressure-relieving and depressuring systems* 及 SH 3009《石油化工可燃性气体排放系统设计规范》。

第七节　火炬系统的吹扫和密封

一、吹扫系统

火炬系统应该有一个连续的吹扫系统，吹扫气可以是来源可靠的惰性气体（如氮气）、燃料气或天然气。如果可行，最好选用惰性气体（如果使用低相对分子质量的气体作为吹扫气，则需要更大体积量的气体才能达到同样防止回燃及空气流入的效果）。如果选用惰性气体，则应注意惰性气体可能导致未燃烧的气体排入大气。如果使用工厂自制的氮气，应该评估氧气进入氮气系统的可能性。

（一）吹扫气来源

吹扫气应该有一个可靠的来源：

（1）吹扫气应该有一个自动备用系统。

（2）当吹扫系统的一个气源或一个注入点故障时，不应引发火炬系统的危险。

（二）火炬头最小吹扫速率

火炬头最小的吹扫速率应该取以下二者的高值：

（1）避免风将空气吹入火炬头里面。

（2）防止火炬头里面回燃。

为了防止风把空气吹入火炬系统而需要的吹扫速率，可以依据 API Std 521 *Pressure-*

relieving and depressuring systems 中推荐的 Husa 的公式来计算。气体吹扫速率的计算基于如下条件：距离火炬头顶部 8m（26ft）处的氧气的浓度要低于可燃下限的一半，这是为了防止火焰回燃。如果使用惰性气体作为吹扫气，回燃的速度会显著降低。这样做可以显著降低破坏性爆炸的风险。如果使用惰性气体吹扫，那么存在一个可以防止回燃的最大的吹扫速率。这个吹扫速率可能显著低于使用 Husa 的公式计算得到的吹扫速率。这个最大的吹扫速率是指可以确保火焰射出速度高于火焰回燃速度的吹扫速率。

（三）最大含氧量

如果吹扫气体或火炬气的相对分子质量较低（例如，含有高浓度的氢），则最大含氧量不得超过以下值：

（1）相对分子质量大于 6 但不大于 8 的火炬气，最大氧气体积分数为 5%。

（2）相对分子质量大于 4 但不大于 6 的火炬气，最大氧气体积分数为 4%。

（3）相对分子质量不大于 4 的火炬气，最大氧气体积分数为 3%。

（四）防止内燃烧

对于非耐火衬里的火炬头，火炬供应商应规定防止火炬头内燃烧所需的最小吹扫量。该流速还应考虑不同火炬头或分子密封的设计。如果火炬头具有耐火衬里，则吹扫率的计算仅需考虑防止风把空气吹入火炬所需的吹扫率。

当整个火炬系统重新投产时，可能需要一个很大的初始吹扫速率，来把空气吹出火炬系统。为检测火炬气是否可以维持安全的氧气水平，火炬可配备氧气监测系统；但是，应考虑这些系统的可靠性。

（1）对于比空气重的易燃吹扫气体，理论上可以在非常低的流速下达到最小吹扫速率。这可能会导致火炬内部燃烧，火炬温度升高使火炬寿命缩短，或导致火焰熄灭。

（2）火炬厂商应在火炬数据表上写出可以避免火炬头内燃烧的最小吹扫速率，并且确认是否可以依据 Husa 计算方法，使用氮气来避免火炬头内部燃烧。否则，应考虑其他替代方案，如火炬头的冷却，或升级火炬头的金属材料。

在考虑是采用火炬头冷却、升级火炬头的金属材料还是提高吹扫速率时，应该进行经济性比较，并考虑火炬的寿命及当地的法律法规。

（五）防止真空形成

应向火炬系统提供紧急吹扫气来防止真空的形成。形成真空的可能原因有：蒸气冷凝，由于降雨等因素而导致系统冷却气体收缩等。

（1）为防止真空形成的紧急吹扫气不需要是连续的，但是需要能够依据压力、温度等因素自动控制。

（2）一个替代的方法是使用液体密封。如果使用了液体密封，液封罐上游的气体冷却形成真空时，并不一定会产生危险。前提是：

① 设备的设计考虑了可能出现的最大真空条件。

② 压差增大，不会引发额外的流量。

每个装置单元的火炬汇管的端部应该连接有吹扫气，用来确保在引入碳氢化合物之前火炬系统内没有空气。正常运行时，连续吹扫气可以连接在火炬汇管的端部，也可以连接在分液罐附近。一般来说连续吹扫气应该连接在分液罐附近，这样距离火炬头较近，可以更好地防止空气流入。

二、火炬密封

在火炬气低负荷运行期间，空气进入火炬内与进入的火炬气混合可能产生爆炸。有两种常见的机械密封，通常位于或低于火炬头，它用于减少防止空气渗入火炬中所需要的连续吹扫的气量（图9-7）。

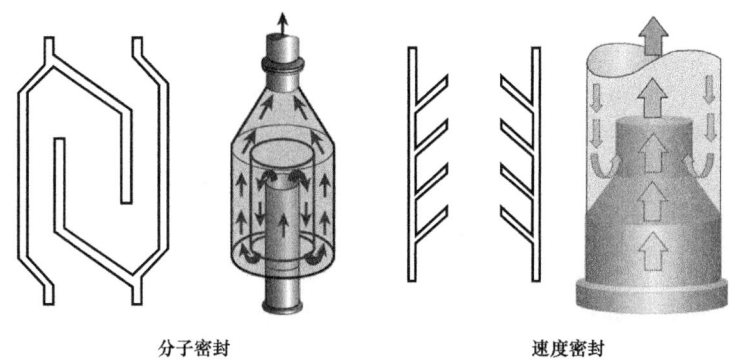

分子密封　　　　　速度密封

图 9-7　火炬密封

（一）分子密封

这种密封型式利用吹扫气和渗入空气的相对分子质量差来形成重力密封，从而防止空气进入到火炬塔中。密封器中布置的环形挡板迫使进入的空气在它能进入火炬塔之前要经过两个180°的弯转（一个弯向上，一个弯向下）。如果吹扫气比空气轻，吹扫气将蓄积在封密器的顶部从而防止空气渗入到火炬系统中；如果吹扫气比空气重，吹扫气将蓄积到密封器的底部，从而防止空气渗入到火炬系统中。这种密封型式通常把经过火炬头的所要求的吹扫气速度减到 0.3mm/s（0.01ft/s）。而且，对某些吹扫气的组分，这个流量将限制氧含量使之低于该装置的氧含量，且小于 0.1%。然而，这些低吹扫流量也不能防止火炬头内衬烧损，这将导致火炬头寿命缩短。这种作用被称为"癌症"，因为对分子密封的火炬头的金属臂的损坏是隐蔽的，直到火焰穿过火炬头或密封器燃烧，这时要求紧急关停、立即维修。

在分子密封中，当使用比空气轻的吹扫气体时，吹扫气体的浮力在密封顶部形成一个大于大气压的区域，防止空气进入火炬筒体。比空气重的净化气体则会"淹没"密封器。但是由于雨水的进入和冷凝的可能性，分子密封需要有排液装置。冰、积炭或者耐火材料有可能堵塞密封装置，因此不建议使用此类密封。

（二）速度密封

这种型式的密封是在下述前提下工作的：渗入的空气进入，穿过火炬头紧靠在火炬塔的内侧，速度密封是一个锥形头部障碍物，并带有一个或多个折流板，它们迫使空气离开火炬塔内壁，在那里遇到集中的吹扫气流并被冲出火炬头。这种密封型式通常把经过火炬头的吹扫气速度减到0.5mm/s（0.02ft/s）和1mm/s（0.04ft/s）之间，这就保持了氧气浓度低于密封要求的4%~8%（近似于产生可燃混合物所要求的限制含氧浓度的50%）。

如果火炬气体的流出速度总是超过回燃速度，则不会发生从火炬火焰到火炬筒体的回燃。可通过使用具有单个或多个孔的孔板来增加流出速度。

虽然被称为密封，但这两种密封器都不能完全阻止逆流，只能减少逆流。它们都安装在火炬头的正下方。但是，当火炬气冷凝或冷却造成体积减小的速率超过吹扫和装置泄放的速率时，就不能再阻止空气进入，这时会存在爆炸的危险。因此在设计中，即便使用了密封装置，也不减少吹扫气的量。

第八节 无烟火炬

火炬用于控制环境处理连续流动的超量气体和紧急情况下大量骤增的气体。对预期每天正常操作出现的气流，通常要求火炬是无烟燃烧。某些环境敏感地区要求100%无烟操作或甚至要求是全封闭火炬。可以采用多种技术进行无烟操作，大多数的技术是基于这样的前提：烟是由于富燃料燃烧产生的，并且可用促进空气在整个火焰中均匀地分布的方法来消除。除了无烟操作的要求以外，严格的燃烧规定（政府和地方的）是不断发展的，而且在大多数的区域内，特别关于低噪声、限制烟雾泄放、连续点火监控、限制火炬头出口速度和（或）火炬气的最小热含量的规定，应在设计时查阅详细的现行规定。无烟操作通常是设计火炬系统燃烧器的首要要求，但有时依据当地法规不要求无烟设计。如果火炬燃烧的颜色不比1号雷格曼图（参考林格曼黑度图）暗，则应视为无烟燃烧。

几乎每一个火炬设计都是为了促使某一组火炬气利用适合条件进行无烟操作。为了促使空气平稳地分布在整个火焰中（从而可防止烟雾形成），需要能量来产生紊流并在点燃火炬气时在火炬气中混入可燃空气。这种能量可能存在于气体中，以压力的形式表现，也可被施加在系统中，即当气体从火炬头排出时往气体中注入另一种介质，例如注入高压水蒸气、压缩空气或将低压鼓风机吹入的空气喷入气体中。要创造有利于无烟燃烧的条件，火炬设计的范围十分复杂，其中包括从一个带有点火源的简单的开口管段到带有复杂的控制系统的组合分段的火炬系统。下面简单概述一下在油气田站场最常见的无烟系统的类型。

一、蒸汽消烟

最常见的无烟火炬头类型是用水蒸气控制烟雾生成的火炬头（图 9-8）。水蒸气可通过安装在火炬中心的单独一根管子的管嘴注入，可通过在火炬中一系列水蒸气或空气注射口注入，也可通过安装在火炬头周围的管汇注入，或为适合于特殊的应用，还可使用三种方法的结合。水蒸气注入火焰段可产生紊流和（或）借助于水蒸气的喷射吸引空气进入火焰段，这样就改善了空气的分布。通过空气与水蒸气的结合，导致水—气体移动相互作用，使火炬气的反应更迅速，因而消除了导致烟雾生成的富燃烧条件。使用的专利的火炬头设计是来自各类制造厂商，他们提供独特的水蒸气注入方法和不同的水蒸气效率。所需的水蒸气量主要是气体组分、流量、水蒸气压和火炬头设计的函数，所需的水蒸气量一般范围是每 0.45kg 火炬气需 0.11～0.45kg 的水蒸气，ISO 23251 *Petroleum, petrochemical and natural gas industries—Pressure-relieving and depressuring systems* 或 API Std 521 *Pressure-relieving and depressuring systems* 提供了可以促进无烟燃烧的初步的蒸汽注入设计速率。具体项目中，应向火炬供应商咨询其特定火炬头设计所需的蒸汽要求。

无蒸汽助燃的管式火炬

有蒸汽助燃的无烟火炬

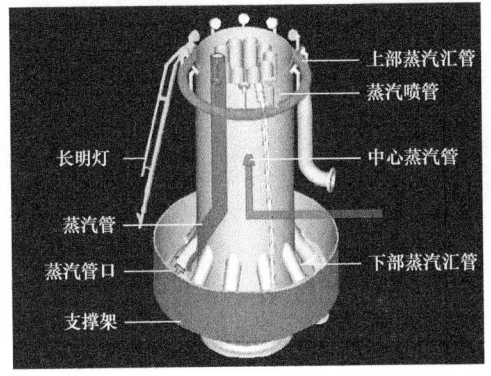

蒸汽消烟火炬头结构

蒸汽消烟火炬头

图 9-8　蒸汽消烟火炬头

气候寒冷时,内部水蒸气喷嘴可能引起凝析液进入火炬总管与收集管,导致它们冻结。在某些情况下,这可导致火炬或火炬总管的完全堵塞。如果使用蒸汽,需要注意以下几点:

(1)蒸汽管道应该使用保温材料,确保火炬头提供的蒸汽是干蒸汽。

(2)应该避免蒸汽在火炬头冷凝,导致长明灯熄灭或机械损坏。

(3)蒸汽管线低点应该设置蒸汽疏水阀,并且有防冻设计。

(4)蒸汽流量可根据火炬气的流量或火焰的可见特性自动或手动控制。

(5)为了冷却顶部的管道系统,应在蒸汽控制阀外设置旁路,以维持供应商规定的最小蒸汽流量。

(6)应按要求在蒸汽立管中安装膨胀节。

二、空气消烟

如果现场资源设施不适于辅助进行无烟操作,低压力空气系统通常是第一个可供评价选择的方法。当气体被点燃时,通过注入由鼓风机提供的经过火炬头的低压空气,系统在火焰段产生紊流,因而促使空气平稳地分布在整个火焰中。通常空气在50.8~152.4mm水柱压力(WC pressure)下与火炬气同轴地流到火炬头并在那里混合。该系统有一个较高的初始投资,这是因为需要一个双层火炬管和一台空气鼓风机,如图9-9所示。然而,该系统比水蒸气辅助系统设计的操作费用低许多(仅仅是一台鼓风机需要动力)。用于无烟操作由鼓风机提供的空气增加量一般是饱和的烃类所需当量空气的10%~30%,是不饱和的烃类所需当量空气的30%~40%。

 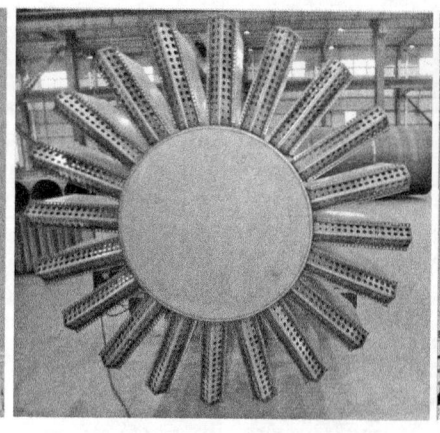 

图9-9 空气消烟火炬

三、音速火炬

音速火炬利用火炬气本身具有的压力能量(典型地在火炬头处为35~135kPa)来消除富燃烧条件和达到无烟操作的目的,它随制造厂家和设计的特性而改变。该方法通过在高压下把火炬气注入大气中，在火焰段产生紊流，促使空气平稳地分布在整个火焰中。因为不需要外部的可利用的气体，这些系统对处理巨量的泄放气体，无论是无烟操作的经济性，还是控制火焰状态一般都是有利的。使用单独的火炬头排量相对较小，较大排量系统的设计可能需要用管汇把多个火炬头连接在一起。在调节条件下，维持充足的火炬头压力是关键，而且经常需要根据气体流动的关系，使用分级系统适当地控制使用火炬头的数量。分级火炬系统可在地面上安装或架高安装，然而对于较大系统可能需要地面设计，因为需要许多火炬头并且这些火炬头必须均匀地分布允许空气进入系统。具体项目中，应向火炬供应商咨询其特定火炬头设计（图9-10）。

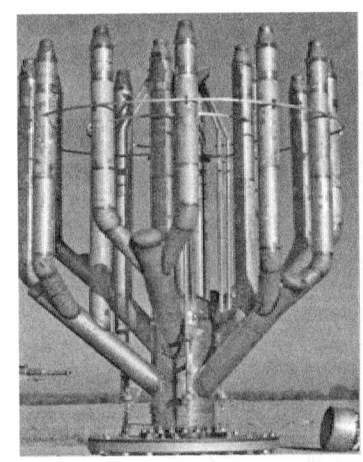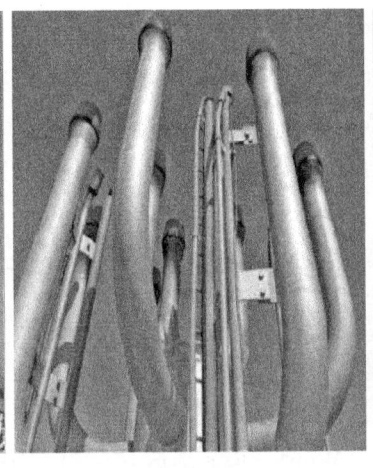

图 9-10　音速火炬

前面所述都是关于处理放热火炬气体的火炬设备，即气体具有足够高的热值（通常对非助燃火炬热值大于标准状态 200Btu/ft^3，对助燃火炬热值大于 300Btu/ft^3）来维持它们本身的燃烧，而没有掺加任何辅助燃料。吸热的气体也可能在热焚化系统中被处理，在有些情况下，优先选用的方法是使用特殊的火炬设计——这些火炬利用辅助燃料气点燃火炬气。对于小气体流量，简单地提高火炬气的热值的方法是，通过在火炬总管添加燃料气来提高混合物的净热值以满足要求；在其他情况下，在火炬头周围添加燃料气注入管汇（类似于水蒸气管汇）或在气体必须流过的火炬头的出口末端点燃火炬气也许是必要的。常见的燃料气是稀释的氢和高热值组成的气体并含有少量 H_2S。

最简单的高架火炬通常被称为通用火炬（Utility flare）或管道火炬（Pipe flare），由装有火焰稳定装置和长明灯的管道组成。无烟的高架火炬头通常使用蒸汽来实现无烟，也有一些会使用空气来减少烟尘的形成。这些火炬的速度限制通常为马赫数 0.5。高压火炬不需要蒸汽或公用空气来促进无烟燃烧，而是使用火炬气本身的能量。高压火炬可以以马赫数 1.0 的速度运行。但是高压火炬需要考虑背压满足泄压设备的要求。

封闭式地面火炬是指封闭在外壳或围栏（用实心墙阻挡热辐射）区域内的任何非高架

火炬。它也可以被称为多点火炬。地面火炬的优势在于隐藏火焰，监测燃烧排放和降低噪声。如果空间允许，地面火炬的泄放量可以做得很大。

（1）地面多点火炬可以在一个很大的流量范围内分级点燃或关闭（很高的调节比）。在规定每级的最小开度时必须小心，以避免当火炬负荷降至最小值以下时，火炬管道内发生回燃。由于喷嘴较小，多点火炬通常可以"无烟"燃烧，它能够在不使用蒸汽的情况下将空气夹带到燃烧的气体中。

（2）地面火炬的一个显著缺点是，如果火炬点火系统发生故障，火炬气会在地面释放。应进行扩散和后果分析（Dispersion and consequence analysis），以评估地面火炬点火系统故障时未燃烧的火炬气体释放可能造成的影响。

（3）地面火炬气体的出口设计需要确保燃烧产物充分的扩散。

据美国环境保护署（EPA）文件 AP 42 第 1 卷和第 13.5 章，火炬气的最小热值应为 11250kJ/m³（300Btu/ft³），以确保火炬的高效率燃烧。如果火炬气热值低于 9300kJ/m³（250Btu/ft³），需要补充燃料气才能完全燃烧。

国内火炬设计通常按照介质的特性和压力设置酸性、高压和低压火炬。整个厂区的各个装置各个单元排放的可燃气最后都要通过这几类火炬来处理。按照相关规范，火炬与其他厂区相邻设施的安全距离必须大于 120m，此外火炬的布局还应统筹考虑热辐射。按照 SH 3009《石油化工可燃性气体排放系统设计规范》的要求，火炬与化工企业内部生产装置之间的允许热辐射应小于 3.2kW/m²。企业新改扩建过程中增加的排放气总量会导致辐射热强度的增加，因而热辐射值对火炬布局的影响不容小觑。

因为可燃气体在火炬中燃烧导致能源浪费，人们期望通过优化火炬气回收系统的设置从而实现火炬气全部回收及再利用，从根本上取消火炬杜绝安全隐患。然而在生产实际中火炬气无论从排放量变化还是气体组分的变化幅度都很大，因此仅通过优化火炬设置全部回收及再利用废气的方案很难实施，火炬系统仍然是工艺设计中有机整体的一部分。

第九节　火炬噪声与备用

一、火炬噪声

火炬燃烧时火炬头产生的地面（人员可接近的位置）噪声应满足下列要求，并且要求火炬供应商提供最大紧急放空流量和最大无烟燃烧流量下火炬的噪声信息：

（1）正常操作工况（包括开工、停工）时小于或等于 90dB。

（2）全厂紧急事故最大排放工况时小于或等于 115dB。

无烟火炬噪声的主要来源是蒸汽喷射的噪声。因此，一般来说，蒸汽相对于火炬气体的比例越低，燃烧越安静。

二、火炬备用

火炬的备用应考虑到维护、检查和故障。如果火炬只为一个单元服务，则可在正常停产维修期间对火炬进行维护和检查。一般认为火炬故障的风险不大，如果火炬故障仅仅会导致一个单元停产，那么这是可以接受的。如果有两个或多个火炬可用，火炬管线可配置为允许其中一个火炬停止使用。在这种情况下，可以以大气排放的形式作为备用。

如果实际需要备用，即有一个额外的备用火炬，可在维护、检查或故障期间替换主要火炬。最经济的方法是使用一个共用支架支撑多个火炬头，每个火炬头可以单独取下和维修，而其余的火炬头继续工作。这种类型的火炬可在维检修期间更换立管、喷嘴和火炬辅助设备。

第十节　火炬系统安全设计

一、火炬系统安全分析

火炬是石油、石化企业重要的安全设施，它的正常运行对企业的生产和安全至关重要。火炬系统的安全性主要包括两个方面：一是火炬系统的自身安全性，包括火炬处理能力是否满足工厂可燃气体及有害气体安全排放的需求，有害气体的燃尽率、噪声、消烟效果，点火设施、防止回火设施的可靠性，系统材质选用是否满足要求等；二是火炬系统的操作安全，包括凝结液的及时清理，水封液位的监控，点火设施的维护和定期检测，消烟蒸汽的控制，油气回收联锁控制系统的定期维护和检测，长明灯燃烧状况的监测等。设计上的本质安全与生产操作安全的有效结合，才能确保火炬系统的安全运行。火炬系统安全分析见表9-2。

表9-2　火炬系统安全分析

序号	现象	原因	后果	保护措施
1.1	筒体火焰无	（1）长明灯无火焰或点火不成功； （2）排放气中含有不燃气体（吹扫氮气）	（1）烃类火炬气事故排放，遇明火可能发生闪爆； （2）频繁点火导致点火设备损坏	（1）配置可靠的自动点火系统并定期试点； （2）定期清理摄像头，并配备有望远镜； （3）调度协调装置吹扫置换过程，控制不燃气体排放

续表

序号	现象	原因	后果	保护措施
1.2	筒体火焰大	放空量大	（1）热辐射大； （2）燃烧不完全，火炬产生黑烟； （3）噪声大； （4）光污染； （5）损坏火炬头	（1）设置消烟蒸汽、引射蒸汽、中心蒸汽系统； （2）火炬头下方10m涂硅油保护火炬头； （3）火炬头装设蒸汽消音罩
1.3	筒体火焰小	（1）排放气量少且外界风速较大； （2）焖烧或筒体内燃烧	（1）焖烧烧坏火炬头； （2）筒体内燃烧易导致回火	（1）中心蒸汽及引射蒸汽抬高火焰，防止焖烧； （2）火炬头采用310SS材质
2	烟雾大	（1）装置泄放量大； （2）消烟蒸汽量不足； （3）燃烧气组分偏重； （4）分液罐分离效果不好，有液态烃排放至火炬头	（1）污染环境； （2）可能发生火雨； （3）可能烧坏火炬头或其他附件	（1）及时调节蒸汽量，保证蒸汽平衡； （2）分液罐定期排凝，保证良好的分液效果；可采取两级分液（一级在出装置处，二级在进火炬前）
3.1	蒸汽流量大	（1）阀门误开大； （2）仪表错误或损坏	（1）泄放量小时，可能吹灭火炬； （2）噪声大； （3）造成不必要的蒸汽损耗	（1）严格执行操作规程，及时监测火焰烟雾情况，并及时调整蒸汽量； （2）火炬头装有蒸汽消音罩
3.2	蒸汽流量小或无	（1）阀门误关闭或关小； （2）无蒸汽或蒸汽压力低（管线泄漏等）； （3）蒸汽管线本身能力不足； （4）蒸汽管线冻凝	烟雾大，冒黑烟，冷却效果不好，造成火炬头烧坏及污染环境	（1）调节阀设复线； （2）蒸汽管线保温，及时排凝； （3）严格执行冬季防冻凝措施
4.1	高空点火器点火不成功	（1）停电； （2）高压点火电极老化（外部腐蚀）或积炭（长时燃烧或重复打火），不能产生电火花； （3）高压点火器打火电极接线故障（接线松动或误接地等）； （4）高压点火器电极安装不规范（角度及距离）； （5）高压发生器高压端达不到额定电压或低压端电压低； （6）无燃料气，或燃料气浓度不够，或压力过高或过低，或大量带液； （7）点火信号错误或无法有效传递	无法点燃长明灯，可能造成事故排放	（1）配备UPS电源； （2）高压发生器增加密封防护箱及在防护箱内增加干燥剂（定期更换）； （3）按要求正确安装电极（角度及距离）； （4）加强电磁阀维护检查； （5）燃料气电磁阀故障开； （6）高空点火燃料管定期吹扫（1周1次），燃料气分液罐定期排凝，定期试点火（1周1次）； （7）燃料气管路保温及冬季伴热； （8）定期巡检（燃料气压力）及校验仪表； （9）仪表风每次巡检时排凝

续表

序号	现象	原因	后果	保护措施
4.2	高空点火器滞后点燃	（1）燃料气供气慢（阀门卡塞）； （2）燃料气少量带液	可能造成闪爆	（1）燃料气定期排凝； （2）阀门定期维护
5	地面爆燃点火系统点火不成功	（1）无净化风； （2）停电； （3）燃料气带液、堵塞或压力低； （4）净化风、燃料气配比不合适； （5）火花塞故障或老化； （6）明火管积液	无法点燃长明灯，事故状态下导致火炬气排放	（1）配置UPS电源； （2）燃料气电磁阀故障打开； （3）净化风有手调式压力调节器； （4）燃料气分液罐定期排凝，爆燃管氮气吹扫（1周1次），地面爆燃点火系统定期试点； （5）定期巡检（燃料气压力）及校验仪表
6	长明灯点火不成功	（1）高空点火器点火不成功，见本表4.1； （2）地面爆燃式点火不成功，见本表5； （3）高空点火器与长明灯的相对位置不合适； （4）长明灯燃料气管线堵塞或无燃料气； （5）恶劣环境使长明灯熄灭； （6）长明灯热电偶烧坏，无法检测温度信号，不能触发点火信号	无法点燃火炬，可能造成事故排放	（1）见本表4.1"高空点火器点火不成功"及5"地面爆燃点火系统点火不成功"； （2）对高空点火器的安装质量进行检查； （3）定期吹扫燃料气管线； （4）采用可抵抗一定风速及雨量的长明灯； （5）采用铠装式热电偶，或其他可靠的长明灯火焰燃烧监控系统
7	氮气流量小	（1）氮气管路堵塞或阀门故障； （2）无氮气或氮气流量不足； （3）氮气限流孔板过小	（1）泄放时可能造成回火； （2）日常情况下可能在火炬筒体内形成爆炸性气体环境	（1）氮气管路安装压力表，及时监测氮气压力； （2）泄放之后及时用氮气对火炬筒体进行吹扫

根据以上分析内容，为确保火炬系统的安全运行，需要对火炬点火与燃烧、防止回火、防止带液下火雨等方面进行安全控制设计。

二、火炬的点火与燃烧情况监控

（一）确保高空点火器点火成功率

高空点火器点火不成功的原因很多，高空点火系统在工艺设计及运行上的隐患主要是长明灯燃料气不稳定和高空点火器积炭的问题。解决长明灯燃料气不稳定的问题，首先应将过滤器后的燃料气管路压力表信号远传至控制室，并增加低压报警，在燃料气管路压力低时能及时发现并采取措施,如更换过滤器;其次建议增加备用燃料气,如天然气或液化气,确保长明灯燃料气来源可靠和稳定。解决高空点火器积炭的问题,可选用防积炭功能的高空点火器,确保地面爆燃式点火成功率。

地面爆燃式点火系统是在高空点火系统失效后的紧急应对系统,需要人员至火炬塔架下进行手动操作。该操作危险性较大,特别是酸性气泄放时,由于重力作用向下扩散,容易对酸性气火炬附近的人员造成中毒伤害,因此酸性气火炬不能依赖地面爆燃式点火系统。建议酸性气火炬采取长明灯点火的方式,或由手动点火系统改为自动爆燃点火系统。

(二)长明灯和火炬燃烧状态的监测

为了保证火炬系统的安全运转,可在火炬头上设置热电偶测温,温度达到低限时报警。现场点火器上可装有长明灯的燃烧状态指示灯,并从点火器上引出长明灯的开关状态信号到控制室的 DCS 系统。在控制室设置电视监视器,及时观测火炬的燃烧情况及消烟效果,可从火焰的颜色和高低等来判断火炬的燃烧程度,从火焰长度的变化也可看出火炬气流量的变化,从而反映出有关装置的运行情况。

(三)蒸汽流量的控制

在消烟蒸汽及引射蒸汽量不足时,会导致火炬气不完全燃烧,产生大量烟雾。为解决这一问题,可采取及时调整消烟蒸汽及引射蒸汽量的方法。通过喷入蒸汽产生吸热作用,降低火焰燃烧区温度,延长烃类介质的氧化时间,并减小其相对分子质量。

适量的蒸汽能促进燃烧反应,从而达到无烟燃烧;而过量的蒸汽不仅造成浪费、噪声显著增加,并且还会导致火焰脉动使燃烧不稳定甚至熄灭。为此应尽量避免或防止蒸汽过量。同时火炬在点燃的情况下,在火炬头处保持连续一定量蒸汽供应,可对火炬头起冷却保护作用。即使无排放气体时,也不允许停止保护蒸汽的供应。当排放量较大时,应及时调节控制阀,加大蒸汽量。

根据泄放火炬气量确定蒸汽流量,既可以解决泄放火炬气量大时燃烧不充分的问题,也可以解决火炬气量小时火焰容易被蒸汽吹灭的问题。因此建议按照火炬气的相对分子质量,增设火炬气排放量与蒸汽量比值控制,自动调整蒸汽量。

(四)燃料气和空气流量的调节

燃料气用于引火和点燃长明灯,空气的作用是引火。火炬装置投入运行时,首先要引燃长明灯,通过调节空气和燃料气流量比例用点火器产生火花,以便迅速、可靠地引燃长明灯。长明灯的作用是用来及时点燃火炬筒中排出的火炬气。生产装置在正常运行过程中,为了平衡生产,可能排放少部分气体。虽然生产装置的开停车是预知的,但生产装置的事故则是难以预测的。为了维持生产装置的正常运行和迅速排除事故,长明灯的燃灭十分关键。故应设置燃料气流量定值调节系统，燃料气管道上还应设有压力检测仪表，压力低于定值时报警，以便操作人员在控制室内对运行情况进行监视并采取适当措施，保证火炬装置的正常运行。

三、防止回火措施

火炬系统是保证工厂正常生产和发生事故时的重要设施，采取防止回火措施可防止火炬系统自身发生回火爆炸，以确保工厂的安全生产。火炬系统设计中应采用可靠的防止回火方法，可单独或组合使用以下方法：

（1）气体吹扫。

（2）液体密封（水封）。

（3）速度密封。

上述方法的主要目的是防止空气进入到火炬筒中。需要注意的是，气体密封（即速度密封）本身不足以防止回火。如果火炬气冷凝，大量空气很有可能被吸入；如果火炬汇管被暴雨突然冷却，气体也会被吸入。水封罐是防止火炬回火爆炸，导致可燃性气体排放管网及其连接的设备被破坏的重要设施和手段，它的设置位置越靠近火炬或放散塔根部，回火爆炸对系统造成破坏的范围越小。用于防止以上情形中空气被吸入到火炬系统的吹扫速率，可能会高于为了防止空气被风吹入火炬筒中的吹扫速率几个数量级。如果使用火炬气回收装置，则应安装气体吹扫和液体密封。

如果空气（或氧气）进入火炬系统并在系统内形成可燃气体混合物，则该混合物将被火炬头的长明灯点燃。如果火焰返燃速度超过火焰射出速度，则会发生爆炸。如果火焰射出速度非常接近火焰回燃速度，火炬筒内可能会发生相当稳定的燃烧，这可能导致过热和机械破坏（要使这种内燃持续足够长的时间，从而使火炬筒体过热，就需要有足够的空气进入；如果没有足够的吹扫气体来防止空气进入火炬筒体时，会发生这种情况）。以下这些情况导致可燃混合物的形成：

（1）真空系统与火炬相连。

（2）比空气轻的气体，特别是氢气进入了火炬系统。

（3）火炬系统内发生冷凝或快速冷却（可以通过给火炬管线加热或者保温来减少甚至防止冷凝；但是这样做的成本可能很高，并且可靠性不高）。

（4）拆除泄压阀。

（5）两个或多个火炬共用一个汇管，并且中间没有液体密封。

（6）与火炬系统相连的工艺装置中使用了空气或者氧气。

如果火焰的射出速度大于回燃速度，则火焰不会返回火炬筒中（即便火炬气在到达火炬头之前已经与空气预混）。为了达到这个目的，可以使用吹扫气或者引入惰性气体。吹扫气可以提高火炬射出的速度，惰性气体可以降低火焰返回的速度。通入惰性气体的位置应该尽量靠近火炬头，并且实现与火炬气的充分混合。但是需要保证混合后的气体热值高于要求的热值，否则长明灯及火焰有可能会熄灭。惰性气体的使用还应考虑是否有可靠的惰性气体来源及经济性。速度密封和惰性气体引入可以合并。

使用惰性气体的好处在于防止回燃，缺点在于当火炬气流量较低时，惰性气体的引入会降低火炬气的可燃性。如果没有燃烧的有毒有味气体被排入了大气，可能造成环境污染及人员伤害。

（一）气体吹扫

在火炬环境条件下，不会达到露点的无氧气体都可用作吹扫气体，如氮气、天然气、富甲烷燃料气等都是理想的吹扫气。若吹扫气体的相对分子质量小于28，那么吹扫气的体积要增加。另外，不推荐用蒸汽作为吹扫气体，因为蒸汽冷凝时体积会缩小，这样会将空气抽入火炬系统，且蒸汽的冷凝水会留在火炬系统内，存在结冰的危险，使部分系统堵塞，同时潮湿将加快材料的腐蚀。

对高速燃烧或宽爆炸限特性介质（如氢气、乙炔和环氧乙烷等含量较高的介质）的火炬、酸性气的火炬和有毒介质的火炬，使用燃料气作为吹扫气有利于改善其燃烧特性，以进一步提高火炬运行的安全性。分层设置防回火吹扫气体的供给，可减少燃料气的消耗量。

将速度密封器安装在火炬头下半部靠近入口法兰处，既可以避免其长期处于高温区被损坏，也可以避免空气进入火炬头以下部分过深，同时便于检修。当火炬气流量减小到一定值时，由于火炬气先热后冷及由于昼夜温差，火炬气中的重组分将发生冷凝作用，有可能产生真空，引起空气从筒体顶端倒流入筒体内，若火炬气中夹带有氧气，在一定条件下可使火炬系统内气体达到爆炸极限范围。此时若遇到燃着的长明灯或有其他足够能量的火源时，就会发生爆炸或产生回火。因此火炬头出口要保持一定流量的吹扫气体。吹扫气体管道上应设置压力调节阀、孔板与压力检测仪表，压力低于定值时报警，以保证火炬装置的正常运行。

（二）水封

水封罐的设计应能保证在发生回火爆炸事故时不被破坏。理论上烃类气体在密闭空间内发生爆炸产生的压力为气体压力（绝压）的7~8倍，火炬发生爆炸通常发生在排放结束时，此时水封罐内的压力接近常压，同时考虑到设备设计的许用应力与金属的强度极限有很大的差距，因此水封罐的设计压力应不低于 **0.7MPa（表压）**。

随着油气田站场的大型化，火炬排放气体量越来越大，相应的水封罐尺寸也变得较大，使用立式罐可能会影响到系统管廊的高度；另外，排放气体量较大时，立式罐水封液面的稳定性远不如卧式罐，容易造成溢流水量过大的问题。

可燃性气体排放管网在特定的条件下存在两种负压工况：一种负压工况是高温气体排放停止时遇到降雨，管道内气体温度大幅降低，导致整个管网出现负压，如果密封水量不足，则会导致空气由火炬头进入管网系统；另一种负压工况是在大气压高程差作用下，密度小于空气密度的排放气体处于缓慢流动或不流动时，水封罐至火炬出口的任意点处均处于不同的负压状态，如果此时水封水量不足及系统管网维持正压措施失灵，则整个可燃性气体排放系统会出现负压。这种负压是自平衡的，不会造成空气由火炬头进入管网系统，但可以导致空气由放空管道或设备上的腐蚀等形成的孔洞进入系统。对于含有大量氢气、乙炔、环氧乙烷等燃烧速率异常快的可燃性气体，一旦氧气进入系统管网形成爆炸气体，且火炬水封罐后发生回火闪爆时，水封阻挡不了火焰向水封罐前系统的传播。

同一个放空系统中有两个或两个以上火炬同时操作时，不同火炬之间会存在压力差，当火炬气排放量较小时有可能发生火炬之间的互吸现象，而导致空气进入火炬筒内发生爆炸事故（含氢量较高时极易发生）。因此，火炬之间必须采用水封罐以阻断气体在火炬筒内的倒流。分层设置水封高度有利于减少小气量工况时火炬头的焖烧问题。相互备用的两个火炬仅在切换时存在短时间同时使用的工况，备用的火炬在切换完毕后使用阀门和盲板与在用火炬隔离，共用水封罐是经济合理的。但为避免切换期间两个火炬连通时出现事故，应在两个火炬切换操作时提供足够的安全吹扫气体。

凝液泵的开停由分液罐里的液位控制，液位高时泵自动启动，液位低时泵自动停止，泵自动开停失灵，液位达到高限和低限时报警，以便操作人员及时采取适当措施，防止事故发生。水封罐的液位靠液流保持。也可在控制室内监视水封罐的液位和温度，在气候寒冷的天气条件下或有可能排放低温气体的情况下，为了防止水封结冰，可根据温度参数自动控制通入加热蒸汽或采取其他加热措施。

四、防止火炬带液下火雨

火炬下火雨是火炬气中带液燃烧造成的。这种情况极易引起事故，尤其是火炬设在装置区内时。防止下火雨的根本方法是严格控制装置的排放，可燃液体必须经蒸发器后才允许排入火炬系统，同时严格禁止向火炬系统排放重烃液体。在设计分液罐时应保证有足够的容积，还应经常检查凝液泵入口滤网，防止杂物、聚合物堵塞泵入口，并经常检查分液罐的液位。

五、其他安全事项

（一）航标灯的控制

火炬的防空标志和灯光保护应按有关规定执行。航标灯的启动应自动控制，并将其运行信号送到控制室内。

（二）其他

火炬应避免布置在窝风地段，以利排放物的扩散。火炬产生的热辐射、光辐射、噪声及污染物浓度应不超过有关标准规定值。高架火炬应按规定设置航标灯。厂外火炬及其附属设备应用铁丝网或围墙围起来。

第十一节　火炬气回收系统及环保措施

一、回收系统

在火炬中被燃烧的烃类等可燃气体相当可观。世界各国为了缓解能源紧张，降低产品成本及减轻环境污染，开始对火炬系统进行改造，对火炬气回收利用。这样做不仅可以提高经济效益，而且可以消除由于火炬燃烧引起的烟、噪声及废气污染，延长火炬头的使用寿命。我国已有不少装置将火炬气回收利用，并取得了明显的经济效益。大多数情况下，回收的火炬气被处理并输送到总厂的燃料气系统。火炬气回收系统由两部分组成：水封系统和火炬气压缩机组。

二、水封系统

火炬通常设在工艺装置界区外，来自火炬气总管的火炬气进入火炬燃烧前一般先进入火炬分液罐，再次分离火炬气中夹带的直径较大液滴，然后进入水封罐，水封罐一般设在火炬前，既作为防止火炬系统回火的安全设施，也作为火炬气回收和压力控制设备，防止压缩机抽空。水封罐通常作为火炬系统的设备组成之一，其控制由火炬系统统一考虑。

正常情况下，火炬气压力低时火炬气被水封封住，火炬气进入火炬气回收装置回收利用。在装置非正常或重大事故紧急排放状况下，火炬气冲破水封排向火炬，气体从火炬筒排出到火炬头燃烧后放空。

三、压缩机组

过去采用气柜回收利用火炬气，但气柜操作不稳定，投资高，占地面积大，近年来开始采用压缩机直接抽吸将可燃气体（即火炬气）压缩后送往燃料气系统。该流程简单，占地面积小，操作方便，效益较好。火炬气回收压缩机组由压缩机和有关辅助设备及管路系统组成。

（一）火炬气压缩机典型设计

典型的火炬气回收系统如图 9-11 所示。该典型系统由一个或多个往复式压缩机组成，压缩机的入口与火炬总管直接相连。被压缩的气体通常被输送到适于气体组分的处理系统中，然后输到燃料气或处理系统中。

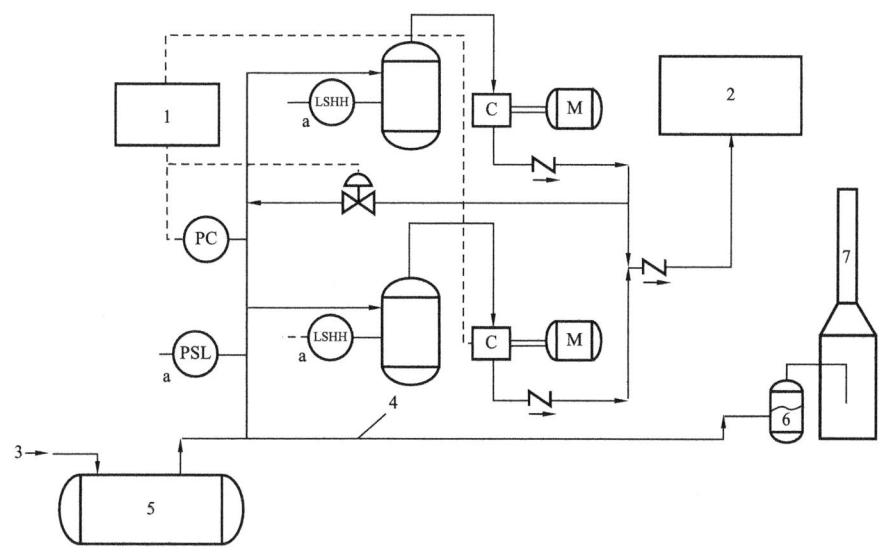

图 9-11 典型的火炬气回收系统
1—压缩机加载控制；2—火炬气处理系统；3—来自工艺装置火炬分液罐；4—火炬气总管；
5—火炬分液罐；6—水封；7—火炬；a—压缩机停车

（二）回收系统载荷

火炬回收系统很少用紧急火炬载荷进行计算。通常，经济因素决定了用正常火炬流量提供处理量，多余的气体被火炬燃烧。火炬载荷随时间变化很大。如是已建装置，在选择压缩机回收火炬气以前，就应对火炬气的流量和组成进行长期测定，然后求其平均值，根据平均值选择压缩机。若压缩机选择过小，则火炬气不能充分回收；若选择过大，由于部分气体要经常进行循环而多耗电。对新建装置，则只能根据同类装置的经验选择压缩机。一般烃类的压缩系数变化不大，但由于密度和绝热指数 K 的变化，会影响压缩机的功率和压缩机出口温度。

（三）回收系统设计要求

工艺装置的火炬气一般来自不平衡物料的排放、泄漏物料的排放、安全阀的排放与紧急事故的排放。这些排放的物料都是易燃、易爆的介质，因此在处理时要特别注意。火炬气回收系统是在确保火炬系统能安全排放基础上考虑增设火炬气回收装置的，应做到既能回收火炬气，又必须确保火炬系统的安全。火炬气回收采取以下几种措施来保证安全。

（1）典型的火炬气回收系统应位于所有装置总管连接的主火炬总管的下游且总管压力大体上不随载荷变化的位置。

（2）火炬气中可能夹带有氧气，当氧气含量达到一定值时可能形成爆炸性混合气体。为了防止爆炸，确保安全，应在压缩机入口管线上安装连续氧含量分析仪，当氧含量高于一定值进行报警，压缩机联锁停车。同时应安装临时取样口，定期分析火炬气中的氧气含量,以便校对氧气含量分析仪的准确性。

(3)在火炬前的火炬总管上应设置水封罐,一是作为防止火炬回火的措施;二是作为火炬气回收系统的压力控制设备,防止压缩机抽空,同时应将火炬头气封(分子封或流体密封)的补氮点设在或移到水封罐后火炬气总管上,既保证火炬顶部气封的正常使用,又防止回收火炬气中含有大量氮气。

(4)火炬气回收系统必须被设计成一个来自火炬总管的旁路。主火炬气流不能经过任何压缩机分离或进口管线。到火炬气回收系统的连接管线应从火炬管线的顶部引出,以减少液体进入的可能,因为在火炬系统中携带大量液体的可能性通常很高。应给压缩机提供液体分离容器,并在达到高进口分液罐液位时自动关断压缩机。压缩机也需要其他机械保护系统,这些系统可关断压缩机或合理地进行压缩机卸载。

(5)火炬气回收系统必须保持正压,且必须采取措施以预防空气从火炬进入火炬气回收系统的回流。所有压缩机都应装配高可靠性、低进口压力的关断控制器,也应考虑在火炬和压缩机入口之间的总管上安装辅助仪表,用于探测逆流和自动关断火炬气回收系统。为防止压缩机抽空,应在压缩机的入口管线上设置低压报警联锁和压缩机进出口压力调节设施。为保证燃料气管网的安全,当压缩机出口压力达到一定值时压缩机进口阀关闭,压缩机内部进行回流,出口压力超过一定值时,压缩机联锁停车。

(6)火炬气回收设施中所有现场仪表、电气设施都应选用防爆型的,此外还应考虑防雷措施。现场还安装可燃气体检测器,可及时发现可燃气体泄漏。

(7)压缩机组的气液分离罐上设置安全阀,压力超过设定值时安全阀启跳,燃料气排到火炬系统。

(8)在寒冷和湿热的地方,为了延长设备的使用寿命和操作维修方便,火炬气回收压缩机组需要封闭厂房或遮雨棚。

四、环保措施

火炬气回收设施本身就具有环境保护的作用,所处理的火炬气经压缩机升压分离液滴后送入燃料气系统,减少了火炬燃烧对大气造成的污染。但回收火炬气的同时也产生含油污水。

如果把火炬气回收设施布置在乙烯装置或其他工艺装置界区内或附近,则回收火炬气时产生的含油污水也返回到附近有关工艺装置的排污系统。否则,要采取其他措施,如设废油罐,油水分离后,废水进入污水系统,废油进行回收利用。火炬气排向水封罐时可能夹带一些烃类凝液,因而水封罐排水一般排入生产污水管中,由污水处理设施统一处理。

第十章

低温分析

第一节 低温效应

在油气工艺生产过程中，有时会出现较低的温度的工况。低温会增加碳钢等金属材料脆性破坏的风险，由此引发管道或其他工艺设施的损坏。特别是当管道或工艺设施处于较高的应力水平，或者存在一些初始缺陷时，低温所引发的金属脆化可能会造成毁坏性的事故。工程历史上，由低温引发的事故虽然十分罕见，但是一旦出现往往造成巨大的损失及危害。

在生产过程中，可能引发低温的情形有很多。例如，在系统降压的过程中，上游高压系统发生"等熵膨胀"降温，下游系统的温度也会由于阀门两端压差较大而发生的焦耳—汤普森膨胀（"等焓膨胀"）而降低。除系统降压之外，可能引起低温的原因还包括系统加压、正常/非正常的操作、放净、紧急泄放，以及其他环境因素的变化等。这些引发低温的原因都会在后续章节中详细说明。对工艺系统进行低温工况分析对于新建及已建设施都十分重要。应特别注意的是，对于已建设施，最初的设计可能并没有考虑因后续操作条件发生变化所引发的低温。

本章提供的低温研究方法用于预测工艺介质及设备的最低温度，这项研究的意义在于：

（1）判断已建设施所使用的材料是否可以承受生产过程中的最低温度。

（2）为将要建设的设施选用具有合适温度范围的材料。

（3）确定工艺生产过程中是否会由于温度降低而产生危害生产并造成安全隐患的固体颗粒，例如水合物等。

一、低温破坏

导致碳钢管道及压力容器低温破坏的主要原因是钢铁的脆性断裂。脆性断裂是一种突然出现并且发展迅速的破坏形式。当钢铁处于较低温度时，其韧性下降，塑性变形能力降低。脆性断裂往往始于材料中的一个初始的缺陷，这个缺陷点承受的应力（可能为外加应力或者材料内部的残余应力）无法通过塑性变形被消除，因此它会快速发展成较大的裂纹，最后造成材料整体的断裂。总体来说，碳钢的低温破坏需要以下三个条件并存：

（1）初始缺陷。

（2）驱使缺陷发展成断裂的高应力。

（3）材料由于处于较低温度而缺乏韧性，无法阻止断裂过程的发展。

缺陷可能是球状或裂纹状的物理缺陷，也可能是裂纹状的杂质，例如硫化锰。材料中的缺陷是不可能被完全消除的，通常我们假定缺陷总是存在。

高应力可以由管道或设备内介质本身的压力引起，也可以由管道中的固有应力引起，例如自重、管道连接时施加的负载、焊接产生的残余应力，或者热膨胀和流体动量引起的应力等。因此仅仅依靠对管道减压，可能不足以将施加的应力降低到临界值以下。

另外，尽管温度会显著影响碳钢材料的韧性，但是温度对于不锈钢及铝的韧性的影响并不显著。如果碳钢管道或容器的温度低于材料最低温度，不一定会发生故障，但是每一次低温的出现都会增加事故发生的概率。

二、低温事故

1998年，澳大利亚某天然气加工厂发生了一起由于碳钢低温脆化引发的爆炸。此次事故的原因被认定为GP-905管壳式换热器毁坏性破坏（图10-1）。

图10-1 发生断裂的管壳式换热器GP-905

发生事故前，换热器中的富温流股被切断，因此换热器被冷却到了金属的最低设计温度以下。当富温流股被重新接通时，换热器的外壳快速升温，热冲击导致的高应力造成了换热器封头的损坏。此次事故中的初始缺陷是设备制造时留下的焊接缺陷。裂纹以这个缺陷为起始位置，迅速扩散至壳壁，并造成断裂。随后，挥发性碳氢化合物流体从换热器中的释放，最终导致爆炸和火灾。

第二节　低温产生原因

从热力学角度分析，系统或设备产生低温的原因主要包括以下几方面：
（1）由于压力降低产生的等熵膨胀过程。
（2）由于流体通过节流阀而产生的等焓膨胀过程（焦耳—汤普森过程）。
（3）自动制冷（Auto-refrigeration）（液体由于压力降低而蒸发导致的温度降低）。
（4）冷流体流入系统。
（5）热量从外界流入系统。

一、降压（紧急泄放或检修放空）

当工艺系统处于紧急工况或正在进行维检修时，设备及管道可能会承受由于压力降低而产生的低温。在分析系统由于压力降低而产生的低温时，应该对于每一种可能会造成压力降低的情形（包括一些非正常操作的情形）进行分析，以便找到情形最恶劣，即可能产生最低温的工况。如果系统的操作温度在环境温度以上，那么需要考虑系统等容冷却到环境温度之后再泄放这种情形。

二、加压

当工艺系统开工试运行，或泄压后重新启动时，会出现由于加压而造成的低温工况，这种低温工况出现在系统压力增加的最初阶段。此时高压流体通过阀门或者节流元件进入低压系统（被加压系统），在阀门或节流元件两侧产生了较大的压差，由于压力迅速降低而产生等焓膨胀，这是造成低温的主要原因。

在分析加压过程中系统会出现的最低温度时，应基于上游（高压）系统的最恶劣的操作工况，并在此条件下进行等焓闪蒸。在此条件下得到的最低温度即为系统加压过程的最低温度。

三、正常异常工况

在分析系统最低温度时，不仅应该考虑系统正常运行状态下的温度变化，还应考虑一些异常工况可能导致的低温。以下列出了一些可能导致低温的异常工况：
（1）失去热负荷（例如加热炉故障）。
（2）冷负荷过量（例如流经冷却器的工艺介质流量减少，而冷却器提供的冷负荷没有随之降低，由此造成工艺介质被过度冷却）。
（3）控制阀或控制回路故障。

（4）冷介质流入热系统中。

（5）焦耳—汤普森冷却过程中压差变化偏离正常设计范围（导致压差偏离正常设计值的原因包括：控制阀或节流孔板前后的压差发生变化，液位降低导致的窜气，由于安全阀打开而产生的压力降低）。

（6）由于进料的操作温度和压力变化，导致化学反应过程中的热负荷变化。

（7）系统停车及启动。

（8）逆流。

（9）当惰性气体进入可挥发性液体系统时，气相空间中可挥发性液体的分压降低，由此发生气化降温。

四、放净

尽管放净一般情况下被认为是一种正常的操作工况，但在对系统进行低温工况分析时，仍应对此给予特殊的考虑。这是因为放净点通常为高低压的分界点，压差的存在可能导致低温工况出现。放净有以下两种情况：

（1）维检修时的放净。

（2）操作过程中的放净。

维检修的过程中，如果是带压放净，则应考虑低温工况出现的可能性。对于操作工况下的放净，在计算可能出现的最低温度时，应该取以下二者中的较低值。

（1）操作工况下的流体经过放净阀门时进行"等焓闪蒸"后的最低温度。

（2）放净点所对应的系统在降压时可能出现的最低温度。

五、紧急泄放

在分析紧急泄放时系统的最低温度时，所使用的泄放速率应参考相关系统的压力泄放研究。在计算压力泄放阀门出口管道的最低温度时，应该基于流体达到泄放压力（包含超压）后流经泄放阀通向大气时发生的等焓闪蒸过程中出现的最低温度。

六、环境因素

在极端的气候条件下，最低环境温度也有可能会成为系统最低温度的决定因素。环境条件的变化也可能会影响冷却负荷，以及工艺系统消耗的空气温度等，这些都会对操作温度产生影响。例如：

（1）空气的温度或者风速会影响到冷却设备的冷却负荷（例如空冷器或者水冷塔的冷却负荷）、有空气参与反应的工艺过程（例如催化剂的氧化再生过程），以及需要消耗空气的工艺过程（例如燃气轮机或者气体发动机驱动的压缩过程）。

（2）水的温度或者流速会影响到需要借助水来散热的设备温度。

（3）土壤的温度会影响到埋地设施的温度（例如埋地管线）。

第三节 低温分析

一、设计流程

在进行低温计算时,应该考虑所有可能引起低温的工况。对于可能引起最低温度的工况,应该进行详细的工艺计算来预测最低温度。本节介绍确定整个工艺系统最低温度的一般步骤(图10-2)。

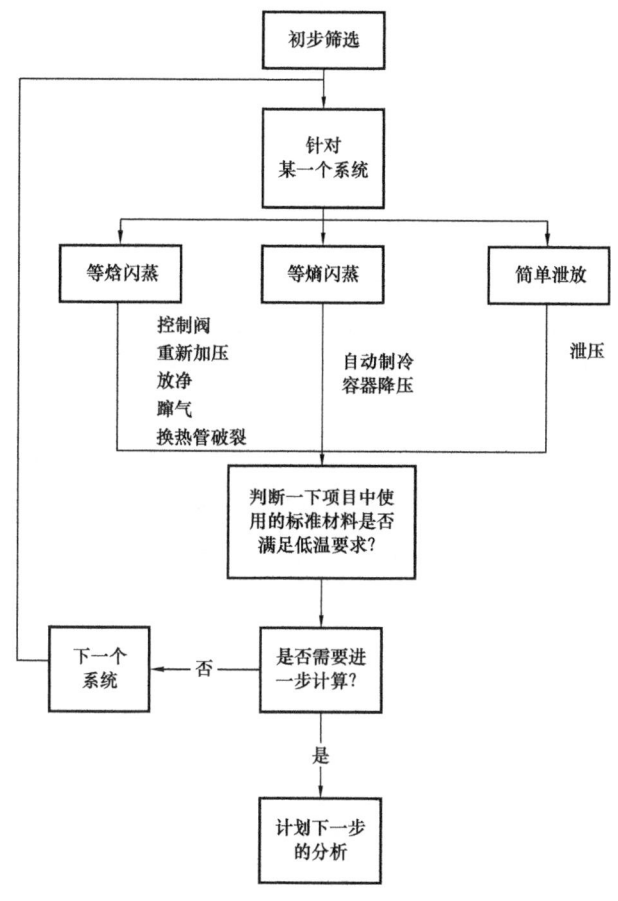

图 10-2 低温分析步骤

(1)做一个表格来列出所有可能产生低温的工况。应该根据工艺流程来划分不同的系统,并且确定各个系统的存量及主要的压力和温度变化。

(2)对每个系统可能出现的低温工况进行初步筛选。

① 先对每个系统进行等焓闪蒸来初步预测可能出现的最低温度。

② 等焓闪蒸基本可以预测高低压界面可能出现的低温(例如,存在高低压界面的限流孔板或阀门处)。

③ 对于降压这种工况，采用等熵闪蒸这种计算方式更加合适。可以使用 HYSYS Dynamic Depressuring Utility 进行泄压模拟计算来获得最低温度。

如果通过上述步骤得到的最低温度远远高于金属材料能够承受的最低温度，通常情况下就可以认为不需要后续计算了；如果通过上述步骤计算得到的最低温度十分接近金属材料的最低温度，则需要进行更加详细的计算。是否需要后续计算需要工程师通过经验来判断。

（1）根据数据表及稳态计算结果，重新核对低温模拟计算的输入条件，例如容器尺寸、厚度、成分、材料，以及操作及设计条件等。

（2）对于有可能超过材料最低温度的工况进行详细的低温计算。

（3）如果这样计算得到的结果仍然有不确定性，或者所得到的温度仍然十分接近材料最低温度的界限，那么还需要进行更加深入的低温研究。

每个项目应该有一个设计基础文件，用于规定怎样进行低温分析。这个基础文件应该结合特定的工艺流程、地理位置、相关法律，以及业主的要求来对低温分析过程做出具体的要求。

低温计算所需的精度取决于计算结果的预期用途。可行性和概念设计可能需要比前端和详细设计更低的准确性。对于初步研究，工程师可以使用简单的方法来预测低温，然后增加相对较大的设计裕量。在详细设计时，则应采用更严格的方法，并使用较小的设计裕量。

设计裕量的选择应该给予类似的工程经验，而不是一概而论地规定一个设计裕量。这是因为低温计算的结果对于初始条件，管道及设备系统的布置，流体的成分等十分敏感。工程师也可以进行一个计算结果对于输入条件的敏感性研究来确定设计的裕量。

二、确定最低设计温度

最低设计温度应取以下温度的低值：

（1）最低环境温度。

（2）低于稳态下最低操作温度 5℃。

（3）对于降压或者增压过程中产生低温的情况，应该在可能出现的最低温度的基础上减去一个裕量，这个裕量应该根据不同的项目来确定。

对于降压液体沸腾的过程，可以将液体的沸点指定为最低温度，这种情况不需要使用裕量。这是因为对于沸腾的液体，最低温度就是液体的沸点。

对于充满气体的容器由于泄压产生低温这种情况，应该在软件计算得到的最低温度的基础上减去一个裕量。通常情况下，10℃的裕量是足够保守的。但是如果减去 10℃ 裕量之后得到的温度低于金属材料的最低设计温度，则应该进行更加详细的计算。

对于含有液体的容器泄压这种情况，如果液体在泄压的过程中沸腾了，那么最低设计温度就是液体在泄压过程中出现的最低温度，不需要减去任何裕量。

一般认为泄压的管嘴和容器的温度就是流体的温度，除非有特殊的研究证明管嘴及容器的温度与流体的温度不同。

在一些情况下，如果管道或者设备承受的压力足够低，则允许金属温度低于最低设计温度。这一点是基于脆性破坏只有在金属应力足够高时才会发生这个原理的。对于这一点，不同的机械规范有不同的规定（例如，压力容器，配管及管道的规范）。当采用"低应力"原理进行低温设计时，应该注意在设备重新加压之前有充分的预热时间。

三、加压和降压

系统降压和升压属于瞬态过程，这一过程无法通过稳态分析软件进行模拟计算。这一节将会讨论一些瞬态分析的概念和方法。

API Std 521 *Pressure-relieving and depressuring systems* 规定（同样适用于加压过程）："与外界没有热量交换的泄压过程通常被认为是一个等熵的过程，泄压过程的最低温度可以通过查图表或者假定一个等熵效率来进行闪蒸计算的方法获得。"

实际上，闪蒸计算方法得到的最低温度与所假定的等熵效率关系很大。除非可以获得精确的等熵效率，这种计算方法只能被用于以下用途：

（1）一种筛选的手段，用来大致预测估计最低温度。

（2）如果最恶劣工况下计算出来的最低温度也不是很低，并且不需要使用特殊的材料。那么这种计算方法也是可以接受的。

在许多情况下，应该使用更严格计算方法。API Std 521 *Pressure-relieving and depressuring systems* 中还有如下说明：

"合适的过程仿真软件可用于进行更精确的最低温度计算，特别是在考虑周围环境对容器壁加热的情况下（即最低设计温度并非最低流体温度）。尤其是在最低温度介于选材的边界时（例如：碳钢和不锈钢之间），建议使用严格的模拟计算方法（例如：时间相关的非线性热力学分析方法）。详细的分析计算可以考虑上述所有影响冷却效果的因素。这种计算还可以生成被降压的体积的瞬态温度曲线，以及相对应的泄放系统中流体的温度曲线。"

图10-3说明了假设等熵膨胀与实际过程之间的差异。等熵膨胀线表示假设气体不受外界影响而进行等熵膨胀的过程，真实过程线反映了实际过程。真实过程线说明，当气体冷却时，来自管道/设备和环境的热传递使得气体并未达到"等熵温度"。

四、等熵及等焓

本章中描述的等熵和等焓降压过程都是绝热的（即没有传热），不同之处在于可逆性。等熵过程是完全可逆的（熵不变），而等焓过程是完全不可逆的（焓不变）。

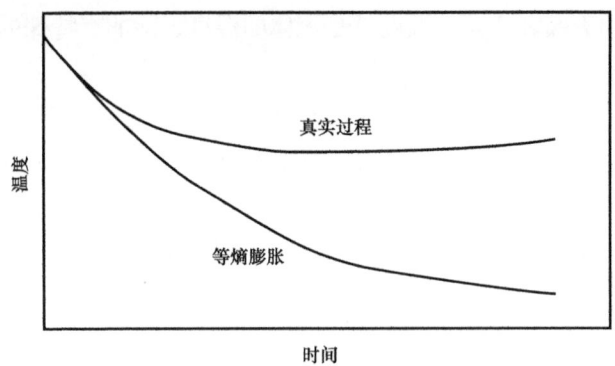

图 10-3　传热对于降压过程温度变化的影响

（一）等熵膨胀

如 API Std 521 *Pressure-relieving and depressuring systems* 中所述，在没有传热情况下的降压过程接近于等熵过程。实际上，热传递是始终存在，所以实际的热力学过程不可能是完全等熵的。无论如何，这种膨胀过程仍然是导致低温的主要因素。在本节中，"等熵膨胀"（带引号）用于描述系统泄压膨胀，等熵膨胀（无引号）用于描述严格的热力学过程。

（二）等焓膨胀

另一个低温的起因是流体通过泄放阀或者限流孔板时的压力下降。这个绝热的、非可逆的等焓过程叫作焦耳—汤普森效应。根据焦耳—汤普森的描述，真实气体在压力降低时温度下降（理想气体与真实气体不同，温度不变）。对于油气田工艺中的大多数气体，这一规律都是适用的。但是氢气和氦气在压力下降的过程中温度会上升。

在本节中，"等焓膨胀"（带引号）用于描述流体通过阀门或者限流孔板时的膨胀过程，等焓膨胀（无引号）用于描述严格的热力学过程。

节流阀或节流孔板上游的温度下降，主要是由于等熵膨胀过程。节流阀或节流孔板下游的温度下降是上游"等熵膨胀"及流体流经阀门过程中发生的"等焓膨胀"的加和效应。

（三）组分影响

等熵和等焓闪蒸造成的温度下降的程度取决于气体成分。例如，表 10-1 比较了甲烷和乙烷的等熵闪蒸和等焓闪蒸后的温度。甲烷等熵闪蒸的降温效应更加明显，而乙烷等焓闪蒸的降温效应更明显。这一区别提醒设计人员，在计算最低温度时，需要考虑组分的变化可能对于计算结果的影响。

一个例子是不同组分流经天然气管道的情况。计算管线内部降压时的最低温度时，可能轻组分得到的温度更低，计算放空管道的最低温度时，可能使用较重组分时得到的温度更低。

表 10-1　等焓与等熵闪蒸温度变化对比

气体组分	甲烷	乙烷
入口压力（表压）	1500kPa	
入口温度	50℃	
出口压力（表压）	0kPa	
等熵过程出口温度	−110℃	−79℃
等焓过程出口温度	+44℃	+35℃

五、动能效应

（一）介质温度影响

动能有可能会对流体及金属的温度产生影响。如果气体的流速很高（例如泄压阀或者限流孔板下游的气体），一部分总的能量会转化成动能，造成流体温度的下降。

一般情况，能量存在式（10-1）所示平衡：

$$H_{in}+E_{Kin}+E_{Pin}=H_{out}+E_{Kout}+E_{Pout} \quad (10-1)$$

式中　H——焓，$H=U+pV$（U 表示内能，p 表示压力，V 表示体积）；

E_K——动能；

E_P——势能；

下标"in""out"——分别代表进和出。

对于泄压阀门或限流孔板，通常认为 E_{Kin} 项可以忽略，$E_{Pin}=E_{Pout}$，因此式（10-1）可以简化为式（10-2）。

$$H_{in}=H_{out}+E_{Kout} \quad (10-2)$$

上面的式子说明，较高的流速可能会造成气体温度的显著下降（下降的温度有可能超过 30℃）。所以，考虑动能对于流体温度的影响是很有必要的。

（二）金属温度的影响

考虑动能对于气体温度的影响，将会帮助工程师更加保守地预测管壁或者设备外壳的最低温度。一般情况下，气体的最低温度会出现在阀门或者限流孔板与下游管道连接的地方。因为气体在通过阀门或者孔板的瞬间流速最大。增大尾管的尺寸可以缓解这一局部高流速造成的低温。

对于降压过程，压力源的压力会随着时间下降，压力源的温度也会随之下降，但是排气尾管的质量流量，流速也会随着温度降低。因此，正如图 10-4 和图 10-5 中展示的那样，动能并不会对金属的温度有很大的影响。因此可以使用最低气体温度估算金属的温度,不需要减去裕量。

加压过程与泄压过程不一样。在加压的过程中,压力源的压力和温度是恒定的,如果被加压的是一个很大的系统,气体的流速和下游的压力会在很长一段时间内保持恒定。这样一来,被加压的系统的管道及设备的温度会逐渐接近气体的温度。在这种情况下,在计算得到的气体最低温度的基础上减去5℃的裕量是比较合适的。如果上述计算得到的温度趋近于材料选择的边界温度,那么应该进行如图10-4至图10-6所示的更加详细的分析。

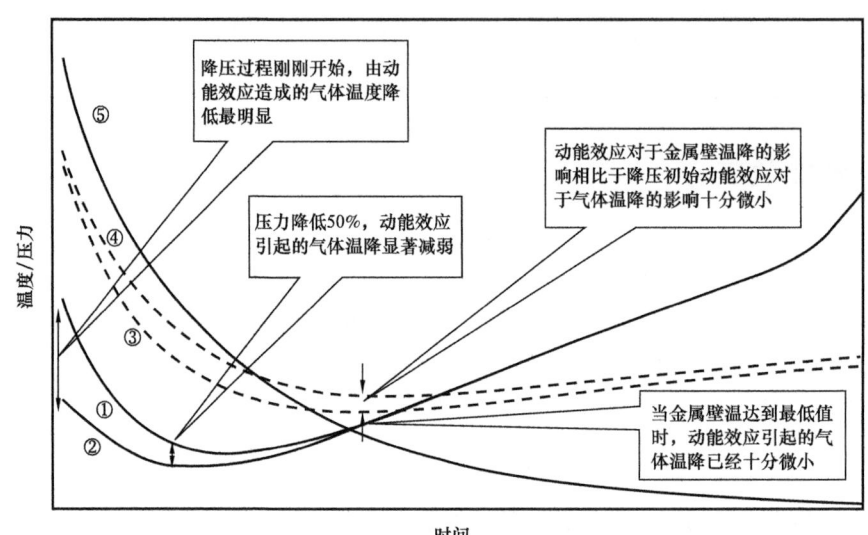

图 10-4　降压过程的动能效应——大尺寸尾管
①气体温度(含动能);②气体温度(不含动能);③金属壁温(含动能);④金属壁温(不含动能);⑤压力

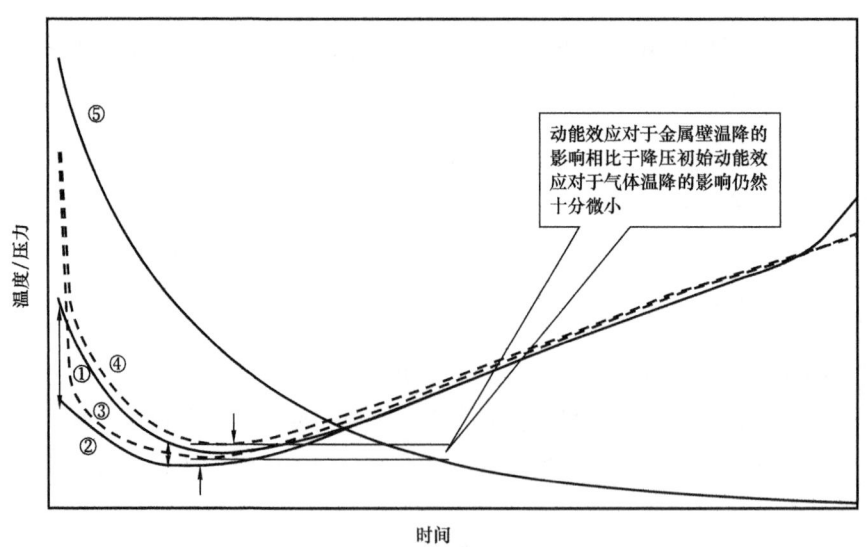

图 10-5　降压过程的动能效应——小尺寸尾管
①气体温度(含动能);②气体温度(不含动能);③金属壁温(含动能);④金属壁温(不含动能);⑤压力

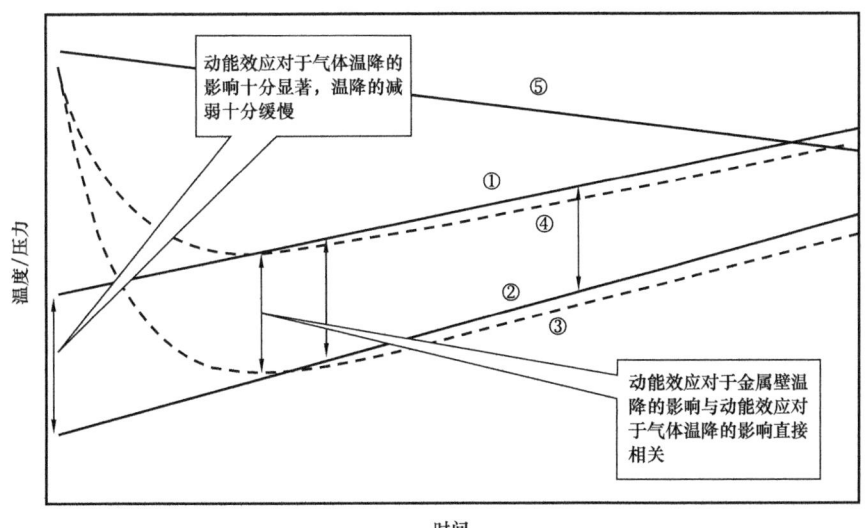

图 10-6 升压过程的动能效应

①气体温度（含动能）；②气体温度（不含动能）；③金属壁温（含动能）；④金属壁温（不含动能）；⑤流量

（三）限流孔板及阀门的影响

限流孔板通常由耐低温的不锈钢制成，因此限流孔板本身没有低温脆化的问题。除此之外，孔板附近最冷的气体温度发生在限流孔板下游的孔洞收缩处，与限流孔板有一定的距离。

阀门既包含节流元件，又包含封装材料，因此需要考虑阀门承受低温的情况。就耐低温性而言，阀体材料应至少不低于下游管道选择的材料。但是，如果阀内的动能效应大于管道内的动能效应，则阀体内的气体温度可能会比下游管道的气体温度低。

（四）动能模拟

HYSYS 在能量平衡中不包括动能项，因此，如果气体流速很大，则使用 HYSYS 对阀门/节流孔下游的气体温度的预测可能会过于乐观。Aspen Hydraulics 子流程可以用于严格的水力学分析，但它并非专门为火炬系统建模而设计，因此使用起来会有一些笨拙。

Aspen Flare System Analyzer（以前称为 Flare Net）可以用于模拟火炬系统，并包含了动能对温度的影响。可以用它的计算结果来校核 HYSYS Dynamics 模拟中得到的节流孔板下游或其他位置的温度，并使用此信息手动修改原始的 HYSYS Dynamics 温度结果。

六、模拟软件

设备及管道降压及加压的过程可以使用很多软件进行模拟。表 10-2 列出了一些模拟软件：

表 10-2　用于瞬态模拟的软件

目的	软件
初步筛选	HYSYS Dynamic Depressuring Utility
初步筛选	PRO II Steady State
高级泄放模拟	HYSYS Dynamics
高级泄放模拟	Aspen BLOWDOWN
高级泄放模拟	Unisim Blowdown Tool
高级泄放模拟	Unisim Dynamics
高级泄放模拟	BLOWDOWN-伦敦皇家理工学院
高级泄放模拟	gFLARE-Process Systems Enterprise
Fire Survivability Modeling	Vessfire-Petrell
Fire Survivability Modeling	Saffire-Genesis
管线瞬态模拟	OLGA 2000（主要用于线路）

模拟软件的选择，应该考虑被模拟的系统的具体情况及对模拟精确程度的要求。一般来说，客户会有较倾向的选择，应该尽早与客户确定选择何种软件，并且在设计基础文件中说明。

HYSYS Dynamic 在模拟气相系统降压方面比较成功。但是有一些信息表明，当凝液存在时，HYSYS Dynamic 的系统降压模拟不是很准确。HYSYS Dynamic Depressuring Utility 提供了一个简单易用的界面，因此受到了很多工程师的青睐。

在使用这个模块的时候，需要特别留意的是：这个模型对于单个容器的泄压模拟比较准确，但是不太适合用于其他的几个系统。当存在许多管道（例如：进出站汇管，管道），或者有很多个容器及连接它们的管道时，不宜使用这个分析工具进行模拟，原因如下：

（1）当一个系统含有很多个容器及管道时，软件计算会把整个系统的体积折合成一个平均的容器。这种假设是不能准确地预测真实系统中可能出现的最低温度的。API Std 521 *Pressure-relieving and depressuring systems* 中说明，一个系统中不同位置的温度是不一样的。

（2）容器单元的计算中所选用的传热系数是自然对流关联式，这个对于管道的计算是不合适的，计算管道所需要的传热关联式和容器所用的关联式有很大的不同。

（3）分离器单元的计算中采用了容器垂直方向的尺寸作为计算内传热系数的输入条件。这个尺寸与容器的方向相关（例如对于水平容器垂直方向的尺寸就是直径，对于竖直容器，垂直方向的尺寸就是高度）但是当存在很多容器和管道的时候，是没有办法明确定义方向和尺寸的。

伦敦皇家理工学院开发的 Blowdown 软件可以对整个工厂进行模拟。尽管 HYSYS Dynamic 在最低温度的预测方面存在不确定性，但 HYSYS Dynamic Depressuring Utility 程序仍然是估算泄压时间的有效工具，因为流过孔口的气体流量对气体温度不太敏感。

七、液体处理

（一）烃类液体

系统的液体会在泄压的过程中气化，并且影响气相及液相的热力学过程。同样，泄压过程中液滴凝结也会影响气相及液相的热力学过程。对于含有液体的容器，在模拟计算中比较保守的方法是假定容器里液体处于低低液位。液体的液位越低，降压过程中流体的温度越低，但是金属壁的温度越高。因为容器的最低设计温度一般是基于最低流体温度，选取低低液位进行计算是比较保守的方法。需要注意的是，尽管低低液位并不是正常的操作液位，检修泄压时，一般会先把容器内的液位降低。因此低低液位可以作为一个合适的起点。

另外，API Std 521 *Pressure-relieving and depressuring systems* 中还提到"在高压纯气相流体（尤其是密度较高的气体，例如超临界流体）泄压的过程中，需要特别注意的是降压过程中可能会有液相凝结。这些液体可能在低点聚集（例如容器底部与放净管线连接处等）。金属的壁温可能会高于液滴的温度，引起液滴的沸腾及局部低温。如果出现这种情况，可能需要更加详细的分析来确定最低温度。"

气体通过泄压阀及孔板降压时，也有可能产生凝结的液滴，并被夹带在气相中带到火炬系统中，这将会影响泄压阀出口温度。

（二）水

水的存在会影响通过模拟软件计算得到的温度。过去的一些针对含有气相/轻烃组分系统的工作表明，在没有自由水及饱和水存在的情况下，HYSYS 模拟得到的流体温度会更高一些。另外一些关于煤层气（没有液相轻烃）的工作得出了正好相反的结果。在没有自由水及饱和水存在的情况下，HYSYS 模拟得到的温度会更低一些。

HYSYS 模拟可以得到一个零下的泄压终点温度，并且显示水仍然是液态。冰有可能会在碳氢化合物/水，碳氢化合物/容器的界面存在。这将会隔绝碳氢化合物与水之间的传热，因此使得碳氢化合物的温度低于整体的温度。

由于结冰过程中的潜热及其对流体与金属壁之间的传热系数的影响，预测碳氢化合物的温度将会比较困难。如果工程师认为水对于降压过程的温度会有比较大影响，则需要聘请专业机构进行严格计算。

八、初始条件

在计算系统泄压的最低温度过程中，需要考虑如何规定系统的初始条件。通常情况下,需要选取能够得到最低泄压温度的初始条件。这通常是初始压力最大,初始温度最低的工况。对于制冷设备(比如制冷系统,膨胀机等),以系统的运行条件作为初始条件,可以得到最低的泄放温度。对于运行温度高于环境温度的系统,需要考虑系统关停之后等容冷却到环境温度再进行泄压的情况;还需要考虑由于泄漏问题,即便系统已经冷却到了环境温度,压力还维持在原来的操作压力。因此泄压计算可以以最大关停压力作为起始压力,也可以考虑使用设计压力作为起始压力。

在考虑泄压过程产生的低温时,需要考虑由于加压而引发的泄压,这会使得系统起始温度低于正常的温度。在考虑加压过程引发的低温时,需要考虑降压之后马上加压的情况,这也会使得系统起始温度低于正常的温度。

九、降压时间

加压及降压过程持续的时间也会影响流体及金属的温度,但是这种影响很难预测。实际上,持续时间的变化可能会使得同一个系统某些位置的温度降低,同时某些位置的温度升高。鉴于流体不同相态之间及其与环境、容器、管道之间的热力学及传热学交互作用的复杂性,加压及降压过程持续时间对于最低温度的影响必须基于严格的计算结果来预测。

以下这个例子可以用于说明这个概念。在这个例子中,系统的起始条件为环境温度及一个固定的起始压力。不同的泄压时间对应的终点温度如图 10-7 所示。

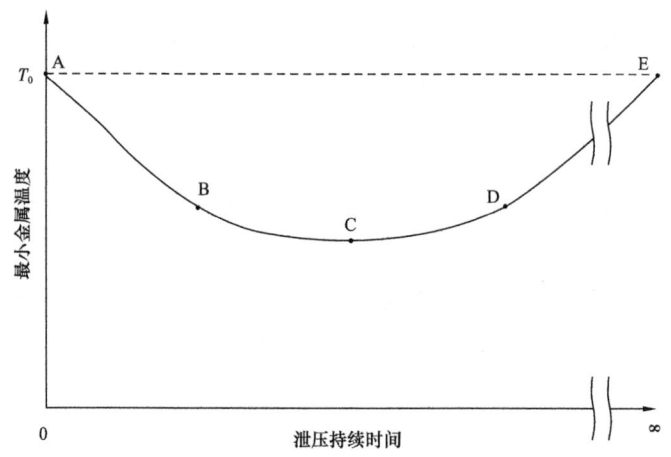

图 10-7 泄压持续时间与最低金属温度的管线

本例以理论点 A 和 E 为界,A 点和 E 点的定义如下:

(1) A:瞬时降压:瞬时膨胀降压会得到最低的流体温度。然而,金属和流体之间没有时间进行传热,因此金属温度保持在起始温度 T_0。

(2) E:无限缓慢降压:系统降压非常缓慢,来自环境的热量传递可以保持气体和金属的温度为环境温度 T_0。

(3) 点 B、C 和 D 反映实际降压时间(实际降压既不是瞬时的也不是无限长),这样得到的最低金属温度低于初始/环境温度 T_0。

在评估系统降压时，建议对降压持续时间进行敏感性分析，以确定设计是在点 C（最保守），还是在点 B 或 D（在点 B 或 D，降压持续时间的变化可能会给出更低的最低温度）。

还要注意，图 10-7 中的关系还适用于同一系统中的不同点。比如说，对于一个给定的降压时间，一个系统中的一个容器可能处于 B 点，但是火炬系统的管道可能处于 D 点，在这个例子中，增加降压时间可能会使容器的温度降低，火炬系统的管道升高。

了解温度对降压持续时间的敏感性有助于理解设计中的裕量的选择，如果持续时间发生变化，应了解是否会对最低温度产生影响。

十、精馏塔

在进行精馏塔的低温分析时，需要考虑初始的泄放温度、流体组成，以及泄压系统的体积。过去的项目表明，使用环境温度下进料的成分是比较合适的。这样做可以使得计算结果较为保守。因为一些轻的组分会从塔盘上向下流动，所以最终泄放的组分既包含塔底的重组分，也包含塔顶的轻组分。对于再沸器来说，可以把再沸器在正常运行情况下的组分等容冷却到环境温度作为初始条件。

塔盘上停留的液体的存量，相对于精馏塔低液位的液体存量是不容忽视的。但是因为液位越低，得到的最低温度越低，所以忽略塔盘上的液体的存量，可以得到比较保守的计算结果。但是，对于在低温运行的精馏塔如脱甲烷塔，塔盘上的液体存量应该考虑。

第四节 紧急泄压管道

一、进口管道

紧靠泄放阀或节流孔板上游的管道通常直径较小、长度较短。在降压或增压的过程中，由于较高的气体流速和管道中缺乏热损，这段管道金属温度将非常接近气体温度。通常最低金属温度应指定为最低气体温度，这样做并不算过度保守，并且可以简化建模。

对于降压过程，工程师应该考虑泄压管道的设置。如果从容器的管线上高点泄压，有可能管线会被过度冷却。应考虑从其他位置取点泄压（例如容器的管嘴或者一个更加耐低温的管道，或者一些大管径或壁厚较厚，在降压过程中温度变化不明显的管道）。对于加压过程，由于上游压力源的压力不下降，管道并没有低温风险，因此管道的取点位置不重要。

二、出口管道（尾管）

紧靠泄放阀或节流孔板下游的管道承受最低的温度，下游火炬系统支管及汇管的温度逐渐升高。这是由于气体在火炬系统中的流动吸收了沿途管壁的热量而升温，并且随着管径的扩大，流速降低，动能效应减弱，因而温度上升。为了最大限度地降低对耐低温材料的要求，应该把大小头放在限流孔板的上游，如图10-8所示。这样可以降低高流速气体的动能对温度的影响。

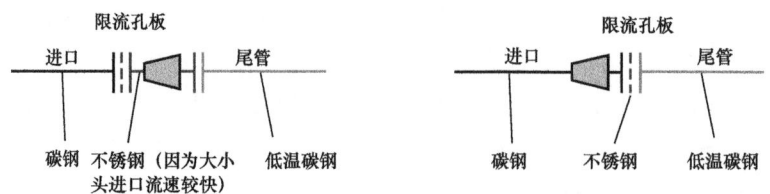

图10-8　改变限流孔板的位置来减少不锈钢管材的使用

尾管通常需要选用抗低温的材料（如不锈钢），但是火炬汇管可以采用碳钢材料。这样一来，放空尾管汇入火炬汇管时，会出现一个碳钢/不锈钢的连接界面。这个界面有可能会出现低温。在配管过程中应该避免这里的温度降低到碳钢的最低温度以下。

一个解决方案是，在不锈钢放空尾管处使用大小头把管道直径扩大，然后再与法兰连接，如图10-8所示。这样可以通过增加管道的热惯量来避免温度过低，降低动能效应，并且降低冷流体冲击法兰对面的管道壁的速度，缓解由此造成的火炬汇管管壁的低温。也可以将汇管三通的使用材料更改为不锈钢，来确保冷气的撞击不会引起任何问题，还可以进行更加高级的分析来确保这个连接处不会有问题。例如火炬汇管通过给泄放气体传热，可以使泄放气体保持在合适的温度，不需要任何抗低温的处理。

三、壁厚

设计中应该考虑在模拟中是否包括腐蚀裕量，也就是管道是处于"新"还是"已腐蚀"状态。较低的壁厚通常会产生较低的金属温度。也有例外，在泄压管道中，较厚的壁厚可增大动能对温度的影响。

ASME B31.3《工艺管道》及 AS 1210 *Pressure ressels* 中规定了关于管道及容器材料的适用温度范围（图10-9）。需要注意的是，通常所说的碳钢材料最低温度 $-29℃$，仅仅针对壁厚较薄的管材及容器壁。

如图10-9所示，曲线B适用于一般工程上使用的碳钢材料（ASTM A106 Grade B），这个材料只有壁厚在12mm以下时才可以用于 $-29℃$；同样，对于容器所使用的碳钢材料，只有壁厚在6mm以下时才可以用于 $-29℃$。一般来说，管道材料的规格通常包含碳钢、低温碳钢及不锈钢。这三种材料的温度适用范围见表10-3。

设计中需要格外留意两个材料等级分界温度：$-29℃$和$-45℃$。工程标准中，通常会考虑壁厚对材料可承受的最低温度的影响。对于因管径较大或压力较高而需采用较大壁厚的管道或容器，通常需要选用较高等级的材料（如 ASTM A333），或使用低等级材料（如 ASTM A106B）并且要求进行夏比硬度测试来判断材料是否可适用于 $-29℃$。

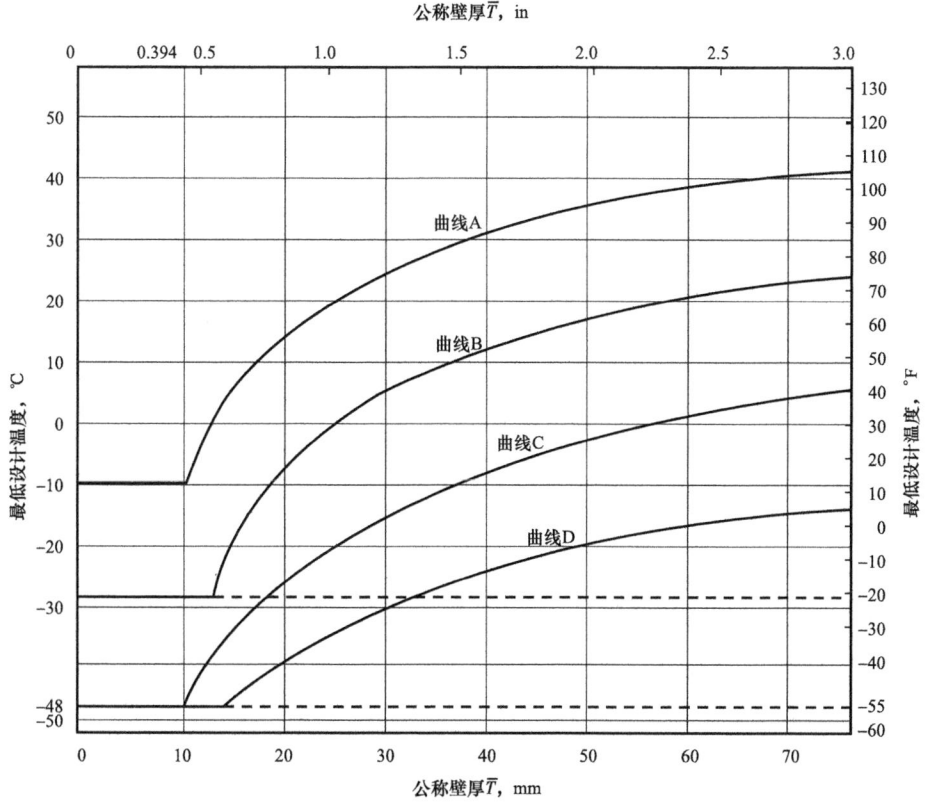

图 10-9 管道及容器的适用温度范围（据 ASME B31.3）

表 10-3 不同材料的最低设计温度

材料材质	温度
碳钢	最低温度 -29℃（-20°F）
低温碳钢	最低温度 -45℃（-50°F）
不锈钢	最低温度 -100℃（-150°F）

参 考 文 献

[1] API Standard 521 *Pressure-relieving and depressuring systems*, Seventh Edition, June 2020.

[2] SY/T 10043 卸压和减压系统指南.

[3] ASME BPVC SECTION Ⅷ DIVISION 1 *Rules for construction of pressure vessels*, July 2013.

[4] ASME BPVC SECTION Ⅷ DIVISION 2 *Alternative rules rules for construction of pressure vessels*, July 2013.

[5] API Std 650 *Weld tanks for oil storage*, Eleventh Edition, February 2012.

[6] API Std 620 *Design and construction of large, welded, low-pressure storage tanks*, Eleventh Edition, February 2008.

[7] API RP 14E *Recommended practice for design and installation of offshore production platform piping systems*, Fifth Edition, March 2007.

[8] 孙文勇, 许芝瑞, 邓德利. 工艺安全管理系统中工艺危害分析方法的比较[J]. 中国安全生产科学技术, 2011, 7(11): 115-120.

[9] 王子宗主编. 石油化工设计手册, 第四卷: 工艺和系统设计. 北京: 化学工业出版社, 2015.

[10] API RP 14C *Recommended practice for analysis, design, installation, and testing of basic surface safety systems for offshore production platforms*.

[11] SY/T 10033 海上生产平台基本上部设施安全系统的分析、设计、安装和测试的推荐作法.

[12] 中石化上海工程有限公司编. 化工工艺设计手册. 北京: 化学工业出版社, 2018.

[13] HG/T 20570.2 安全阀的设置和选用.

[14] SY/T 10044 炼油厂压力泄放装置的尺寸确定、选择和安装的推荐作法.

[15] OSHA29 CFR Part 1910.119 *Process safety management of highly hazardous chemicals*.

[16] AQ/T 3034 化工企业工艺安全管理实施导则.

[17] HG/T 20570.3 爆破片的设置和选用.

[18] 陈文峰, 刘培林, 郭洲, 等. 复杂物系压力容器安全阀泄放过程的HYSYS动态模拟[J]. 天然气与石油, 2010, 12: 55-57.